高技能人才技术更新·技能研修丛书

先进制造业新技术应用

本书编委会 组织编写

中国劳动社会保障出版社

图书在版编目（CIP）数据

先进制造业新技术应用 / 本书编委会组织编写. -- 北京：中国劳动社会保障出版社，2023

（高技能人才技术更新·技能研修丛书）

ISBN 978-7-5167-5978-3

Ⅰ.①先… Ⅱ.①本… Ⅲ.①制造工业-新技术应用 Ⅳ.①T-39

中国国家版本馆 CIP 数据核字（2023）第 161297 号

中国劳动社会保障出版社出版发行

（北京市惠新东街 1 号　邮政编码：100029）

*

北京市艺辉印刷有限公司印刷装订　新华书店经销
787 毫米 ×1092 毫米　16 开本　18 印张　321 千字
2023 年 9 月第 1 版　2023 年 9 月第 1 次印刷
定价：48.00 元

营销中心电话：400-606-6496
出版社网址：http://www.class.com.cn

版权专有　　侵权必究

如有印装差错，请与本社联系调换：（010）81211666
我社将与版权执法机关配合，大力打击盗印、销售和使用盗版图书活动，敬请广大读者协助举报，经查实将给予举报者奖励。

举报电话：（010）64954652

本书编委会

主　　任　仇朝东　葛　玮
副主任　顾卫东　赵　欢
委　　员　张承英　吴福民　何亚飞　谢小菲
　　　　　虞春鸣　黄海庆　瞿伟洁　徐建琴

本书编审人员

主　　编　何亚飞
编　　者　沈皓玮　颜　亮　周　平　姚国强
　　　　　蔡　捷　何亚飞　李　明　娄斌超
　　　　　蔡东升
主　　审　梁　兵　徐小平

审定委员会

徐小平　中华技能大奖获得者、全国劳动模范、全国技术能手、享受国务院特殊津贴专家

梁　兵　中华技能大奖获得者、全国劳动模范、全国技术能手、享受国务院特殊津贴专家、国家技能人才培育突出贡献个人

郭晋龙　中华技能大奖获得者、全国劳动模范、全国技术能手

栗生锐　中华技能大奖获得者、全国技术能手、全国五一劳动奖章获得者、享受国务院特殊津贴专家

谢晓红　全国优秀教师、国家技能人才培育突出贡献个人，第43、44、45届世界技能大赛综合机械与自动化项目中国技术专家组组长

沈倪勇　第45届世界技能大赛工业控制项目中国技术指导专家

周晓峰　第四届黄炎培职业教育奖杰出教师奖获得者

屠　立　第七届国家高等教育教学成果奖二等奖、2014年国家职业教育教学成果奖一等奖获得者

宋春杨　第46届世界技能大赛全国总决赛北京市参赛工作先进个人、北京青年岗位能手

曹　静　宝钢优秀教师

内 容 简 介

本书是"高技能人才技术更新·技能研修丛书"中的一本,面向先进制造业三级/高级工及以上级别高技能人才。全书共分9章,主要包括:大数据与云计算技术,3D打印技术,5G与工业互联网技术,工业机器人技术,数控机床与多轴加工技术,智能制造与智能工厂,标准、标准化与产品质量管理,智能制造中设备状态监测与分析技术,健康安全环境(HSE)等。

本书通过相关概念、知识叙述,新技术场景应用描绘,实际案例分析,帮助高技能人才了解必要的新技术,推动高技能人才岗位创新和价值创造。全书文风朴实、通俗易懂、具启发性,是高技能人才参加技术更新、技能研修活动的必备教材。

前　言

党和国家对高技能人才队伍建设高度重视，二十大报告对高技能人才赋予了更高定位，强调要加快建设国家战略人才力量，努力培养造就更多高技能人才。为贯彻二十大精神，推动落实《"十四五"职业技能培训规划》《关于加强新时代高技能人才队伍建设的意见》中"加强先进制造业、战略性新兴产业、现代服务业、建筑业以及现代农业等产业高技能人才培养""加大技师、高级技师、特级技师研修培训""对企业关键岗位的高技能人才，开展新知识、新技术、新工艺等方面培训""建立技能人才继续教育制度，定期组织开展研修交流活动，促进技能人才知识更新与技术创新、工艺改造、产业优化升级要求相适应"等要求，推动高技能人才技术更新和技能研修工作，进一步提升高技能人才自身技能水平和职业素养，提高其专业知识水平、解决实际问题能力和创新创造能力，更好地发挥高技能人才在企业中的核心骨干作用，为大力实施人才强国和创新驱动发展战略，建设制造强国、质量强国、技能中国提供坚实的技能人才保障，在人力资源社会保障部教材办公室指导下，我们组织有关专家编写了"高技能人才技术更新·技能研修丛书"，配合人社系统高技能人才技术更新、技能提升、研修交流项目的实施。

丛书由《高技能人才通用职业能力》和若干种介绍产业、行业新技术应用的教材组成。《高技能人才通用职业能力》面向各行业所有三级及以上技能人员。教材通过培养高技能人才数字化技能应用、技能人才团队建设与管理、知识产权保护、技术总结和专业技术论文撰写等能力，提升高技能人才职业技能竞赛组织与命题、技师工作室管理与运作、担任企业技能教练并进行高师带徒的技能水平，推动高技能人才岗位创新和价值创造。产业和行业新技术应用教材注重我国经济社会发展急需高技能人才掌握的四新技术，反映了高技能人才技术更新、技能提升、研修交流的内在要求，体现了较好的适用性和先进性。

本书在编写过程中得到上海市技师协会、中国宝武钢铁集团有限公司、百联集团有限公司、上海第二工业大学等单位，以及大金空调（上海）有限公司陆忠明、上海飞机制造有限公司戴渊、上海锅炉厂有限公司金德华、上海地铁维护保障有限公司通号分公司徐建军、中国铁路上海局集团有限公司上海动车段张华、上海锦江汤臣洲际大酒店翁建和、上海电气李斌技师学院姚菁、上海申通地铁集团有限公司轨道交通培训中心叶华平、上海华联商厦有限公司张崇禧等专家的大力支持与协助,在此一并表示衷心感谢。

  由于编写时间有限,不足之处在所难免,欢迎各使用单位及个人对本书提出宝贵意见和建议,以便修订时补充更正。

本书编委会

2023 年 9 月

目　录

第1章　大数据与云计算技术 ······001
- 第1节　大数据入门 ······001
- 第2节　云计算入门 ······014
- 第3节　大数据与云计算综合应用 ······025

第2章　3D打印技术 ······031
- 第1节　走进3D打印技术 ······031
- 第2节　3D打印技术的分类 ······044
- 第3节　3D打印材料 ······050
- 第4节　3D打印技术应用案例 ······055

第3章　5G与工业互联网技术 ······063
- 第1节　5G基础知识 ······063
- 第2节　工业互联网基础知识 ······077
- 第3节　5G与工业互联网应用场景 ······083

第4章　工业机器人技术 ······089
- 第1节　工业机器人坐标系设置与路径编程 ······089
- 第2节　工业机器人搬运与码垛编程 ······095
- 第3节　工业机器人系统设置与故障处理 ······104

第5章　数控机床与多轴加工技术 ······113
- 第1节　数控机床概论 ······113
- 第2节　数控机床伺服系统 ······123
- 第3节　数控机床机械结构 ······136

第 4 节　多轴铣削加工基础 ………………………………………………… 151

第 6 章　智能制造与智能工厂 …………………………………………… 163
第 1 节　智能制造基础知识 ………………………………………………… 163
第 2 节　智能工厂基础知识 ………………………………………………… 167
第 3 节　智能工厂案例分析 ………………………………………………… 183

第 7 章　标准、标准化与产品质量管理 ………………………………… 195
第 1 节　标准化对现代工业与质量的价值 ………………………………… 195
第 2 节　现代质量管理与企业标准体系架构 ……………………………… 208
第 3 节　智能制造中的管理实践 …………………………………………… 218

第 8 章　智能制造中设备状态监测与分析技术 ………………………… 227
第 1 节　常用设备的运行状态 ……………………………………………… 227
第 2 节　设备状态监测与分析技术 ………………………………………… 233
第 3 节　现代设备状态监测与分析技术应用 ……………………………… 244

第 9 章　健康安全环境（HSE） …………………………………………… 251
第 1 节　HSE 概念 …………………………………………………………… 251
第 2 节　ISO 与 HSE ………………………………………………………… 254
第 3 节　HSE 管理体系 ……………………………………………………… 260
第 4 节　HSE 管理体系与工业管理体系 …………………………………… 265
第 5 节　HSE 与工业 $x.0$ …………………………………………………… 268

附录　先进制造业新技术应用研修计划（参考）………………………… 271

参考文献 …………………………………………………………………… 275

第1章 大数据与云计算技术

"大数据""云计算"等词语在当今社会各类媒体中经常出现,在人们日常的工作环境和交流中也经常遇到,你知道它们的意思吗?它们的关系是什么样的?

第1节 大数据入门

一、大数据概述

1. 数据的概念

数据是描述事物的数字、字符、图形、声音等的表示形式,常指用于计算机处理的信息素材。在计算机技术广泛使用之前,数据收集主要通过人的观察、实验或调查进行,按照有序的行和列记录到纸张上。在计算机技术逐步广泛应用后,越来越多的数据被存储到计算机中,数据收集增加了更多基于计算机技术应用的途径。

2. 数据的类型

(1)结构化数据。手工编写并记录和保存在纸张上或以电子形式存储在电子表格或数据库中的结构化数据,是数字、字母、汉字、特殊符号等按一定逻辑设计和分组的信息。例如,在线购物时选择商品后填写收货地址、送货上门时间等,实际上正在提供结构化数据。结构化数据相对容易管理,并且可以进行统计分析。由行和列组成的结构化数据如图1-1所示。

采购项	数量	单位	采购日期	负责人
铅笔	100	支	2022年9月1日	张三
笔记本	50	本	2022年9月1日	张三
电视机	8	台	2022年10月8日	李四
计算机	20	台	2022年10月8日	李四

图 1-1　由行和列组成的结构化数据

（2）非结构化数据。像视频、照片、文档这些数据结构不规则或不完整的非结构化数据就不太容易进行统计分析。但是，如果通过识别关键性特征，那么非结构化数据中也能够提取有用信息，形成结构化数据并进行统计和分析。

当今社会，以互联网和智能手机为首的 IT（信息技术）产品迅速普及，正在产生大量数据，这些数据到底有何用途？这就是接下来要谈的"大数据"方面的内容。

3. 大数据的主要特征

由谁最先提出"大数据"这个术语现在已经无从考察，但它不是凭空而来的，它与计算机技术的发展密切相关，从字面意思也能了解它一定与规模庞大有关。目前，表示数据大小（容量）的单位如图 1-2 所示。1 张 CD（激光唱盘）存储的数据约为

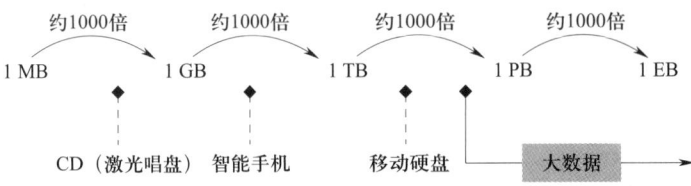

数据单位	说明
bit位或比特（b）	计算机最小存储单位，存放1位二进制数0或1
byte字节（B）	8个二进制位组成1个字节，1个数字或英文字母占1个字节，1个中文字符占2个字节
kilobyte（KB）	1 024 B
megabyte（MB）	1 024 KB
gigabyte（GB）	1 024 MB
terabyte（TB）	1 024 GB
petabyte（PB）	1 024 TB
exabyte（EB）	1 024 PB
zettabyte（ZB）	1 024 EB
yottabyte（YB）	1 024 ZB

图 1-2　数据大小（容量）的单位

700 MB，1台高配置笔记本计算机硬盘容量通常会有1 TB或以上的容量，大数据的数据容量更大。

大数据远远超过了人们所想到的数据量的规模，能够被定义为大数据的数据需要具备三个主要特征，人们通常称其为大数据的3V特征，即数据量大、种类多、速度快。

（1）数据量大（volume）。数据量指的是收集和存储的电子数据量，大数据一定很大，但到底有多大，这会随着收集和存储数据的能力发展而发生变化，这个变化也影响着对数据量的认知，十年前被认为"大"的数据量已经不再符合今天的标准。目前，数十太字节到数拍字节的数量及以上，可被视为"大"。

（2）种类多（也称多样性，variety）。在万维网（WWW）上浏览网页，用智能手机进入社交媒体记录个人心情，使用地铁卡乘坐地铁，拍照片制作视频发布到个人媒体账号上，设备和装备的运行状态等都被视为数据收集起来，有结构化数据和非结构化数据。

（3）速度快（也称快速产生，velocity）。目前，传感器、万维网、智能手机在源源不断地产生数据，数据增长的速度与数据量相关，单位时间内数据量的增长越大，生成数据的速度就越快。速度也指数据处理速度，如传感器处理数据速度。传感器就是捕捉对象和现象的变化，并将其转换为信号和数据的装置，而传感器数据就是通过传感器所获得的数据。例如，在汽车自动驾驶过程中，要确保汽车安全行驶，大量的传感器数据实时生成并通过网络传输到数据中心进行即时分析后形成必要的指令发送给汽车。

除了以上三个主要特征之外，通常还有一个常用的第四个特征，即准确性（veracity），也就是数据质量要求准确且真实。在大数据时代，产生的数据大量是非结构化数据，常常在没有提前设计和规划下进行，人们要从各种各样的数据中获取需要的信息，大数据量可以帮助获得更为精准（或接近真实）的信息。当然，数据量越大，虚假的数据也会越多。

二、大数据存储和分析

1. 大数据的主要存储方式

随着计算机技术发展，数据的主要存储介质是硬盘，而且硬盘的容量也越来越大，如个人计算机可以配置8 TB的硬盘，1 TB的硬盘可以存储约500 h的视频或超过30万张照片，但将其与每天产生的新的大数据相比时，还是显得微不足道。

当然，计算机存储技术也在不断发展，与此同时，多核处理器和多线程软件也使处理这些数据成为可能。这其中有一个重要的定律——摩尔定律，是英特尔公司创始人之一戈登·摩尔的经验之谈，也就是每 18 ～ 24 个月集成电路上可以容纳的晶体管数量就会增加一倍。它在一定程度上总结和预测了信息技术进步的速度，同时也适用于数据的增长率，所有这些产生的数据必须得到存储。

（1）结构化数据存储。人们在使用计算机、智能手机或笔记本计算机的时候，都是在访问存储在数据库中的数据，这样的数据库称为关系型数据库。关系型数据库存储的数据是结构化数据，为了管理结构化数据，需要使用关系型数据库管理系统（RDBMS）来创建、运维和管理数据。目前常见的关系型数据库管理系统有甲骨文公司的 Oracle、IBM（国际商业机器）公司的 DB2、微软公司的 SQL Server 等。

关系型数据库设计的一个重要考虑内容是标准化，它包括最大化地降低数据的重复率，以便让存储效率最大化及获得更快捷的数据访问速度，但即便这样，数据量的增长仍会影响数据库的整体性能。

关系型数据库被持续使用，主要原因是其在写入和更新资料的过程中，为了保证事务处理（操作）是正确、可靠的，必须具备以下四个特征（ACID 特征）。

1）原子性（也称不可分割性，atomicity）。确保一个事务处理中所有的操作要么全部完成，要么全部不完成，不完整的操作无法更新数据库。

2）一致性（consistency）。确保写入的资料完全符合所有的预设规则，排除无效数据。

3）隔离性（也称独立性，isolation）。确保在多个事务操作并发时，不会相互干扰导致数据的不一致。

4）持久性（durability）。确保事务处理结束后，数据永久存入数据库，在下一个事务处理前完成存储更新，即便系统故障数据也不会丢失。

（2）非结构化数据存储。对于非结构化数据来说，关系型数据库管理系统不再适用。尽管关系型数据库使用范围广泛，但是鉴于目前数据的爆炸式增长，以及大量非结构化数据的产生，需要更适用的新型存储和管理技术。值得一提的是，这样的技术依然在不断研究和深入探索中。

为了应对海量数据，需要将数据存储到不同的服务器上，随着存储服务器数量的增加，出现故障的概率也随之增大。为了避免故障导致数据丢失，相同的数据需要多个副本存储在不同的服务器上。应对这些既要安全可靠，又要满足速度的需求，出现了以下几种海量数据的存储方式。

1）海杜普（Hadoop）分布式文件系统。它是谷歌公司于 2003—2004 年提出，由阿帕奇软件基金会开发的分布式系统基础架构，是一个能够让用户轻松架构和使用的分布式计算平台。用户可以轻松地在 Hadoop 平台上开发和运行处理海量数据的应用程序。

2）非关系型数据库（NoSQL）。NoSQL 仅仅是一个概念，泛指非关系型数据库，区别于关系型数据库，它们不保证关系型数据库的 ACID 特征属性。数据之间无关系，这样就非常容易扩展，无形之中也在架构层面上带来了可扩展的能力，尤其在大数据量下表现优秀。这得益于其无关系型，数据库的结构简单。NoSQL 带来了全新的数据库革命性运动，目前新型数据库（NewSQL）正蓬勃发展，这类数据库不仅具有 NoSQL 对海量数据的存储管理能力，还保持了关系型数据库的 ACID 特征属性，使其更适用于大数据。

3）云存储（cloud storage）。云存储是一种网上在线存储模式，即把数据存放在通常由第三方托管的多台虚拟服务器上，而非专属的服务器上，这些服务器分布在世界各地的数据中心，众多的数据中心连接在一起，构成了存储大数据的超级网络。借助互联网，人们通过支付费用，就可以在各个服务器上存储管理文件资料和运行应用程序，也可以授予其他人使用权限。云存储不但可以存储资料，同时还可以运行云存储中的应用程序，包括处理信息，云计算因此而来。"云"在这里隐喻着相互连接的服务器所组成的网络。

2. 大数据分析的方法和功能

海量的数据被收集和存储之后，人们需要从中发现有用的信息，如通过网络购物大数据分析客户偏好，又如通过设备运行大数据分析设备某一个故障的发生周期等。这些都需要相关的技术来支撑大数据分析。随着数据规模的增大，大数据分析的方法也在不断地发展。

（1）大数据分析的方法

1）映射归约（MapReduce）模型。MapReduce 模型是一种编程模型，用于大规模数据集（大于 1 TB）的并行运算，这也是处理大数据的一种普遍方法。MapReduce 模型将数据分成小块，然后对它们分别进行处理，将需要的计算或者查询分配到更多的计算机上完成。

MapReduce 模型由多个部分组成，即 Map 组件、Shuffle 处理和 Reduce 组件。Map 组件面对的是杂乱无章的互不相关的数据，它解析每个数据，从中提取 key（关键字）和 value（值），也就是提取数据特征。经过 Shuffle 处理阶段之后，在 Reduce 阶段看到的都是已经归纳好的数据，在此基础上可以做进一步的处理以便得到结果。

假设对下列各项信息进行统计：铅笔、订书机、钢笔和橡皮，办公用品是关键字（键名），键值表示每种办公用品的数量，需要知道各种办公用品的总数量，以下有三个文件：

文件一

铅笔，1

订书机，3；钢笔，2；铅笔，2

订书机，2；橡皮，1

文件二

铅笔，3

订书机，3；钢笔，2

文件三

铅笔，1；订书机，3

铅笔，3；订书机，4；橡皮，2

Map 组件可以把各个输入的文件（以上三个文件）分别进行读取，读取之后按照行生成相应的键值对。Map 组件功能如图 1-3 所示。

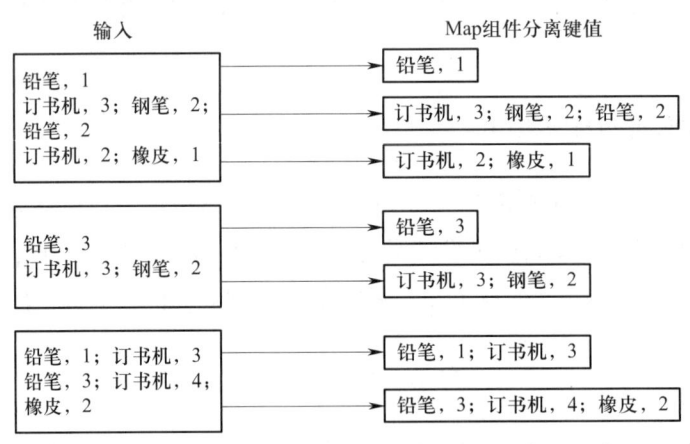

图 1-3　Map 组件功能

经过 Map 组件处理后，文件进行了分块并有了相应的键值对，算法的下一步是对键值进行排序和按类合并（Shuffle 处理过程）。上述办公用品将会按照字母顺序排序，其结果存入文件用于下一步运算，如图 1-4 所示。下一步，Reduce 组件将经过 Shuffle 处理过程后的结果进行组合，并将其（每种办公用品）形成各自独立的文件，之后算法会汇总各类数据，并将结果作为键值对发送到输出文件，存储到 Hadoop 分布式文件系统中。

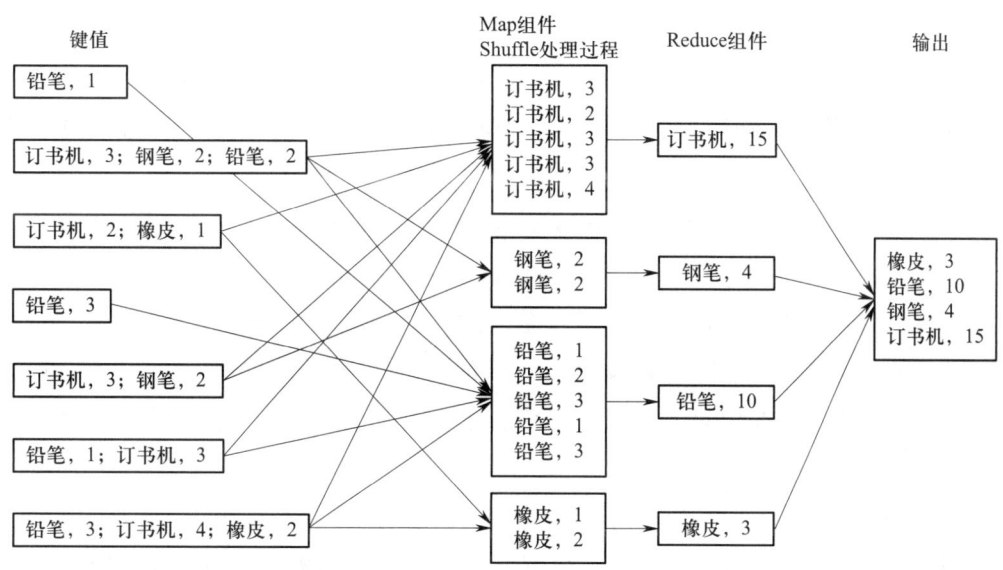

图1-4 Shuffle处理过程和Reduce组件功能

通过这样一个小的示例,可以看到MapReduce模型的工作机制,这样的模型可以运用到海量数据分析中,帮助获取有用的数据。

2)布隆过滤器(Bloom filter)。布隆过滤器也是广泛用于大数据分析的一种方法,是20世纪70年代开发的一种技术,它实际上是一个很长的二进制向量和一系列随机映射函数。布隆过滤器可以用于检索一个元素是否在一个集合中,也就是基于数据元素列表建立一个系统,用来回答"列表中是否有 X ?"的问题。

布隆过滤器应用中会使用一个重要函数——哈希函数(hash function),它是一种算法。如果想要判断一个元素是不是在一个集合里,一般想到的是将所有元素保存起来,然后通过比较确定。链表、树等数据结构都是这种思路,但是随着集合中元素的增加,需要的存储空间越来越大,检索速度也越来越慢。散列表(又称哈希表,hash table)的数据结构可以通过哈希函数将一个元素映射成一个位阵列(bit array)中的一个点,这样只要看这个点是不是"1"就可以知道集合中有没有它了,这就是布隆过滤器的基本思路。

布隆过滤器应用广泛,如对恶意网站的识别,布隆过滤器承担的是已知恶意网站链接名单的角色,新发现的恶意网站链接会不断地添加到名单中。目前有超过数十亿个网站,而且每天都会有大量的网站诞生,跟踪恶意网站就成了一个大数据处理的过程。

以上介绍的是经典主流的大数据分析算法,目前还有更多其他的大数据分析算法。大数据分析技术的研究还在伴随着需求不断发展。

（2）大数据分析的功能

1）客户需求分析。帮助企业预测市场发展趋势，从而制订更合理的生产计划。通过对互联网上消费者购买的商品品名、购买时间，以及浏览过哪些商品等所产生的大数据进行分析，可以实现消费者未来可能产生的购买需求预测。

2）设备运行分析。当今很多新的设备都配置较多传感器，可以通过传感器获得设备的工作状况和其零部件的状态信息。比如，收集设备的开机时间、故障次数、生产件数、运行温度、备件消耗等数据，通过对这些大量数据的收集和分析，可以实现设备异常情况及对应维修能力的经验积累，从而实现在设备发生故障后立即找到故障原因及时进行修理，同时还能对未来可能发生的状况进行预测，从而提前采取对策，避免发生故障。

3）农业数据分析。在农作物生产过程中，收集与生长发育有关的数据如温度、湿度、光照、二氧化碳浓度等，利用大数据分析农作物生长的条件，从而配置最适宜的农作物生长环境。

三、工业大数据应用介绍

1. 工业大数据简介

工业大数据顾名思义就是工业领域的大数据。

工业领域门类众多，各门类的工业制品和生产工艺差异很大，产业链和企业规模也各有不同，每一个企业也会面临多种多样不尽相同的问题，但总体来看，安全、增效、降本、提质是每一个工业企业永恒不变的关注的重要目标。为了实现这样的目标，面向工业企业内部及相关外部的数据采集和分析就显得尤为重要，而且越多的数据样本越有助于企业获得有效的分析结果以便实现相应的预测或决策。

随着互联网的发展，大数据及分析技术开始兴起，而工业4.0又强调了设备与设备、设备与人、人与人、服务与服务的万物互联，使产业链数据、市场数据、企业数据、设备数据、活动数据、服务数据、环境数据等能够通过纵向和横向的结合，统一在一个平台上流通，彼此实现快速而标准的交流和通信，在这样一个运作体系中就会产生大量的数据，可以把它们归到工业大数据中。

（1）工业大数据兴起的决定因素

1）传感器技术和通信技术的发展，不断提升了人们获取和反馈实时数据的技术水平，而且其成本也越来越低。

2）嵌入式系统、低耗能半导体处理器、云计算等技术发展极大提升了设备的运算能力，处理实时数据的能力也越来越强。

3）设备逐步往自动化方向发展，相关控制器会涉及大量的数据，所有这些数据中蕴藏的信息和价值有待充分挖掘和使用。

4）市场的定制化需求越来越明显，这样所带来的商业活动及制造流程会越来越复杂，而且还要响应越来越快，依赖人的脑力存储和分析数据已经无法满足这样的复杂需求和高效协同。

因此，工业大数据及分析技术得以蓬勃发展。然而大数据分析技术最早并非起源于工业领域，而是互联网中产生的社会和媒体大数据，仅依靠互联网大数据分析技术，不能满足工业大数据及其分析要求。

（2）工业大数据的分析技术核心要解决以下三个方面的重要问题

1）在数据特征的分析和提取上，工业大数据具有更深的特征背后的意义及特征之间的关联性逻辑，而互联网大数据则倾向于依赖统计学工具挖掘特征及特征之间的相关性。因此，工业大数据的挖掘和解读需要洞悉和理解数据特征背后的意义。

2）工业大数据相比互联网大数据在数据的"量"方面更加注重数据的"全"，即面向应用要求具有较全面的使用样本，覆盖工业过程中的完整活动过程及变化较多的各种情况，确保能从数据中提取反映真实状态的全面性信息。值得关注的是，工业大数据在产生数据的源头存在大量多样性、异构性、无序性等情况，导致可以获取非常大的数据量，但对于数据特征等一些要素的挖掘和提取会出现遗漏、分散、断续等特点，因此工业大数据在数据获取的前端应用上要尽可能以数据需求为导向建立数据标准，在后端的数据分析上要做好数据清洗，解决数据碎片化带来的问题，使用特征提取等方法将数据转化为有用的信息。同时，工业大数据分析的结果有很强的时效性，如果对于当前产生的数据不能及时进行分析处理得到可以支持决策的有效信息，大数据分析的价值就会随时间流逝而迅速降低。

3）工业大数据相比互联网大数据，对数据的质量要求更高。低质量的数据可能直接影响分析过程从而导致分析结果无法使用，在工业应用领域就会失去大数据分析的价值。工业大数据对预测和分析结果的容错率远远低于互联网大数据对预测和分析结果的容错率。举一个简单的例子，在互联网领域通过大数据分析得出某个用户最近正考虑购买长裙的结论，并为用户提供了长裙相关的链接，即便这个用户并不一定有这样的购买意向，也不会造成太严重的后果。但是在工业领域，如果仅通过统计的显著性像互联网大数据分析这样给出分析结论，就算是一次失误，也可能造成严重的后果，比如在数控加工生产过程中，通过大数据分析刀具使用寿命的信息，提供给使用者，使用者参照这个信息进行刀具补偿或更换管理，如果大数据分析的结论不准确，就会造成刀具补偿或更新不及时，导致生产出来大量不合格产品，给企业带来直接经济损失。

2. 工业大数据的价值和主要应用

（1）工业大数据的价值。工业大数据分析主要是解决与工业相关的问题，为用户提供相关的服务，其主要价值从应用端来看，能够为工业界带来以下价值。

1）让制造过程透明化，提升质量、降低成本、提高效率、减少消耗，实现更有效的决策和管理。

2）提供各类设备运行全过程的信息管理和运维服务，实现设备运行和使用的高效和低成本的管理，让设备运行更好更久。

3）替代人工开展工作，如质量检测环节通过图像识别进行自动检测替代人工视觉检测，提高效率的同时又能降低人员工作量。

4）通过大量数据的运算与模拟实际场景，实现数据仿真应用，帮助使用者进行生产前的仿真模拟，将实际生产中可能遇到的问题通过提前仿真实现预判和前置处理。

5）通过生产经营相关业务数据的分析，以较低成本准时为用户提供高质量的产品，实现市场需求的快速响应和危机应对。

6）产业链信息的全过程管理，让供需之间高效配合，实现生产全过程高效低本的运作管理，并能兼顾整体调整的灵活性以应对各种变化。

（2）工业大数据的主要应用。以下来看一下具体的几个工厂工业大数据应用场景，以此来进一步了解工业大数据分析的价值。

1）设备健康管理。通过对设备运行过程中各种状态、运行参数、生产内容等数据的大量采集分析，可以对设备的运行（健康）状况建立分析模型，以获得设备可能或即将出现故障的预测结论，从而实现设备故障前的维护维修保养，既能提升设备使用效率和寿命，又能提升其所生产的产品质量和产量。

举一个例子，现代工厂中工业机器人被大量使用，如何对它们进行健康管理，Nissan（日产）公司在这方面引进了相关预测分析模型。Nissan 公司有一种六轴机械臂工业机器人，在任何一个轴方向发生运行故障都会造成工业机器人停机，因此公司对其使用的控制器内的参数（如转速信号、扭矩、温度等）进行了采集并围绕健康性能建立健康评估模型，根据分析结果可以在故障发生前的 3 个星期就预测到故障特征，在大量工业机器人的数据被采集和分析的情况下，可以实现不同生产工况下工业机器人运行情况分类分析，以便围绕生产系统的执行过程实现工业机器人健康状况预测，向设备维护维修人员提供每一个设备的健康风险状态及主要会出故障的部位，让日常的设备点检(检查)和维护工作能够更精准地开展,从而保障生产高效运行。

这里值得注意的是,工业机器人及其他工业设备,尤其是精密性要求和智能化程度较高的,都不太适合直接安装外部传感器,这方面还需要来自设备制造厂商的技术认定和支持。

2)装备智能化。装备制造商正在考虑如何满足客户(工厂)对装备生产能力的要求,满足客户用最少的费用实现最优的装备使用效率。因此,装备制造商会对装备实际运行过程中的工况数据进行收集,通过算法分析和预测模拟,以获得下一步最优的运行方案。

举一个例子,某带锯机床生产商,其核心部件是用来切削的带锯。生产过程中带锯会随着切削量的增大不断磨损,从而造成加工效率及产品质量下降,带锯磨损达到一定程度后就需要更换。一般使用带锯机床的工厂会有超百台带锯机床,为了确保产品质量,需要工人时刻关注带锯机床的切削量、带锯磨损情况及机床运行情况,根据经验判断是否要更换带锯。如何通过采集的数据实现机床加工参数、工件材料和形状、润滑情况等分析模型的建立,来获得最小的损耗和最优的切削质量?该带锯机床生产商因此从机床PLC(可编程控制器)和传感器收集机床加工过程中的数据,如工件信息、机床参数、机床振动信号、监控参数等,并自行研发了带锯寿命衰退分析和预测算法模型,从而实现带锯机床的智能化升级,为客户提供机床生产力提升管理服务。

3)大数据信息系统。将面向市场的订单数据、产品设计数据、生产执行数据、售后服务数据等全线贯通,实现任何一项数据的变动都能驱动其他相关数据的同步变动,实现从用户端到生产端的链接,为更多个性化需求订单高效交付提供可能。

举一个例子,某服装生产厂将传统的基于市场预测和安全库存来安排生产的模式转换为较为定制化接单和生产交付的模式,其生产的每一件衣服都在生产前已经销售出去,而且是用户亲自"设计"定制的衣服,工厂实现了规模化定制的模式。这其中主要是基于ERP(企业资源计划)、PDM(产品数据管理)、APS(先进排产系统)、MES(制造执行系统)、WMS(仓库管理系统)等的实施,通过信息的读取和交互,并与生产现场的生产设备和生产线集成,通过自动化物流系统的运用,加快了整个需求信息到生产物料流转的进程,其间有大量数据在各个系统内及系统和系统之间流转和分析,让多系统协作实现高效运转。例如,通过大数据分析生产线平衡和瓶颈问题,通过排程实现订单进入生产线的合理分布以达到产能最大化和成本最小化。

3. 工业大数据的关键技术

为了有效支撑工业大数据分析，需要关注以下关键技术：

（1）多源异构的数据存储与分析查询技术

1）面向分析优化的工业大数据存储技术要满足高速、海量、多源异构数据的存储，支持一体化查询和并行化分析。

2）面向工业大数据分析的执行索引技术要支持海量数据的并行处理，支持多源异构数据的整体分析和多样性事件的识别和反馈。

3）面向工业大数据分析的建模技术要围绕工业大数据价值，方便数据分析人员准备数据，缩短分析模型的建设周期。

4）面向工业大数据的安全技术要确保工业大数据运行在安全可靠的环境下，因为工业大数据蕴含着工业生产的详细情况，包含大量市场、用户、供应商、设备等信息，这些都涉及工业企业的核心机密。

5）面向工业大数据分析的数据可视化技术支持可视化呈现，实时展示工业大数据的变化趋势，便于工业领域经营分析和决策。

（2）工业大数据知识库和分析算法

1）工业大数据知识库。工业大数据分析需要大量的知识支撑，面对不同的产品生产、不同的业务和工厂，涉及不一样的知识内容，需要对复杂多元的知识建立相应知识库，让工业大数据分析有针对性及可持续发展。

2）工业大数据分析算法。工业大数据相对于互联网大数据有更深、更全和更高质量要求的特性，因此对算法的要求也更高，通常在使用统计学算法的同时要融合相关领域的算法模型，构建具备完善管理功能的分析算法库。

4. 大数据安全

（1）大数据应用的安全。大数据安全风险伴随大数据应用而产生。随着大数据应用发展，各种大数据技术也应运而生，新的技术和架构层出不穷，使大数据面临不断涌现的新安全挑战，在数据应用上体现如下：

1）数据保护难度增大。由于大数据蕴含较大的价值，容易成为网络攻击的对象，这些海量的数据很受网络黑客的青睐。因此，基于网络的分布式系统部署、开放的网络环境、复杂的数据应用和众多的用户访问，都使大数据在保密性、完整性、可用性等方面面临更大的挑战。

2）个人信息泄漏风险加剧。由于大数据中普遍采集和存储了大量个人信息，而且因为大数据在分析过程中会运用多元异构系统间的关联关系进行综合分析来获得更多大数据价值，因此也更容易通过关联关系挖掘出更多个人及与个人紧密相关的信息，加剧了个人信息泄露的风险。

3）数据的真实性保障更加困难。大数据在采集过程中，获取的方式各有不同，有来自公共网站的、主动上传的、摄像头及各类传感器获取的等。这些数据源头大多没有统一的标准，有的甚至是故意伪造的数据。因此，对数据的真实性确认、来源验证等就随着数据分析需求而变得越来越重要。由于数据来源种类繁多，且受制于采集终端技术、性能、相应标准的指导，面向海量数据的真实性验证上存在较大困难。

4）数据的所有者权益难以保障。在大数据的共享交换过程中，数据会被多种应用和角色所掌握及进一步流向另一个控制者，这就导致数据拥有者和使用者不同，数据使用权和所有权也彼此分离，从而带来数据滥用、监管责任不清晰、数据权属不明确等安全隐患。

以上这些数据应用上存在的安全隐患，随着大数据应用的发展会长期存在。

（2）大数据采集、存储和分析过程中的防范技术

1）数据资产梳理（对敏感数据、数据库等进行梳理）。敏感数据通常是指泄露后可能会给社会、企业或个人带来严重危害的数据。数据资产梳理就是确定敏感数据在系统内的分布和访问方式，以及可以访问这些敏感数据的账号和授权状况，根据数据价值和特征对其进行分类分级，实现针对性强、精细化程度高的数据安全管理。数据资产梳理是数据库安全治理的基础。

2）数据库加密（核心数据存储加密）。数据库加密顾名思义就是对数据库实现加密管理。通常对于数据存储管理方来说，需要根据数据获取和使用职责及申明进行必要的数据库加密管理。数据库加密是利用密码技术对数据进行加密，实现非解密情况下信息对外屏蔽，不可识别，防止数据在存储和传输过程中失密而被窃取使用，通常包含数据加密技术、数据传输加密技术、数据完整性鉴别技术、密钥管理技术等。

3）数据库安全运维（防止运维人员恶意和高危操作）。数据库安全运维通常包括两个方面：一方面是数据库所存放的服务器（计算机）安全运维，避免不法分子的恶意盗取或破坏，以及硬件和环境设施出现故障和损坏导致数据不安全；另一方面是数据库本身是否存放安全不被网络黑客等攻击和盗取，以及出现故障后数据库可以有效及时恢复数据。

4）数据脱敏（敏感数据匿名化）。数据脱敏是指对敏感数据使用脱敏规则

进行数据的变形,将敏感数据进行可靠的保护。这样,涉及客户安全数据或者一些商业敏感数据时,可以在不违反系统规则条件下对真实数据进行改造并提供测试使用,避免数据在未脱敏的情况被滥用和盗用,也确保相关数据应用机构的合规性。

以上介绍了几种主要的大数据安全防范技术,需要注意的是,在大数据安全方面的技术绝不止这些,对大数据安全技术的研究也没有止境,会随着人类社会对数据应用的越来越多而越来越重要。

第2节 云计算入门

一、云计算的概念

1. 云的概念

云(cloud)在生活中经常出现,目前在计算机技术领域也经常看到这个字,经常与云计算、云服务等关联在一起。如图1-5所示的图形经常出现在很多基于互联网架构的高科技相关领域的文献中,这样的图形通常称为云符号,专门用于表示IT环境的边界。云是指一个特定的IT环境,用于远程给使用者提供可扩展使用的可以测算的IT资源。

IT资源这一术语也经常出现在该领域中,它指的是与IT相关的物理或虚拟的事物,既可以是软件方面的,如虚拟服务器、软件程序或系统,也可以是基于硬件的,如物理服务器、网络通信设备等。这里需要注意的是,虚拟服务器最终的运行载体还是物理主机。

图1-5 云符号(表示云IT资源的边界)

作为一个可以远程访问的独特IT资源,云代表了IT资源的一种部署方式,而传统的IT资源是部署在企业内部的。企业内部是指在一个不基于云的可控的IT资源内部,它和"基于云"是对等的,需要注意的是:

➢ 一个内部的IT资源可以和一个基于云的IT资源进行交互访问。

➢ 一个内部的IT资源可以被迁移到云上,成为一个基于云的IT资源。

➢ IT 资源可以部署在内部环境中，也可以部署在云环境中。

虽然云是可以远程访问的环境，但是并不是云中所有 IT 资源都可以完全开放和远程访问，云 IT 资源是基于云服务来进行访问的。云服务是指一个通过云远程访问的 IT 资源，云服务可以是一个基于网络的应用程序，直接可以调用其技术接口，也可以是管理工具或其他 IT 资源远程的一个接入点。

云的使用方和服务方通常称为云用户和云提供者。

➢ 云用户。使用基于云的 IT 资源的一方称为云用户，可以是组织机构或个人，通过与云提供者约定或签订合同来使用云提供者提供的 IT 资源。具体来说，云用户使用云服务用户来访问云服务。

➢ 云提供者。提供基于云的 IT 资源的一方称为云提供者，云提供者要负责向云用户保证云 IT 资源可用，同时要具备必要的管理和行政职责，保证云 IT 资源能持续运行。

除此以外，还可以快速地了解一下我们会经常遇到的云服务拥有者和云资源管理者。

➢ 云服务拥有者。云服务拥有者可以是云用户，或者是该云服务的云提供者，拥有云服务的个人或组织被称为云服务拥有者。

➢ 云资源管理者。云资源管理者是一个组织或个人，负责管理基于云的 IT 资源（包括云服务）。云资源管理者可以是云服务所属的云用户或云提供者，也可以是签订了合约专业来管理基于云的 IT 资源的第三方组织或个人。

图 1-6 和图 1-7 展示了以上云用户、云提供者、云服务拥有者及云资源管理者的相互关系。

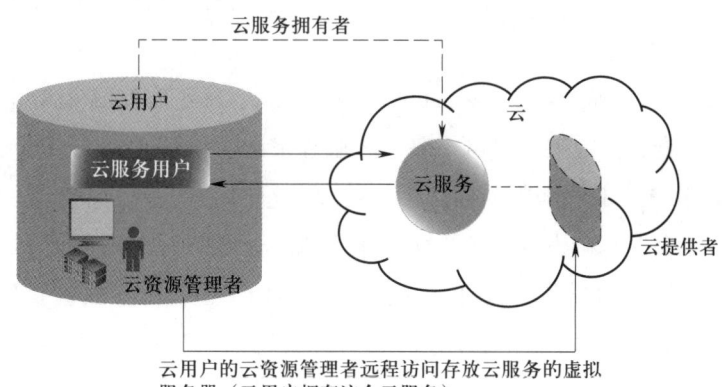

图 1-6 云资源管理者属于云用户或和云用户签订合约的服务商

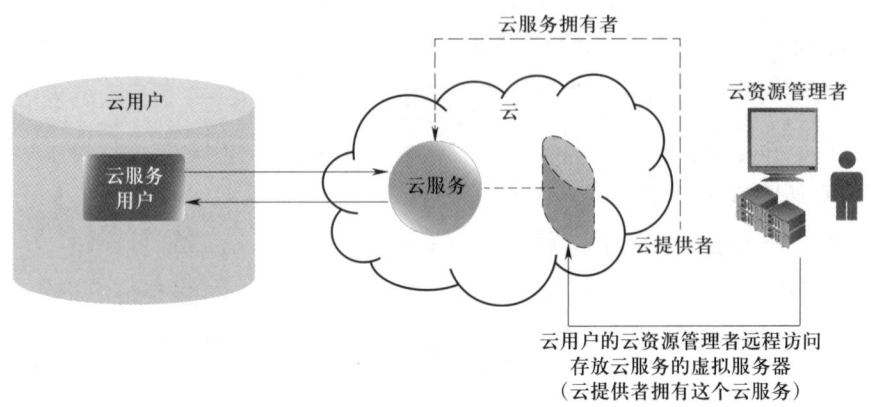

图 1-7　云资源管理者属于云提供者或和云提供者签订合约的服务商

2. 云计算的主要服务模型和特征

云计算是提供服务的一种形式，属于云服务范畴。人们通常面对的是一个由服务供应商组成的市场，这些供应商具备不同的服务质量和可靠性。例如，通过云服务商提供基于大数据的网络化精准市场营销，提升市场销售团队的工作效率和效果。

从广义上说，云计算是与信息技术、软件、互联网相关的一种服务，云计算把许多计算资源集合起来，通过软件实现自动化管理，只需要很少的人参与，就能让资源被快速提供。

（1）云计算主要服务模型。云计算背后的推动力是以服务的形式提供各种IT资源，并向客户提供远程使用功能。现在已经出现了多种通用的云计算服务模型，大部分都以作为服务（as a service，aaS）为后缀，云提供者提供具体且事先打包好的IT资源组合。

1）基础设施作为服务（infrastructure as a service，IaaS）。IaaS模型是一种基础设施类的IT资源组合，并能够通过网络基于云服务来访问和管理。在这种模型中，使用者不用自己构建一个IT数据服务器中心，可以通过向IaaS服务商支付一定费用租用的方式来使用IT资源基础设施服务，包括服务器、存储空间、网络服务等。在使用模式上，IaaS与传统的主机托管有相似之处，但是增加了运行时不断扩展和定制基础设施的强大能力。IaaS服务商会给云用户提供IT资源配置权限和更高层次的控制权限，通常IT资源的配置和管理责任直接落在云用户身上。

2）平台作为服务（platform as a service，PaaS）。PaaS模型一般由已经部署和配置好的IT资源组成。使用PaaS模型搭建的服务和平台开展工作，可以省去建立和维护基础设施 IT 资源的管理工作和责任。使用 PaaS 模型所提供的开发和部署环境，可以实现简单的基于云的应用到复杂的支持云的企业应用程序的所有内容的定制开发和部署。一般以下三种情况下用户会选择使用 PaaS 环境：

①为了拥有更加灵活、可扩展的 IT 资源选择机会及等值的经济投入。

②快速拥有已经就绪和完整的 IT 资源环境开展自身的应用开发和使用。

③从云用户成为云提供者部署自己开发的云服务，并从中获取更多的回报。

值得注意的是，资源是按照"即用即付"的方式从云提供者处购买的，并通过安全的互联网连接进行访问和使用。

3）软件作为服务（software as a service，SaaS）。SaaS 模型通常是将应用程序进行云部署后作为云服务，为云用户提供产品使用或软件工具使用。比如，SaaS 产品鼻祖 Salesforce 公司推出的客户关系管理（CRM）系统，使用者可以直接在浏览器中访问其 CRM 产品网址，进行注册后成为其使用者，并通过支付会员费的方式持续使用其 CRM 产品提供的功能和服务，非常方便和经济，也免去了数据存储和服务器运维的工作。

云用户对 SaaS 使用和管理权限非常有限，SaaS 产品通常由云提供者提供，但也可以由任何一个云服务拥有者的组织和个人提供。一个使用 PaaS 环境的云用户，可以建立一个云服务，然后将它作为 SaaS 提供给其他组织和个人使用，那么这个使用者实际上就承担了这个 SaaS 的云提供者角色。

（2）云计算的特征

1）按需使用。云用户可以根据自己的需要单边访问云 IT 资源，并实现灵活的选择和扩展。

2）广泛接入。顾名思义就是可以被广泛访问，要实现这样的功能需要对 IT 设备、传输协议、接口和安全技术进行支持。

3）多租户。能够服务不同的用户（租户），云提供者把 IT 资源放到一个池子里，通常依赖虚拟化技术根据云服务用户的需求动态分配 IT 资源，多租户之间是互相隔离的，每一个租户都不会意识到该资源还在被其他用户使用。

4）可变性。云根据运行条件、云用户或云提供者的要求，自动透明地扩展或调整 IT 资源，这样的能力通常也是用户选择云计算的核心理由，因为这样可以让使用者的使用成本和实际需求结合得更细更准，经济性更好。

5）使用可测算。云平台对 IT 资源使用情况进行详细记录和测算，可以对云用户实际使用 IT 资源情况进行测算和收费，这种能力不仅限于统计收费所需信息，还可以用于 IT 资源监控。

6）可恢复。多个物理位置存放 IT 资源，可以是同一云中的冗余 IT 资源，也可以是跨越多个云的冗余 IT 资源，当其中一个资源出现故障时，自动转到另一个备份的资源上实现处理，增加应用的可靠性，避免数据丢失。

二、云计算机制和架构

1. 云基础设施机制

云基础设施机制是指云搭建的基础构建部分，也是形成云计算、云技术架构基础的主要构件，云基础设施机制包含以下内容：

（1）虚拟服务器。虚拟服务器是通过虚拟化工具软件模拟物理服务器而形成的服务器，云用户从应用端来看，和使用物理服务器的感觉一样。而在云端，这样的虚拟服务器可以被无限地创建，提供其容量的物理服务器可以是一个也可以是多个，可以创建的虚拟服务器数量取决于物理服务器所提供的容量和性能。如图 1-8 所示，左侧物理服务器控制 3 台虚拟服务器，右侧物理服务器控制 1 台虚拟服务器。

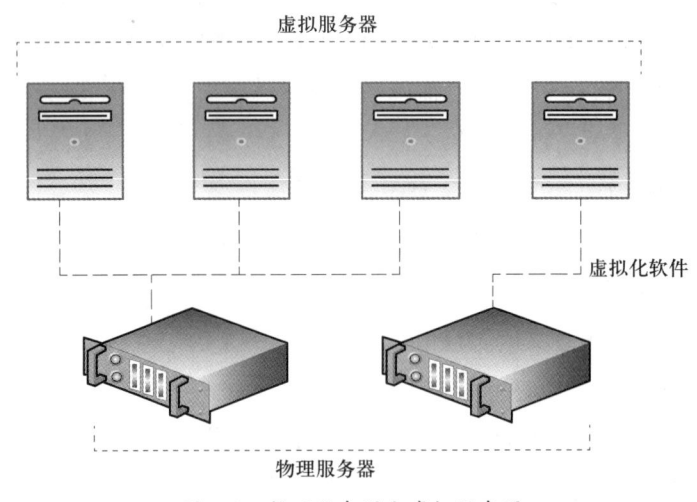

图 1-8　物理服务器和虚拟服务器

（2）云存储设备。云存储设备是专门基于云配置所配备的存储设备，云存储设备也如同虚拟服务器一样，可以被虚拟化，根据使用者需要提供固定增幅的容量配置，并支持使用者按容量使用计费。云存储设备由于存放的是使用者大量的数据，而且存放在云上，其数据的安全性、完整性及保密性就成了非常重要的问题，尤其是数据由云提供者或者第三方服务商管理的时候，就更容易出现风险，需要特别关注和使用相应的安全机制。此外，如果数据涉及跨地域或国界的存储和迁移，也会导致法律和监管相关问题。云存储如果应用在大型数据库方面，在性能上本地局域网（LAN）提供的本地存储的网络可靠性和延迟水平都优于外网云上的性能。

（3）逻辑网络范围。它被定义成一个虚拟的网络边界，包含并且隔离了一系列相关的基于云的IT资源，面向用户与非用户，授权与非授权使用。这样的网络通常由提供和控制数据中心连接的网络设备来建立，通过虚拟化IT手段及逆行环境部署。

1）虚拟防火墙（virtual firewall）IT资源。可以主动过滤和隔离网络上流转的信息，并控制其与互联网进行安全通信。

2）虚拟网络（virtual network）IT资源。一般通过虚拟局域网（VLAN）形成，用来建立数据中心内的网络环境，并与外部网络隔离。

（4）云运行监控。云运行监控以不同的形式存在，主要根据需要收集的数据指标和收集方式来选择相应的实现形式。目前常用的三种实现方式如下：

1）通信过程监控。作为监控服务代理驻留在已知的通信路径上，对过往的数据流进行透明化监控和分析，这种形式的云运行监控通常用来测量网络流量及消息量。

2）资源软件监控。通过与专门的资源软件进行事件驱动交互来收集相关使用数据，监控预定义的且可观察到的事件，如启动、暂停、恢复、扩展等。

3）轮询监控。通过轮环询问IT资源来收集云服务使用数据，通常用于周期性监控IT资源状况，如正常运行事件与停机事件。

（5）资源复制。资源复制是指对同一个IT资源创建多个实例，使用虚拟化技术来实现资源复制，以及复制基于云的IT资源，通常可以用于加强IT资源的可用性和安全性，以及用于应对IT资源之一严重故障时的数据紧急重新定位自动切换到另一个物理服务器。

（6）就绪环境。就绪环境通常配备一套完整的软件开发包，向云端使用者提供开发技术的编程访问，典型的就绪环境包括预安装的IT资源，如数据库、开发工具、管理工具等。

2. 云管理和云安全机制

（1）云管理机制。云IT资源需要建立、设置、维护和监控，这些属于云管理内容，主要通过如下机制来进行云管理。

1）远程管理系统。该系统为云资源管理者提供工具来设置和管理云端的IT资源。远程管理系统可以建立一个云端访问入口，以便使用底层系统的控制和管理功能，包括资源管理系统、SLA（服务等级协定）管理系统及计费管理系统。如图1-9

所示,远程管理系统将更多的云管理系统集中式管理控制,并提供给外部云资源管理者,该系统可提供定制的云用户控制台,通过底层管理系统的应用接口(API)实现交互。

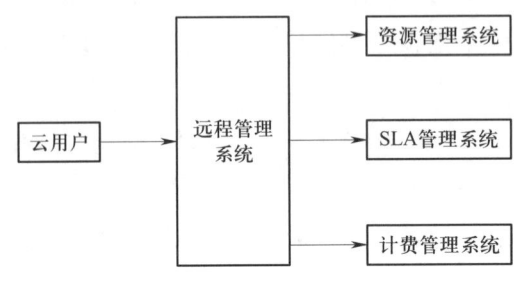

图 1-9 远程管理系统

虽然远程管理系统提供的用户管理界面趋向于由云提供者所专有,但是云用户有时候更愿意使用云提供者提供的标准访问 API 来创建自己的远程访问前端,这样就可以使云用户在变换云提供者时,只要其支持标准 API,云用户即可以快速重用这个管理平台。

2)资源管理系统。该系统实现 IT 资源的管理和分配,给云用户及云提供者一个管理操作界面。通常通过云资源管理系统可以实现如下操作:

①用来创建虚拟 IT 资源模块,如虚拟服务器。

②在物理基础设施中分配虚拟 IT 资源,响应虚拟 IT 资源实例的启停、继续或终止。

③结合使用其他管理机制实现 IT 资源的协调,如负载均衡、资源分配。

④在云服务实例的生命周期内,设定安全规定和强制执行使用策略。

⑤监控云 IT 资源的操作。

3) SLA 管理系统。SLA 是国际通行电信服务评估标准,是一种由服务供应商与用户签署的协议,承诺只要用户向服务供应商支付相应费用,就可享受服务供应商提供的相应服务。SLA 管理系统是一系列商品化的可用云管理产品,这些产品提供的服务包括 SLA 数据收集、存储及运行时通知等。

4)计费管理系统。计费管理系统专门用于收集和处理运行时使用的数据,根据使用量、时间等来进行费用计算和结算。计费管理系统允许有不同的定价规则,还可以针对每一个云用户或者 IT 资源自行定价。费用可以使用前支付或使用后支付,如果是使用后支付又分为限额使用和无限额使用。如果设定了限额,则使用超出限额时计费管理系统可以停止云用户的进一步使用;相反如果签订了无限额使用协议,则可以无限制计费。

（2）云安全机制

1）加密。默认情况下按照可读格式编码呈现的数据称为明文，通过加密技术算法可以把原始的明文数据转换成加密数据，加密数据称为密文。

2）哈希。哈希机制是一种单向不可逆的数据保护形式，对消息进行哈希时，消息被锁住，并且不提供密钥打开该消息，这种机制通常应用于密码的存储。

3）数字签名。数字签名用于数据传递中。如果数据发生了未被授权的修改，那这个数字签名就变非法。数字签名提供了一个证据，证明收到的消息与发送者发送的合法消息是一样的内容。

4）公钥基础设施。它是一个由协议、数据格式、规则和策略组成的系统，用来把公钥与相应的密钥所有者关联起来，同时还能验证密钥的有效性。公钥基础设施依赖于使用数字证书（certificate authority，CA），数字证书是带数字签名的数据认证，可以和公钥一起来验证证书拥有者身份及相关信息。

5）身份与访问管理。通过用户认证、授权、用户管理、证书管理来实现身份与访问管理，包括对用户身份及其使用的IT资源、系统访问权的必要组件的控制和跟踪。

6）单一登录。该机制能够使云用户被一个安全代理认证，这个安全代理建立起了安全令牌，让云用户在访问其他云服务及云IT资源时，无须每个请求都重新认证。

7）基于云的安全组。基于云的资源分割过程中创建了基于云的安全组机制，这是由安全策略决定的，网络被分成基于云的安全组，形成逻辑网络边界，每个基于云的IT资源至少属于一个逻辑的基于云的安全组，基于云的安全组通常会设定一些规则，用来控制安全组之间的通信。

8）强化的虚拟服务器。在虚拟服务器上，把不必要的软件从系统中剥离，限制可能被攻击者利用的潜在漏洞，这就是一个强化的过程。强化的虚拟服务器是已经经过强化处理的虚拟服务实例创建的模板，通常比原始标准虚拟服务器更加安全。

3. 云架构

云架构多种多样，目前还在不断发展，还会有更多的云架构形式出现，这里按照解决方案的复杂性和专业性，将云架构分为基础云架构、高级云架构和特殊云架构。

（1）基础云架构。基础云架构一般是比较通用的云架构，代表了目前基于云环境的常见用法和特性。

1）负载分布架构。负载分布架构可以部署多个IT资源，进行水平扩展，通过负载均衡器能够对可用的IT资源进行均匀分配负载，通过复杂均衡算法和运行逻辑减少IT资源的过度使用和使用率不足的情况，如图1-10所示。

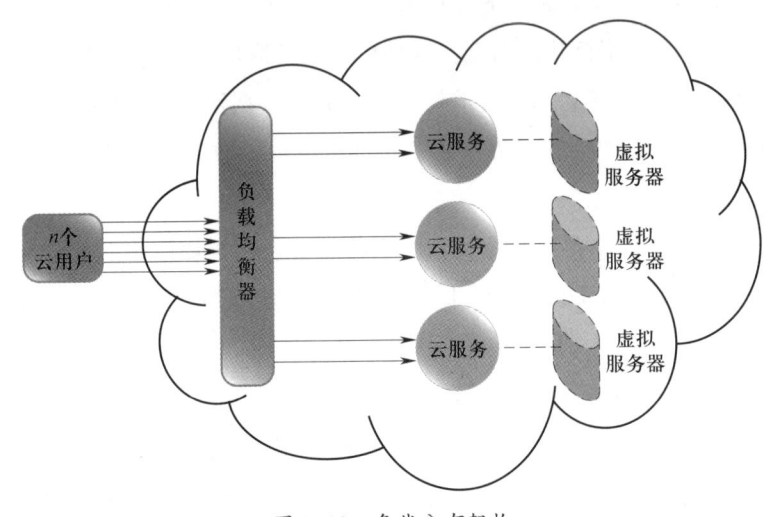

图1-10　负载分布架构

2）资源池架构。资源池架构对相同的IT资源通过系统进行分组和维护，并自动保持同步。常见的资源池有：

①物理服务器池。由联网的服务器构成，服务器已经安装好系统环境和应用，可以立即投入使用。

②虚拟服务器池。提供了一个虚拟服务器配置池，可以配置多个虚拟服务器，云用户可以提前选择自己需要的来使用。

③存储池。由基于文件或基于块的存储结构构成，包含了云存储设备。

④网络池。聚集了不同配置的网络联网设备。

⑤CPU（中央处理单元）池。分配给虚拟服务器的CPU资源。

⑥内存池。用于物理服务器的内存扩展。

值得注意的是，我们可以为每种类型的IT资源创建专用池，也可以将池与池聚合，形成更大的池。

3）动态可扩展架构。通过预先定义的扩展条件，判断云用户发出的请求，自动从资源池中动态分配IT资源，使资源的使用可以更优，按照使用需要变化而变化。常用的动态扩展类型有：

①动态水平扩展。按照需求和权限自动扩展进行IT资源复制，向内或向外扩展

IT 资源实例。

②动态垂直扩展。这是对单个 IT 资源的容量处理，对该 IT 资源进行运行性能、容量等方面的动态扩展。

③动态再定位。将 IT 资源重新进行放置，放到更高性能的主机上，如数据库迁移到读写速度更快的存储设备上。

4）弹性资源容量架构。这里主要是实现虚拟服务器根据云用户的处理请求分配和回收 CPU 与 RAM（随机存储器）资源。该架构在运行中还可以包含一些机制，如云使用监控、按使用付费、资源复制机制等。

5）冗余存储架构。辅助的云存储设备与主存储设备中的数据保持同步，在主设备故障失效时，云用户请求就会被转向辅设备。

（2）高级云架构。该架构可以构建在基础架构环境之上，是一种更复杂的架构。

1）虚拟机及其监控器聚簇架构。建立了群组的虚拟服务器管理，跨多个物理服务器。虚拟机监控器负责创建和管理多个虚拟服务器，如果底层的物理服务器或虚拟机监控器出现故障不可使用，为了保持虚拟服务器正常运行，可以将它们迁移到另一个物理服务器或虚拟机监控器上，如图 1-11 所示。

2）负载均衡的虚拟服务器实例架构。建立一个容量监控系统，在把任务放到可用的物理服务器之前，动态计算虚拟服务器实例及其工作负载，实现物理服务器之间保持跨服务器的工作负载均衡，避免物理服务器过低或过高使用。

3）不间断服务再定位架构。通过这样的架构系统，可以预先定义一些事件来触发云服务实现运行时云服务的复制或迁移，从而确保云服务不会中断。这个底层架构有一个关键点是要保证在原始的云服务迁移或删除之前，新的云服务已经能实现正常接手和响应云用户请求。

4）云负载均衡架构。通过这个架构，云 IT 资源可以在多个云之间进行负载均衡，它主要建立在自动扩展监听器和故障转移系统机制结合的基础上。

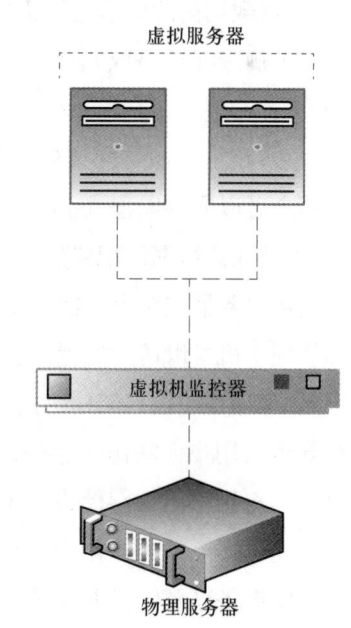

图 1-11　虚拟机及其监控器聚簇架构

5）资源预留架构。该架构建立的系统为云用户预留了单个 IT 资源、一个 IT 资源的一部分以及多个 IT 资源，这样就解决了并发访问可能导致运行时的异常情况（资源受限或资源借用），避免云用户使用过程中相互干扰影响。

6）动态故障检测与恢复架构。它可以建立动态的监控系统，在监控范围内定义好所有可能的故障场景，并对其做出响应。它依赖一个专门的云使用监控器，通常被称为"智能看门狗监控器"，可以主动地跟踪IT资源，对预先定义的事件采取预先定义的措施。

（3）特殊云架构。在以上两类云架构以外，还有一种架构涵盖更广泛的主题和功能，提供了各种机制与特殊组件的组合应用。

1）直接I/O（输入/输出）访问架构。这是一个允许虚拟服务器绕过虚拟机监控器直接访问物理服务器的架构，无须通过虚拟机监控器进行仿真连接。

2）动态数据规范化架构。该架构建立了一个重复删除系统，通过侦测和消除云存储设备上的多余数据来阻止云用户无意识地保留多余的数据副本。该系统既可以用于基于块的存储设备，也可以用于文件的存储设备，运用中前者更有效。

3）弹性网络容量架构。它建立了一个系统，用于给网络动态分配额外带宽，避免运行时出现问题。该系统确保每一个云用户使用不同的网络端口，隔离不同云用户的数据流量。

4）负载均衡的虚拟交换机架构。该架构建立了一个负载均衡系统，提供多条上行链路来平衡上行链路或冗余路径之间的网络流量负载，因此可以避免出现传输迟缓和数据丢失情况。

5）多路径资源访问架构。建立了多路径系统，为IT资源提供可替换的路径，这样云用户可以通过编程或手动方式避免路径故障带来的影响。

6）持久虚拟网络配置架构。该架构中集中存储了网络配置信息，并将其复制到所有的物理服务器主机上，使一个虚拟服务器从一个物理主机移动到另一个物理主机时，目标物理主机可以访问配置信息。

7）存储维护窗口架构。由于维护和管理需要，云存储设备有时需要短暂关闭，这样会导致云用户无法访问这些设备以及相关的存储数据，为了避免这种使用间断，需要进行停机维护的云存储设备上的数据可以暂时迁移到冗余云存储设备上，这个架构可以自动且透明地将云用户定位到冗余云存储设备上，让云用户不会感到其原本在访问的存储设备已经停机下线进行维护了。

第3节 大数据与云计算综合应用

一、大数据云存储构建

云存储是大数据存储的一种方式。目前经常见到的大数据云存储都是构建在云上的，基本会以以下四种方式构建：

1. 私有云

云服务的对象是一个组织，组织单独拥有该云计算系统的云称为私有云，有时也称专有云。采用私有云时，该云的拥有组织从技术上来说既是云用户也是云提供者，通常组织中会有一个单独的部门承担云提供者角色，需要访问私有云的部门承担云用户的角色，如图1-12所示。

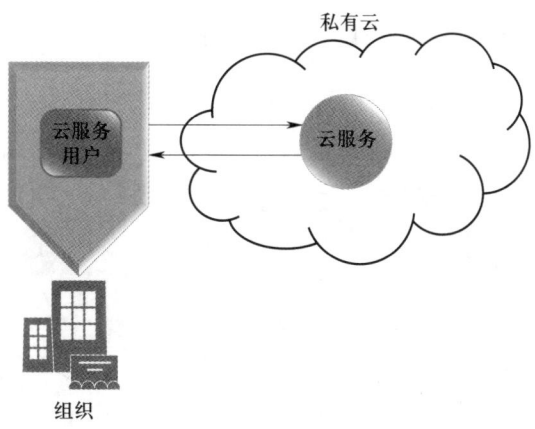

图1-12 私有云

2. 公有云

云服务对象是大众，云计算系统由第三方云提供者拥有，可通过互联网公共访问的云，通常称为公有云。公有云里的IT资源和云服务通常是标准化的产品，可以提供一定的选项进行选择，按照事先描述好的内容提供，通常是通过云用户的访问或者访问后一些事件来进行付费计算。公有云的管理由云提供者负责，如图1-13所示。

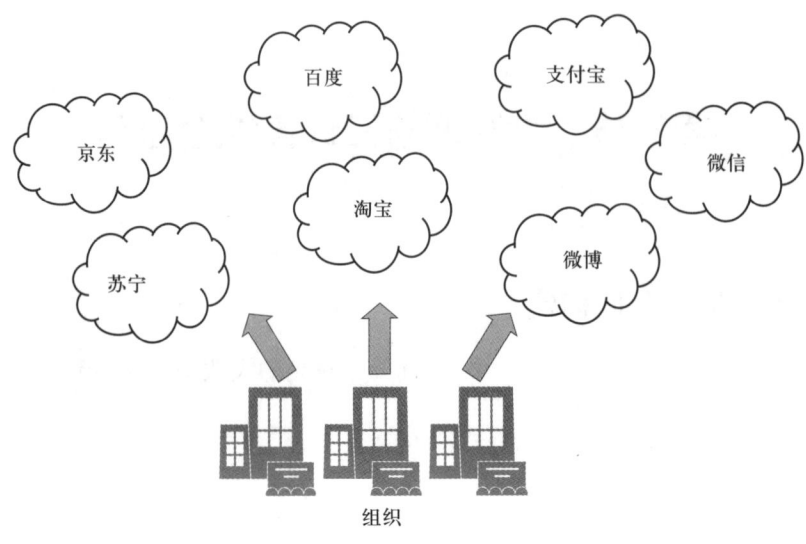

图 1-13　公有云

3. 社区云

社区云类似于公有云,但是其服务对象被限制为特定的云用户社区内的组织或成员。社区云可以由提供具有社区访问限制的公有云的第三方提供者管理,或由社区成员拥有并共同承担社区云的管理责任,如图 1-14 所示。

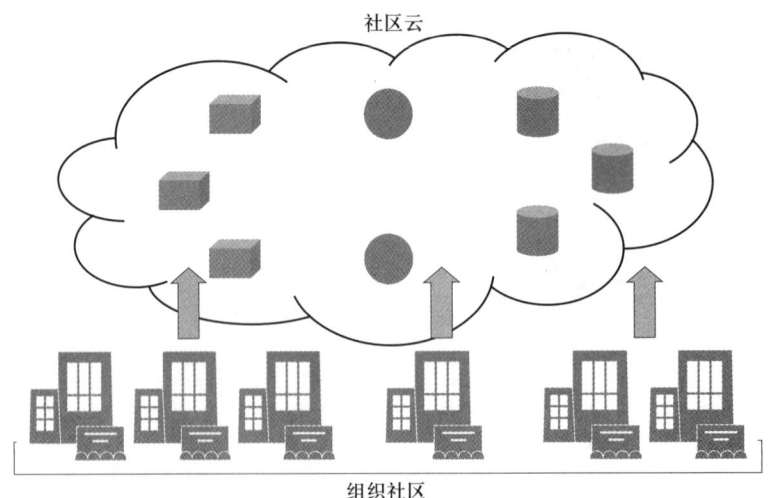

图 1-14　社区云

4. 混合云

混合云通常就是以上几种或者更多云部署方式组成的混合云环境,各部分可相对独立运作，也可进行协同。云用户可以选择私有云来存放敏感或有保密要求的数据，将不涉及保密的非敏感数据放到公有云上。混合云给使用者带来了更灵活的选择，如图 1-15 所示。

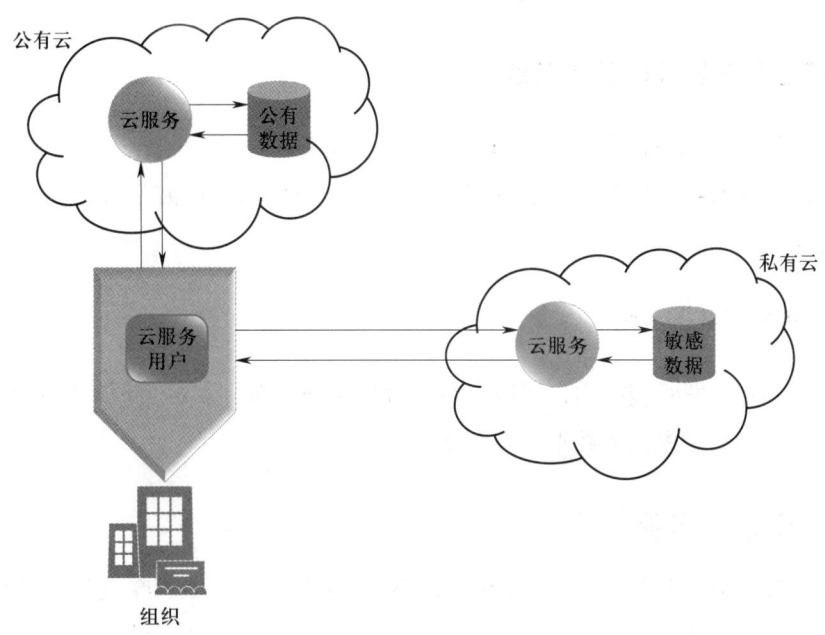

图 1-15　混合云

除了以上四种常见的部署方式外，还有一些其他部署方式，如虚拟私有云、互联云等。

二、云计算服务大数据

大数据通过云计算可以实现海量数据的存储、运算和分析，也可以使用越来越多的云计算基于互联网这个平台获取有价值的信息。云计算在云 IT 资源和云服务上提供了多种选择，大数据则是海量数据的高效处理。云计算是基础，没有云计算就无法实现大数据存储与计算；大数据是应用，没有大数据，云计算就缺少了目标与价值。从应用角度来看，大数据是云计算的应用案例之一，云计算是大数据的实现工具之一。从云提供者的视角来看，云计算作为大数据实现的工具提供了以下服务能力。

1. 海量存储和计算

云计算在技术体系结构上与大数据相同，都是以分布式存储和分布式计算为基础，同时还增加了更多 IT 资源部署和优化能力，这其中使用到了云存储、虚拟机、负载均衡、监控器等技术，为大数据提供很紧密和适合的存储和计算环境。

2. 数据安全管理

云计算在数据管理上涉及云用户和云提供者的权益，在数据的安全使用机制、授权管理、数据不丢失保障方面具备更加完整和高技术要求的架构和机制。

3. 跨组织或跨地域大数据管理

基于云的大数据可以应用到不同组织、不同地域中，而且可以高效、安全地被使用，这扩展了大数据的应用范围，为使用者获取、分析和应用海量数据提供了更广泛的选择可能。

4. 可计费的数据应用

借助云计算计费管理能力，可以实现大数据访问计费。制定合理的数据定价规则，可以实现云用户或云提供者数据计费和结算。

三、开源和闭源

云计算和大数据都是计算机应用技术不断发展的产物，都是IT硬件资源结合应用软件的成果，而其中软件开发技术起了至关重要的作用。软件开发代码有两种主要的开放方式。

1. 开源

开源的全称为开放源代码，允许用户利用源代码在其基础上修改和学习，但开源系统同样也有版权，同样也受法律保护。开源软件最大的特点是源代码开放，也就是任何人都可以得到软件的源代码，加以修改学习，甚至重新发布。

用户在使用开源产品时，必须表明产品来自开源软件和注明源代码编写者姓名，而且需要把所修改产品返回给开源软件，否则所修改产品就可被视为侵权。

使用开源产品的优势主要是节约时间。网络提供了较多的开源产品，根据需求寻找可以使用的产品，在这基础上进行二次开发或改版，可以较快地实现个性化的新产品开发。

2. 闭源

闭源是作为开源的反义词出现的一个术语。闭源意味着只能获得被授权的计算机程序的一个二进制版本，而没有这个程序的源代码，从技术方面也不支持软件的修改。

这个软件的源代码被看作企业的商业秘密，一般由企业的核心技术团队掌控，不可以在没有授权或者协议的情况下流出或被挪作他用。

开源对传统软件商业模式是一种颠覆，以免费共享源代码的方式赢得了众多程序员投身其中，开源推动者们认为"开源 + 共享"是更高层次的精神追求，有极高的成就感，如同互联网思维一样可以带来更高的劳动效率。华为、IBM、微软等高科技公司也都纷纷拥抱开源软件技术以获得更多的市场认可度。但值得注意的是，开源如果要用好，难度也比较高，基于开源构建的产品解决方案对于系统设计、应用、定制、维护、升级等一系列需求超乎想象，需要使用者有较深的需求认知力和完整的知识体系。

第 2 章
3D 打印技术

第 1 节　走进 3D 打印技术

一、3D 打印技术的概念

机械制造技术大致分为如下三种方式：

1. 减材制造

减材制造一般是用刀具进行切削加工或采用电化学方法去除毛坯中不需要的材料，剩下的部分即是所需要加工的零件或产品。

2. 等材制造

等材制造利用模具成形，将液体或固体材料变为所需要结构的零件或产品。铸造、锻压等均属于此种方式。减材制造与等材制造均属于传统的制造方式。

3. 增材制造

增材制造也称 3D 打印（3D printing），是近 20 多年来发展起来的先进制造技术，它不需要刀具及模具，是用材料逐层累积叠加制造所需实体的方式。

3D 打印在学术上又称快速成形（rapid prototyping, RP）、增材制造（additive manufacturing, AM），是一种以数字模型文件为基础，运用流体状、粉末状、丝（棒）状等可固化、黏合、熔合材料，通过逐层固化、黏合、熔合等方式来构造三维物体的技术。针对工程领域而言，其广义上的定义为：通过概念性的、具备基本功能的模型快速表达设计者意图的工程方法。针对制造技术而言，其狭义上的定义为：一种根据CAD（计算机辅助设计）信息数据把成形材料层层叠加而制造零件的工艺过程，如图2-1所示。

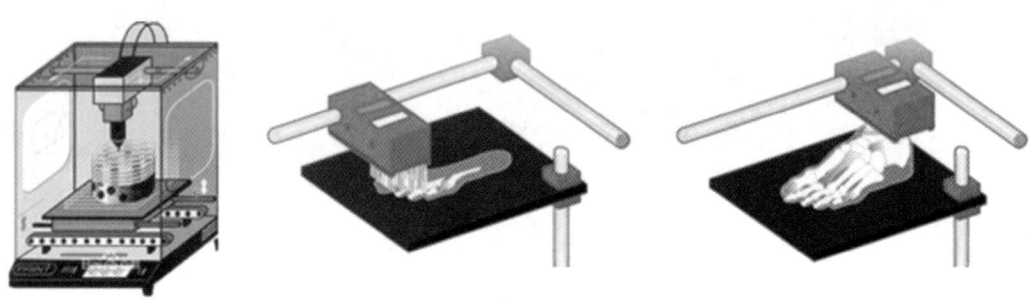

图2-1　3D打印的"分层加工、叠加成形"工作原理

二、3D打印技术的发展过程

3D打印技术的核心思想起源于19世纪末的美国，随着计算机技术、激光技术和新材料的发展，3D打印技术已经从最早的光固化成形（SLA）技术发展出分层实体制造（LOM）技术、激光选区烧结（SLS）技术、熔丝沉积成形（FDM）技术、三维印刷（3DP）技术等经典3D打印技术。

3D打印技术的发展历程如下：

1984年，查尔斯·赫尔（Charles Hull）研发了3D打印技术。

1986年，查尔斯·赫尔发明了利用紫外线照射将树脂凝固成形，以此来制造物体的技术，将其命名为光固化成形技术，并获得了专利，随后成立了3D Systems公司。同年，美国Helisys公司的迈克尔·费金（Michael Feygin）研发了LOM技术。

1988年，3D Systems公司开发并生产了第一台3D打印机SLA-250，向公众出售。同年，斯科特·克伦普（Scott Crump）研发了FDM技术。

1989年，斯科特·克伦普（Scott Crump）成立了Stratasys公司。同年，卡尔·罗伯特·德卡德（Carl Robert Dechard）博士发明了SLS技术。

1991年，Helisys公司售出了第一台LOM系统设备。

1992年，Stratasys公司售出了首批基于FDM技术的3D打印机。同年，DTM公司售出了第一台SLS系统设备。1993年，麻省理工学院教授伊曼纽尔·萨克斯（Emanual Sachs）发明了三维印刷（3DP）技术的雏形，将陶瓷或金属粉末通过黏结剂黏在一起成形。

1995年,麻省理工学院毕业生吉姆·布雷特(Jim Bredt)和蒂姆·安德森(Tim Anderson)修改了喷墨打印机方案,将约束溶剂挤压到粉末床,而不是将墨水挤压到纸上,改良出新的3DP技术。至此,常见的3D打印技术都已经出现并产业化。

2012年开始,3D打印技术开始进入快速发展的阶段,新的技术原理和方法层出不穷,新的设备不断被开发出来,3D打印企业如雨后春笋般发展,领先的企业进入规模化发展进程。

三、3D打印技术的特点

3D打印技术带来了世界性的制造业革命,以前是部件设计完全依赖于生产工艺,而3D打印技术的出现颠覆了这一生产思路,这使得企业在生产部件的时候不需要再考虑生产工艺问题,任何复杂形状的设计均可以通过3D打印技术来实现。3D打印技术的基本原理决定了3D打印技术应具有以下基本特点。

1. 制造更快速、更高效

3D打印技术是制作精密复杂原型和零件的有效手段。利用3D打印技术从产品CAD数据或实体反求获得的数据到制成3D原型,一般只需要几小时到几十小时,速度比传统成形加工方法快得多。3D打印技术工艺流程短,全自动,可实现现场制造,因此其制造更快速、更高效。随着互联网的发展,3D打印技术还可以用于提供远程制造服务,使资源得到充分利用,使用户的需求得到快速响应。

2. 技术高度集成

3D打印技术是CAD、数据采集与处理、材料工程、精密机电加工与计算机数控(CNC)技术的综合体现。计算机辅助设计(CAD)/计算机辅助制造(CAM)一体化是3D打印技术的另一个显著特点。在传统的CAD/CAM技术中,成形技术的局限致使设计制造一体化很难实现。而3D打印技术采用的是离散/堆积分层制造工艺,可以实现复杂的成形,因而能够很好地将CAD/CAM结合起来,实现设计制造一体化。

3. 堆积制造,自由成形

自由成形的含义有两方面。其一是指根据3D原型或零件的形状,不需要使用工具与模具而自由地成形。其二是指以"从下而上"的堆积方式实现,非匀质材料、功能梯度材料的器件更有优势,不受形状复杂程度限制,能够制造任意复杂形状与结构、不同材料复合的3D原型或零件。

4. 制造过程高度柔性化

降维制造（分层制造）把三维结构的物体先分解成二维层状结构，逐层累加形成三维物品。因此，原理上3D打印技术将任何复杂的结构形状转换成简单的二维平面图形，而且制造过程更柔性化。3D打印取消了专用工具，可在计算机管理和控制下制造任意复杂形状的零件，制造过程中可重新编程、重新组合、连续改变生产装备，并通过信息集成到一个制造系统中。设计者不受零件结构工艺性的约束，可以随心所欲地设计出任何复杂形状的零件，可以说"只有想不到，没有做不到"。

5. 直接制造组合件

任何高性能难成形的拼合零部件均可通过3D打印方式一次性直接制造出来，不需要工具与模具通过组装拼接等复杂过程来实现。

6. 可选材料的广泛性

3D打印可采用的材料十分广泛，可以是树脂、塑料、纸、石蜡、复合材料、金属材料或陶瓷材料的粉末、箔、丝、小块等，也可以是涂覆某种黏结剂的颗粒、板、薄膜等材料。

7. 广泛的应用领域

除了制造3D原型以外，3D打印技术还特别适用于新产品的开发、快速单件及小批量零件的制造、不规则零件或复杂形状零件的制造、模具及模型设计与制造、外形设计检查、装配检验、快速反求与复制等。这项技术不仅在制造业的产品造型与模具设计领域，而且在材料科学与工程、工业设计、医学科学、文化艺术、建筑工程、国防及航空航天等领域都有着广阔的应用前景。

四、3D打印技术的优点

3D打印技术之所以具有革命性的意义，主要是集两大突出优势于一身，即个性化及高度自由化制造。个性化指个人只需要在计算机中进行模型设计，然后将复杂作业流程转化为数字化文件，发送给3D打印机即可实现制造，根本无须掌握各种复杂的制造工艺和加工技能，大幅降低了制造的技术门槛。高度自由化是指根据3D打印技术的逐层加工、累积成形的特点，制造几乎不受结构复杂度的限制，结合智能数字化设计可轻松实现产品的定制。

1. 制造复杂物品

传统方法采用数控铣削加工或者线性摩擦焊接整体叶盘。数控铣削加工材料切除率超过 90%，材料利用率较低，且综合技术难度非常大；线性摩擦焊接的技术难度同样非常大。通过 3D 打印制造的整体叶盘（见图 2-2），零件性能超过或者等同于锻件的性能，抗疲劳强度比锻件高 32%～53%，疲劳裂纹扩散速率降低一个数量级。

图 2-2 通过 3D 打印制造的整体叶盘

2. 产品多样化

就像工厂里的机器一样，3D 打印机也是自动化的。数字设计文件会简洁地接收生产特定产品的指令，然后为 3D 打印机的各个步骤提供指导，这个过程可以保存下来或通过电子邮件发送到其他任何地方。就像工匠能生产多种产品一样，3D 打印机具备多种用途。一台打印机可以制造各种各样的产品，并且无须大量的前期投资。在 3D 打印机上打印 1 000 个不同的产品与打印 1 000 个相同的产品，成本是一样的，定制的成本几乎消失。3D 打印技术使设计与制造更灵活，小企业也能获得之前只能由全球性企业掌握的强大工具。小企业配备一台 3D 打印机和设计软件，就能够提供此前只有大企业内部的设计和工程部门才能提供的高端服务。

此外，原材料之间还可以任意组合，将不同原材料组合成单一产品对传统的制造机器而言是一个技术难题，因为传统的制造机器在切割或模具成形过程中难以将多种原材料结合在一起，但 3D 打印机则可以解决这一难题。如图 2-3 所示，3D 打印机从最基本的高分子材料打印到各种精密金属零部件再到生物材料，3D 打印技术运用得越

钛合金打印的航空零件

生物"墨水"打印的活体耳朵

图 2-3 材料多样化的 3D 打印模型

来越广泛。这种制造复杂物品而不增加成本的打印将从根本上打破了传统的定价模式，并改变整个制造业成本构成的方式。

3. 节约成本

3D 打印技术所使用的材料主要是 PLA（聚乳酸）、ABS（丙烯腈–丁二烯–苯乙烯）树脂、金属材料等，它几乎没有材料损耗，从而大大降低了材料成本的支出，为企业增加利润创造了条件。例如，传统的铸造由于其工艺特点，必须有浇注系统补缩冒口，这一部分原材料在整个铸件中的作用主要是保证铸件质量。另外，熔炼铁水过程中遇到球化不良或者生产线故障时只能整体回炉，浇注过程中的铁水外溢，铸造废品率高，3D 打印技术可以避免这些问题。3D 打印机还将省去技术人员的培训成本和新设备的采购费用，当需要生产一款新产品时，并不需要升级设备、培训员工。

4. 为产品设计提供更多可能

对于某些复杂且难以运用传统制造技术生产的产品，3D 打印技术为其提供了更多可能。例如，汽车四缸压铸铝模的传统生产方法是运用数控铣床来进行加工，对于部分复杂部位进行拆分加工，最后再进行组装，这样会影响模具的精度，采用 3D 打印技术就可以一体成形，并可以达到很高的精度。

总之，3D 打印技术是一种通过材料逐层添加制造 3D 物体的变革性、数字化增材制造技术，它将信息、材料、生物、控制等技术融合渗透，将对未来制造业生产模式与人类生活方式产生重要影响。3D 打印技术使人类突破了原来熟悉的历史悠久的传统制造限制，为创新提供了舞台。

五、3D 打印技术的缺点

当然，就目前而言，相对于以大批量为基础的传统制造业，3D 打印技术存在着如下不足。

1. 成本还不够低

3D 打印机本身的售价偏高，最便宜的桌面机价格为几千元，高端的工业用 3D 打印机价格动辄几十万元、几百万元。使用 3D 打印机制造商品没有规模经济的红利，单独制造一件产品的成本远高于规模制造大量产品后均摊到每一件产品的成本。

2. 质量还不够高

直接成形的精度约为 0.1 mm。

3. 稳定性还不够好

受偶然性因素的影响比较大，工艺也不够成熟。

六、3D 打印成形的步骤

3D 打印成形具体可以分为四个步骤。

1. 第一步：获得三维 CAD 模型

三维建模设计或者扫描实际生活中的物体可以得到用于打印的三维模型。常用的 3D 建模软件有 Cinema 4D、ZBrush、Poser、Maya、SolidWorks、CATIA、AutoCAD、VariCAD、Pro/E、UG、3DS Max 等。设计软件和打印机之间协同工作的标准文件格式是 STL（stereo lithography）文件格式，是由美国 3D Systems 公司于 1988 年制定的接口标准。

2. 第二步：CAD 模型数据处理

把要打印的 STL 格式的 CAD 模型导入打印控制软件中，导入后打印机控制软件对该 CAD 模型进行切片分层，获得一系列离散的切片，并对每层二维切片进行数据处理以用于打印控制，如图 2-4 所示。

图 2-4　CAD 模型切片分层

3. 第三步：实现打印过程

把每个切片的数据信息传送给 3D 打印机的控制系统，读取每个切片的加工信息，用成形材料将这些切片逐层打印出来，即控制成形材料有规律地、精确地、迅速地层层堆积起来形成三维原型，然后将各层截面以各种方式黏合起来，从而制造出一个实体。这种技术的特点在于其几乎可以造出任何形状的物品。

4. 第四步：成形件后处理

3D 打印机的分辨率对大多数应用来说已经足够。要获得更高分辨率的物品的方法如下：先用当前的 3D 打印机打出稍大一点的物体，再通过表面打磨即可得到表面光滑的"高分辨率"物品。有些 3D 打印技术在打印的过程中还会用到支撑物，如在打印一些倒挂状的物体时就需要用到一些易于去除的材料（如可熔性支撑材料）作为支撑物，如图 2-5 所示。

图 2-5　支撑物

修补、打磨、抛光、表面涂覆等工序统称为后处理。修补、打磨、抛光是为了提高表面的精度，使表面光洁；表面涂覆是为了改变表面的颜色，提高强度、刚度和其他性能。经过后处理便可得到最终需要的模型零件。

总体而言，从成形的角度来看，零件可视为一个空间实体，它是点、线、面的集合。3D 打印的成形过程是体—面—线的离散与点—线—面的叠加过程，即三维 CAD 模型—二维平面（实体）—三维原型的过程。3D 打印的离散—叠加过程如图 2-6 所示。

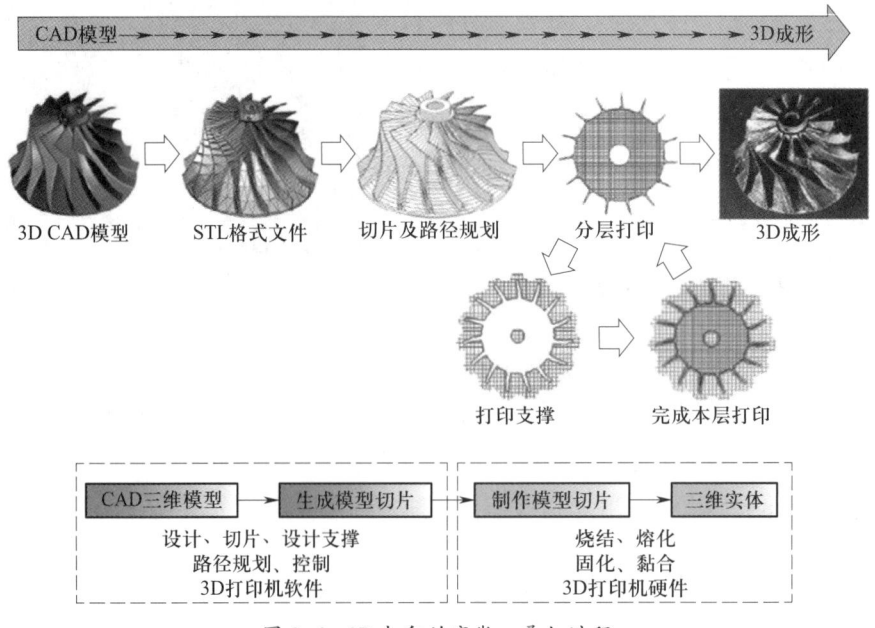

图 2-6　3D 打印的离散—叠加过程

七、3D 打印技术的应用领域

1. 电子消费产品领域

每个人手上都会有些电子产品，如手机、数码相机等，基本就是市场上有什么，大家就只能买什么了。大家很难意识到，其实这些电子产品，个人也可以完全根据自己想要的功能和型号来进行定制，因为现在有了开源软件、开源硬件、3D 打印机等工具。产品的外壳可以用 3D 打印机来定制，电路板除了使用开源硬件来实现外，现在还可以使用 3D 打印机直接打印出来，自己进行定制的难度和成本大大地降低了。

英国华威大学的科研人员研发了一种简易、低价的称为碳素的导电塑料复合物，用户不需要多少专业知识，就可以使用它 3D 打印制造出多种电子设备。使用 3D 打印机时，只需要在塑料上叠加电路轨道和传感器，就可以制造出一个触敏区域，连接上简易的电路板后便是成品。

到目前为止，华威大学的研究团队已经成功打印出内置测光器或带有触摸按钮的游戏手柄，以及可以测量水量的杯子。打印出来的许多东西虽然好玩，但是用处不大。他们将致力于让 3D 打印机打印功能更强大的电子产品。这一项目已经在网络上公开，并设置为开源，可以供免费下载使用。

3D 打印让电子产品个性化成为可能，同时还可以减少电子垃圾。如果技术继续进步，还可以完全自行打印许多电子产品，如贴合用户手形的鼠标、打字非常舒服的键盘等，甚至是手机。

2. 汽车领域

随着汽车保有量的快速增加，汽车行业的竞争日益激烈，成本控制是汽车公司在研发阶段面临的重大难题，研发速度与成本息息相关。汽车制造的过程中，会有很多不同种类的零部件，零部件的制造周期、成本、消耗都是汽车制造的重要指标。为了缩短汽车的开发周期，通过在汽车行业中引进 3D 打印技术，能够提升零部件的制造效率，并且能够大幅度提高零部件的生产质量，最终降低零部件的生产成本。3D 打印零部件模型如图 2-7 所示。

在使用 3D 打印技术进行汽车零部件生产时，可以及时地进行零部件设计中的细微偏差挖掘，而且可以快速审核零部件的工作原理和可行性，从而有效缩短零部件的开发周期。例如，在进行橡胶、塑料和缸盖类的辅助零部件生产时，不需要使用任

图 2-7 3D 打印零部件模型

何模具和金属,可以有效简化复杂的模具加工,明显节省制造环节中的人力和设备资源,降低成本的投入。

  为了推动汽车制造行业绿色化和可持续化发展,汽车行业已经制定了更高的标准,要求汽车的生产过程朝节能减排、轻量化操作的方向转化,提升汽车制造的环保节能水平。目前,很多汽车制造企业都采用降低汽车自身重量来减少能量消耗,因此一些企业根据市场和环保的要求,对材料、零部件采取轻量化的方式进行制造,从而降低汽车内部各种零部件的重量。3D 打印是目前能够实现零件轻量化制造和降低重量的途径,如全尺寸的保险杠制造就可以使用 3D 打印进行快速有效加工,所获得的零部件和传统生产方式相比重量更轻,并且也能满足质量的要求。美国 Local Motors 公司的 LM3D Swim 汽车如图 2-8 所示,该车只有 2 个座位,全车 75% 的组件

图 2-8 美国 Local Motors 公司的 LM3D Swim 汽车

来自 3D 打印,采用纯电动系统驱动,全车由 80% 的 ABS 树脂和 20% 的碳纤维构成,为世界首款 3D 打印汽车。

3. 医疗领域

医疗应用是目前最受关注的 3D 打印技术的应用领域,比较成熟的是打印骨骼类组织和器官。3D 打印的牙齿、手臂、下颌、关节等都已经在动物身上得到验证并在人体移植上获得成功。美国一家儿科医学中心利用 3D 打印技术成功制造出全球第一颗人类心脏(见图 2-9),这颗 3D 打印的心脏可以像正常人类心脏一样跳动。外科医生能够利用 3D 打印心脏来练习复杂的手术。

德国弗劳恩霍夫研究所(Fraunhofer Institute)的跨学科研究小组宣布研发出生物组织工程立体打印(SLATE)技术。SLATE 技术打印出纤薄的水凝胶溶液,而溶液暴露在蓝光下会凝固成形。科学家利用这个特性和技术,可以在数分钟内制作出符合人体血管系统架构的生物兼容水凝胶,解开了 3D 打印血管的奥秘。德国弗劳恩霍夫研究所的跨学科研究小组成功打印的血管如图 2-10 所示。

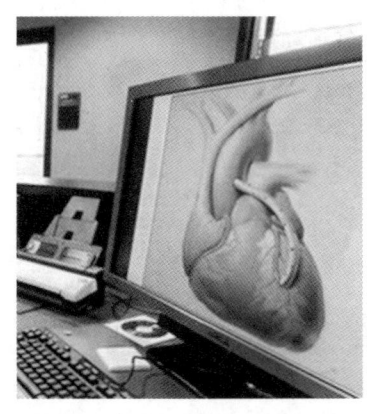

图 2-9 3D 打印技术成功制造出全球第一颗人类心脏

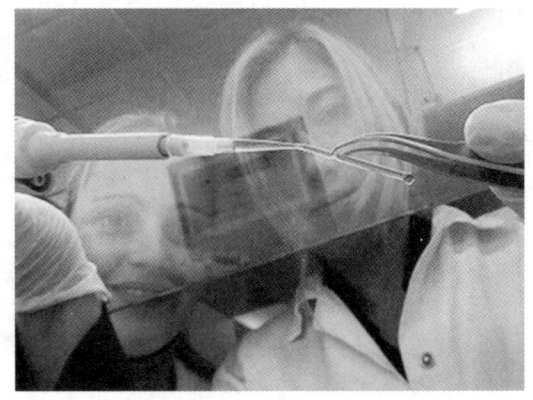

图 2-10 德国弗劳恩霍夫研究所的跨学科研究小组成功打印的血管

用 3D 打印技术打印"骨骼"目前已经成为医疗行业常用来辅助病人治疗的一种方式。据某知名医学专家告知:人体 206 块骨头都可 3D 打印。3D 打印骨骼可采用的材料有石膏、尼龙、树脂、钛合金等。目前国内已经成功实施世界首例 3D 打印钛合金人工椎体(见图 2-11)植入术,这是非常伟大的一项技术突破。相信未来 3D 打印人体器官会越来越成熟。

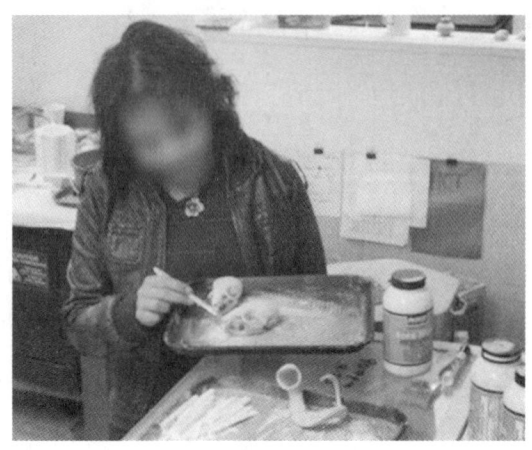

图 2-11　3D 打印钛合金人工椎体

4. 建筑领域

用 3D 打印机来造房，是世界各国建筑师的梦想。荷兰打印了一个景观房建筑叫莫比乌斯环屋（见图 2-12），是通过将沙子和黏合剂混合的方式打印若干个模块组装成的。

图 2-12　3D 打印的莫比乌斯环屋

近日，澳大利亚混凝土 3D 打印机制造商 Luyten 宣布与悉尼新南威尔士大学（UNSW）合作，加快新型龙门式月球风化层 3D 打印机的开发和测试，旨在快速建造最大 9 m × 12 m 的月球基础设施，并最终帮助澳大利亚实现在月球表面建立 3D 打印基地。新打印机需要考虑打印材料和建造设计类型。为了在月球上工作，由配备探地雷达的首批漫游车评估该位置的结构是否适合就地开展 3D 打印。其他具有超声波功能和挖掘能力的漫游车将开始收集月球风化层，从风化层中获取建筑材料。为了验证其机械特性，挖掘车会将整理好的月球尘埃放入风化层分选库中，在那里将使用集中微波将其烧结成可打印的材料。然后，变形机器人将在建筑工地建造外壳结构。借助这些信息可以根据每个建筑工地确定的材料特性确定栖息地设计，从而创建定制结构。一旦获得了 3D 打印的材料，3D 打印机将开始在压实的月球表面进行打印，其丰富的风化土将成为打印的主要建筑材料。正在建设中的 3D 打印穹顶形月球基地的艺术构图如图 2-13 所示。

图 2-13　正在建设中的 3D 打印穹顶形月球基地的艺术构图

5. 航空航天领域

航空航天领域在 20 世纪 80 年代就开始使用增材制造技术，之前增材制造在航空航天领域只扮演了小角色。最近的发展趋势是，在航空航天领域 3D 打印技术正在进入产业化生产。3D 打印（粉末床熔融技术）一体化高度复杂零件以及 3D 打印（定向能量沉积技术）替代锻造，成为航空航天领域的又一轮技术竞赛。航空航天企业已经不再浪费时间去思考是否该采用 3D 打印技术，而是集中精力探索如何通过 3D 打印技术保持航空航天装备制造技术的领先性。最典型的应用是 GE（通用电气）公司用增材制造的方法来生产喷油嘴，喷油嘴的设计可以避免"开锅"或油嘴部位积碳。GE 公司声明该结构喷油嘴的几何形状只能通过增材制造的方法来实现。2010 年空客公司将 GE 公司生产的 LEAP-1A 发动机作为 A320neo 飞机的可选配件，LEAP-1A 发动机中带有 3D 打印的喷油嘴，如图 2-14 所示。

应用在航空航天领域中的金属增材制造技术，除了像 GE 公司的喷油嘴所采用的粉末床熔融 3D 打印技术，还有其他的 3D 打印技术，以激光、电子束、等离子束或电弧为聚焦热能的定向能量沉积 3D 打印技术在一定程度上替代了锻造技术。

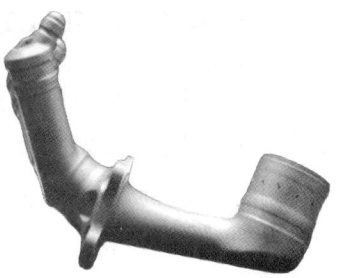

图 2-14　LEAP-1A 发动机中带有 3D 打印的喷油嘴

早在 2003 年，波音公司就通过美国空军研究实验室来验证一个 3D 打印的金属零件。这个零件是用于 F-15 战斗机的备件。当需要更换零件时，3D 打印的作用就显现出来了，传统加工零件的时间太长了，而 3D 打印出来的钛合金件比其替代的铝锻件，抗腐蚀和抗疲劳性能更强，更加可以满足这个零件所要达到的性能。当时这个零件通过定向能量沉积（DED）工艺加工金属粉末来获得，这种 DED 工艺首次应用到军事飞机上，同时也打开了波音公司的 3D 打印技术应用之路。14 年后，波音公司已有超过 50 000 件 3D 打印的各种类型的飞机零部件。

无论是 DED 工艺金属 3D 打印技术还是 FDM 工艺塑料 3D 打印技术，在航空航天领域中的应用都涉及备品备件的生产。商用飞机的使用寿命是 30 年左右，而维护和保养飞机的原制造设备是非常昂贵的。通过增材制造技术，测试和替换零部件可以在 2 周内完成，这些零部件可以快速运到需要维修的飞机所在地，省时省力。中国东方航空股份有限公司成为国内第一家将 3D 打印的客舱内饰件应用到商用客机中的航空公司。通过 3D 小批量打印，中国东方航空股份有限公司解决了过去易损零部件订货周期长、成本高的问题，同时保障了公司机队的安全飞行，提高了旅客的乘坐体验。此外，航空公司不再需要保有大量的零部件以备飞机维修需求，这些大量的零部件生产也是十分昂贵和浪费资源的。当然，对于旧机型，尤其是数据丢失的型号，保有原来的零部件还是需要的。

第 2 节　3D 打印技术的分类

一、SLA 技术

1. SLA 技术的原理（见图 2-15）

光固化成形（stereo lithography appearance，SLA）技术是在液槽中充满液态光敏树脂，其在激光器所发射的紫外激光束照射下会快速固化。SLA 与 SLS 所用的激光不同，SLA 用的是紫外激光，而 SLS 用的是红外激光。成形开始时，升降台处于液面以下刚好一个截面层的位置。通过透镜聚焦后的激光束按照机器指令将截面轮廓沿液面进行扫描。扫描区域的树脂快速固化，从而完成一层截面的加工过程，得到一层塑料薄片，然后升降台下降一层截面层的高度，再固化另一层截面，这样层层叠加建构三维实体。

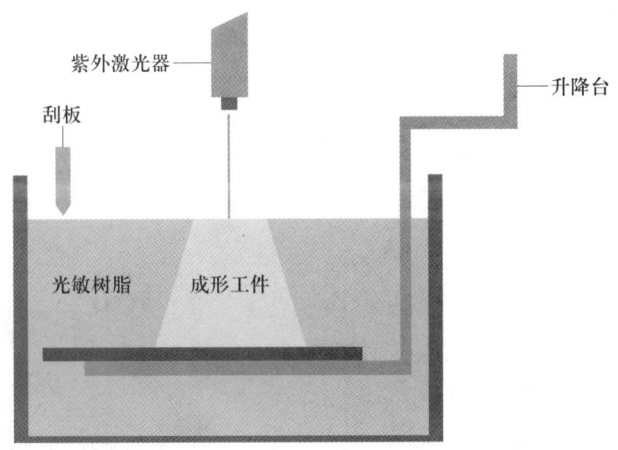

图 2-15 SLA 技术的原理

2. SLA 技术的特点

（1）发展时间最长，工艺最成熟，应用最广泛。在全世界安装的快速成形机中，SLA 系统约占 60%。

（2）成形速度较快，系统工作稳定。

（3）具有高度柔性。

（4）精度很高，可以达到微米级别。

（5）表面质量好，比较光滑，适合加工精细零件。

（6）需要设计支撑结构，支撑结构需要在未完全固化时去除，容易破坏成形件。

（7）设备造价高昂，而且使用和维护成本都不低。SLA 系统是需要对液体进行操作的精密设备，对工作环境要求苛刻。

（8）光敏树脂有轻微毒性，对环境有污染，部分人的皮肤有过敏反应。

（9）树脂材料价格贵，但成形后强度、刚度、耐热性都有限，不利于长时间保存。

（10）材料是树脂，温度过高会熔化，因此工作温度不能超过 100 ℃，且固化后较脆，易断裂，可加工性不好。

（11）成形件易吸湿膨胀，抗腐蚀能力不强。

二、FDM 技术

1. FDM 技术的原理（见图 2-16）

熔丝沉积成形（fused deposition modeling，FDM）技术是将丝状的热熔性材料加热熔化，同时三维喷头在计算机的控制下，根据截面轮廓信息将材料选择性地涂敷在工作台上，快速冷却后形成一层截面。一层成形完成后，机器工作台下降一定高度（分层厚度）再成形下一层，直至形成整个实体造型。

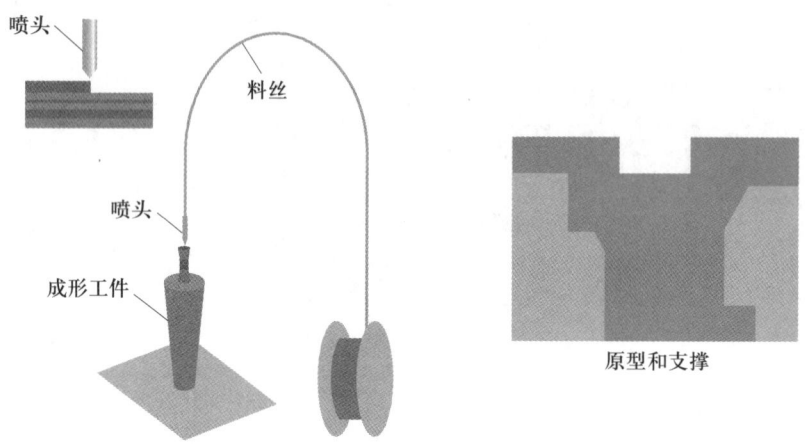

图 2-16　FDM 技术的原理

2. FDM 技术的特点

（1）FDM 技术的优点

1）操作环境干净、安全，材料无毒，可以在办公室、家庭环境下使用，没有产生毒气和化学污染的危险。

2）不需要激光器等贵重元器件，因此价格便宜。

3）打印材料为卷轴丝形式，节省空间，易于搬运和替换。

4）材料利用率高，可备选材料多，价格也相对便宜。

（2）FDM 技术的缺点

1）成形后表面粗糙，最高精度只能达到 0.1 mm，需要后续进行抛光处理。

2）喷头做机械运动，速度较慢。

3）需要材料作为支撑结构。

三、LOM 技术

1. LOM 技术的原理（见图 2-17）

分层实体制造（laminated object manufacturing，LOM）技术是被广泛应用的一种快速成形技术，其成形系统主要由计算机、原材料送进机构、热压装置、激光切割系统、可升降工作台、数控系统等组成。其工作原理如下：在 CAD 软件系统中建立产品的三维 CAD 模型,并传送到快速成形系统的计算机中,通过数据处理软件将 CAD 模型沿成形方向切成一系列具有一定厚度的"薄片"。原材料送进机构将底面涂有热熔胶和添加剂的纸、塑料等薄层材料送至工作台的上方。计算机自动控制激光切割系统按"薄片"的横截面轮廓线在工作台上方的薄片材料上切割出该层横截面的轮廓形状,并将材料的无轮廓区切割成小碎片。可升降工作台支撑正在成形的零件,并在每层成形之后降低一个分层厚度,然后新的一层材料叠加在上面。通过恒温控制的热压装置将其与下面的已切割层黏合在一起,激光束再次切割出物体的新一层截面轮廓,如此往复,层层堆积,直到所有的层都加工完便得到最终需要的三维产品。

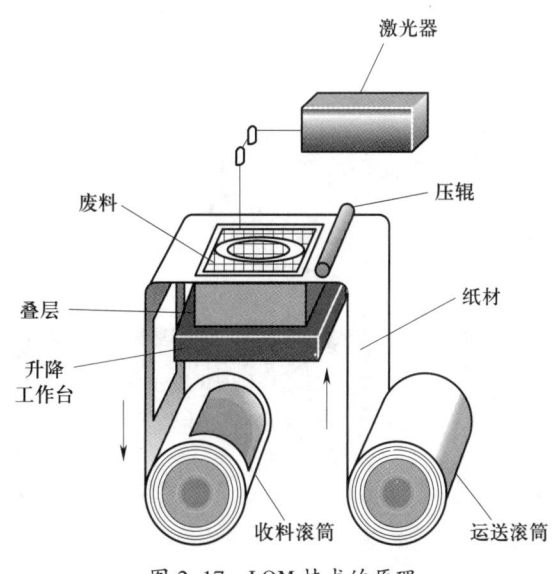

图 2-17 LOM 技术的原理

2. LOM 技术的特点

(1)打印材料价格便宜,原型制作成本低。

(2)制件尺寸大。

(3)无须后固化处理。

(4)无须设计和制作支撑结构。

(5)废料易剥离。

(6)热物性与机械性能好,可实现切削加工。

(7)精度高,设备可靠性好。

四、SLS 技术

1. SLS 技术的原理（见图 2-18）

激光选区烧结（selective laser sintering, SLS）技术采用铺粉的方式将一层粉末材料平铺在已成形零件的上表面，并加热至恰好低于该粉末烧结点的某一温度，控制系统控制激光束按照该层的截面轮廓在粉层上扫描，使粉末的温度升到熔化点进行烧结，并与下面已成形的部分实现黏结。一层完成后，工作台下降一层厚度，铺粉辊在上表面铺一层均匀密实粉末，进行新一层截面的烧结，直至完成整个模型。

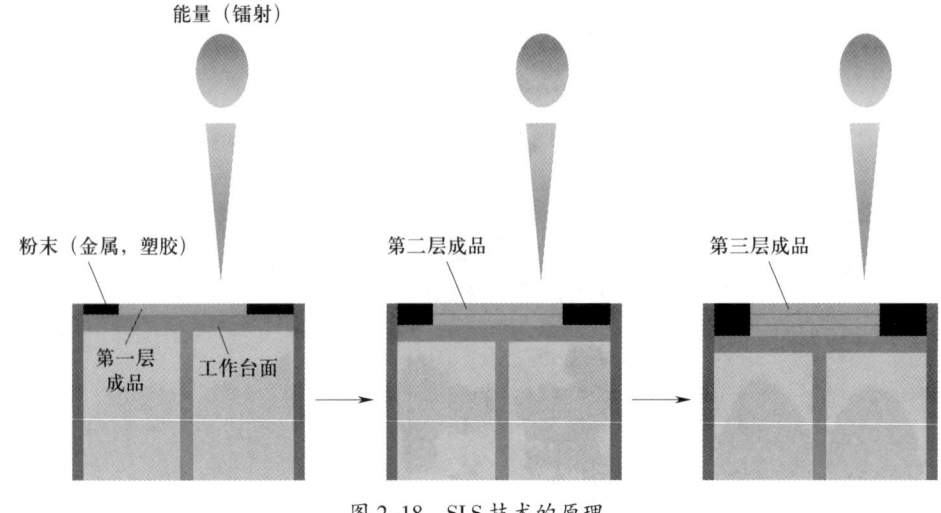

图 2-18　SLS 技术的原理

2. SLS 技术的特点

（1）SLS 技术的优点

1）可用多种材料。其可用材料包括高分子、金属、陶瓷、石膏、尼龙等多种粉末材料。特别是金属粉末材料，是目前 3D 打印技术中最热门的发展方向之一。

2）制造工艺简单。由于可用材料比较多，该技术按材料的不同可以直接生产复杂形状的原型、型腔模三维构建（或部件）及工具。

3）精度高。一般能够达到工件整体范围内 0.05～2.5 mm 的公差。

4）不需要支撑结构。叠层过程中出现的悬空层可直接由未烧结的粉末来支撑。

5）材料利用率高。由于不需要支撑结构，无须添加底座，SLS 技术是常见 3D 打印技术中材料利用率最高且价格相对便宜的一种 3D 打印技术。

(2) SLS 技术的缺点

1）表面粗糙。由于 3D 打印材料是粉末状的，原型制造是由材料粉层经过加热熔化实现逐层黏结的，因此原型表面严格来讲是粉粒状的，因而表面质量不高。

2）烧结过程中有异味。SLS 技术工艺中粉层需要激光加热使其达到熔化状态，高分子材料或者粉粒在激光烧结时会挥发异味。

3）无法直接成形高性能的金属和陶瓷零件，成形大尺寸零件时容易发生翘曲变形。

4）加工时间长。加工前要有 2 h 的预热时间，零件构建后要花 5 ~ 10 h 冷却才能从粉末缸中取出。

5）由于使用了大功率激光器，除了本身的设备成本外，还需要很多辅助保护工艺，整体技术难度大，制造和维护成本非常高，普通用户无法承受。

五、SLM 技术

1. SLM 技术的原理（见图 2-19）

激光选区熔化（selected laser melting，SLM）技术是在 SLS 基础上发展起来的，二者的基本原理类似。SLM 技术使金属粉末完全熔化后直接形成金属件，因此需要高功率密度激光器，激光束开始扫描前水平铺粉辊先把金属粉末平铺到零件成形室的基板上，然后激光束将按当前层的轮廓信息选择性地熔化基板上的粉末加工成当前层的轮

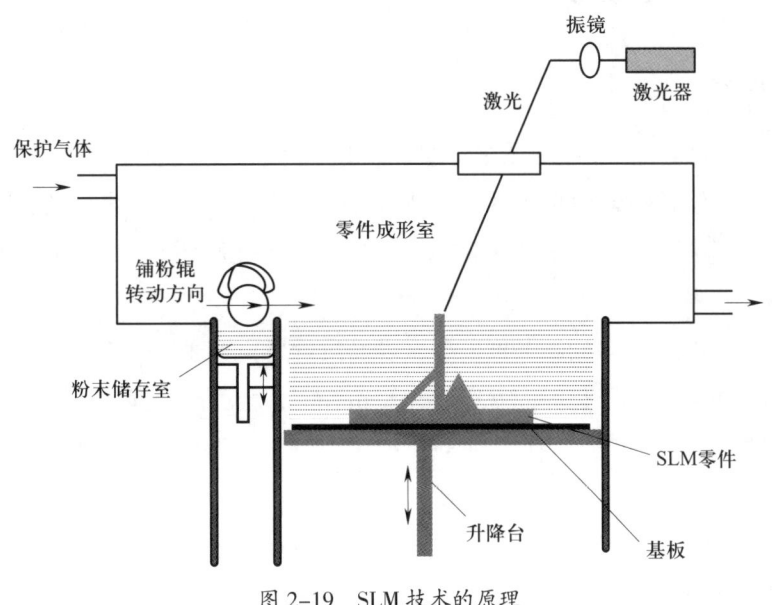

图 2-19 SLM 技术的原理

廓，然后升降台下降一个叠层厚度的距离，铺粉辊再在已加工好的当前层上铺金属粉末，设备调入下一叠层进行加工，如此层层加工，直到整个零件加工完毕。整个加工过程在抽真空或有保护气体的零件成形室中进行，避免金属在高温下与其他气体发生反应。

2. SLM 技术的特点

（1）成形材料一般为单一组分的金属粉末，主要包括不锈钢、镍基高温合金、钛金、钴铬合金、高强铝合金、贵金属等。

（2）采用细微聚焦光斑的激光束成形金属零件，成形的零件精度较高，表面经打磨、喷砂等简单后处理即可达到使用精度要求。

（3）成形件的力学性能良好，一般拉伸性能可超过铸件水平，达到锻件水平。

（4）进给速度较慢，导致成形效率较低，零件尺寸会受粉末储存室的限制，不适合制造大型的整体零件。

第 3 节　3D 打印材料

一、SLA 技术成形材料

1. 光敏树脂

光敏树脂由聚合物单体与预聚体组成，其中加有光（紫外线）引发剂（或称光敏剂），在一定波长的紫外光照射下立刻引起聚合反应，完成固化。光敏树脂一般为液态，用于制作高强度、耐高温、防水等的零部件。光敏树脂 3D 打印常用国内主流 SLA 快速成形设备。

用光敏树脂材料打印的物品细节好，表面质量高，可通过喷漆等工艺上色。但是光敏树脂打印的物品如果长时间暴露在光照条件下，会逐渐变脆、变黄。这种材料多用于打印对模型精度和表面质量要求较高的精细模型、复杂模型，如首饰、精密装配件等，但不适合打印大件的模型，如果打印大件模型则需要拆件打印。

除了高韧性、耐高温的普通光敏树脂之外，还有半透明和全透明的光敏树脂。半透明和全透明的光敏树脂打印出来之后都需要进行后期打磨，打磨不到的地方，透明度会稍微差一些。

2. SLA 支撑材料

SLA 技术常用来进行复杂结构零件的制造，这些零件通常会出现镂空或悬空的设计，为了避免在打印过程中发生变形影响制品的外形，需要用支撑材料填补零件的镂空部分，在打印完成后再对支撑材料进行清除，最后得到完整的制品。

SLA 支撑材料可分为相变蜡支撑材料及光固化支撑材料。相变蜡支撑材料的温度高于其熔点范围时由固态转变为液态从喷嘴喷出，温度降低后由液态转变为固态填补制件中空部分从而起支撑作用。其优点是材料价格便宜，堵塞喷头后易处理。光固化支撑材料使用时，喷头将材料喷射出来，经光照后发生固化，填补制件中空的部分，从而起支撑作用。其优点是喷射温度低、收缩率低且稳定性高。

二、SLS 技术成形材料

1. 金属粉末材料

采用金属粉末材料进行快速成形是激光快速成形由原型制造到快速直接制造的趋势，它可以大大加快新产品的开发速度，具有广阔的应用前景。激光选区烧结常用的金属粉末有以下 3 种。

（1）金属粉末和有机黏结剂粉末的混合体。按一定比例将 2 种粉末混合均匀后用激光束对混合粉末进行选择烧结。混合方法包括 2 种：①利用有机树脂包覆金属材料制成覆膜金属粉末，这种粉末的制备工艺复杂但烧结性能好，且所含的树脂比例较小，有利于后处理；②金属与有机树脂混合粉末，这种粉末制备较简单，但烧结性能较差。在覆膜金属粉末或混合粉末时，黏结剂受激光作用迅速变为熔融状态，冷却后金属基体粉末黏结在一起。烧结时通常需要保护气体。其成形件的密度和强度较低，如作为功能件使用则需要进行后续处理，包括烧失黏结剂、高温焙烧、金属熔渗（如渗铜）等。

（2）两种金属粉末的混合体。高熔点材料的烧结成形类似于液相烧结，激光能量将复合组分中低熔点的成分熔化，形成的液相将固相浸润，冷却后低熔点液相凝固将高熔点组分黏结起来。

（3）单一的金属粉末。对单元系粉末烧结，特别是高熔点的金属，在较短的时间内需要达到熔融温度，需要很大功率的激光器。直接金属烧结成形存在的最大问题是组织结构多孔导致制件密度低、力学性能差。

2. 高分子粉末材料

（1）聚苯乙烯（PS）。聚苯乙烯受热后可熔化，黏结、冷却后可固化成形，而且该材料吸湿率小，收缩率也较小，其成形件浸树脂后可进一步提高强度。主要性能指标为拉伸强度≥15 MPa、弯曲强度≥33 MPa、冲击强度>3 MPa，可作为原型或功能件使用，也可用作消失模铸造用母模生产金属铸件，但其缺点是必须采用高温燃烧法（>300 ℃）进行脱模处理，会造成环境污染。

（2）ABS树脂（也称工程塑料）。ABS树脂与聚苯乙烯同属热塑性材料，其烧结成形性能与聚苯乙烯相近，只是烧结温度高20 ℃左右。但ABS树脂成形件强度较高，因此在国内外被广泛用于快速制造原型件及功能件。

（3）聚碳酸酯（PC）。其成形件强度高、表面质量好，且脱模容易。聚碳酸酯主要用于制造熔模铸造航空、医疗、汽车工业的金属零件用的消失模，以及制作各行业通用的塑料模。但聚碳酸酯价格比聚苯乙烯昂贵。

3. 陶瓷粉末材料

激光选区烧结的陶瓷粉末材料是在陶瓷粉末中加入黏结剂，其覆膜粉末制备工艺与覆膜金属粉末类似，被包覆的陶瓷可以是Al_2O_3（氧化铝）、ZrO_2（二氧化锆）、SiC（碳化硅）等。黏结剂的种类很多，有金属黏结剂和塑料黏结剂（包括树脂、聚乙烯蜡、有机玻璃等），也可以使用无机黏结剂。

4. 覆膜砂粉末材料

覆膜砂采用热固性树脂如酚醛树脂加锆砂、石英砂的方法制得，利用激光选区烧结制得的原型可直接用作铸造用砂型来制造金属零件。其中，锆砂具有更好的铸造性能，尤其适用于具有复杂形状的有色合金铸造，如镁、铝等合金的铸造。型砂与低熔点的高分子材料有两种混料方法：一种是机械混合；另一种是将高分子材料加热熔化，把型砂倒入搅拌均匀，使型砂表面覆盖一层高分子材料。覆膜砂的烧结性能好，故较常用。

三、FDM技术成形材料

FDM属于热熔堆积成形技术原理，就是将材料加热熔化，通过喷头将熔化后的液态材料逐层堆积，堆积过程中发生冷却并凝固，最终形成立体模型。

1. PLA 材料

聚乳酸（polylactic acid，PLA）是 3D 打印爱好者最喜欢使用的材料。它是一种可生物降解的热塑性塑料，来源于可再生资源，如玉米、甜菜、木薯、甘蔗等。因此，基于 PLA 的 3D 打印材料比其他材料更环保，甚至被称为"绿色塑料"。PLA 材料的另一个优点是打印时不会产生难闻的气味，因此它相对安全，适合在家里或教室里使用。这种材料的冷却收缩没有 ABS 树脂那么强烈，因此即使打印机没有配备加热平台也能成功完成打印。

2. ABS 树脂

ABS 树脂是受欢迎程度仅次于 PLA 材料的 FDM 打印材料。这种热塑性塑料价格便宜、经久耐用、有弹性、质量小、容易挤出，非常适合用于 3D 打印。目前，乐高玩具使用的就是这种材料。但这种材料有很多缺点：①它的熔点比 PLA 更高，通常为 210～250 ℃；②在打印 ABS 树脂过程中，必须对平台进行加热，目的是防止打印的第一层冷却太快，避免翘曲和收缩；③相较其他材料，ABS 树脂在打印过程中有毒物质的释放量远远高于 PLA 材料，因此在打印 ABS 树脂时，打印机需要放置在通风良好的区域，或者打印机采用封闭机箱并配备空气净化装置。

3. FDM 支撑材料

FDM 支撑材料在打印过程中辅助制品悬空结构或者中空结构的部位成形，打印完成后需要去除。

（1）市场主流的剥离型的支撑材料。将与本体同样的材料在需要支撑的部位打印成疏松的结构，打印完成后通过物理的方法用小刀等工具将支撑材料从主体材料上剥离。这种方法存在操作困难、支撑材料本身不容易去除干净且容易破坏主体材料等缺点。

（2）市场研究热点的溶解型的支撑材料。材料主要是水溶性材料，如聚乙烯醇、丙烯酸类共聚物等，打印完成后将成品浸泡在水中，利用支撑材料的水溶特性来去除，对于制品本身的表面质量保护较好。但是水溶性材料与本体材料黏结较差，而且溶解之前一般有一个溶胀的过程，有时会对制品造成一些损伤。

（3）最近开发的分解型的支撑材料。使用分解型的支撑材料，打印制件完成后浸泡于一定温度的酸性液体中，支撑材料将会分解成气体而去除。这种分解型的材料使用聚甲醛（POM）作为基础材料，通过其他材料的添加组合而成。聚甲醛是常用的工程塑料，价格低廉，材料支撑效果好，分解后对产品外观无影响，而且该材料的分解特性可以开拓 FDM 技术 3D 打印的制品在消失模等领域的应用，具有良好的前景。

四、LOM 技术成形材料

LOM 成形材料一般由薄片材料和黏结剂两部分组成，薄片材料根据对原型性能要求的不同分为纸片材、金属片材、陶瓷片材、塑料薄膜和复合材料片材。用于 LOM 纸基的热熔性黏结剂按基体树脂类型分，主要有乙烯－醋酸乙烯酯共聚物型热熔胶、聚酯类热熔胶、尼龙类热熔胶或其混合物。

目前 LOM 基体薄片材料主要是纸材。这种纸由纸质基底和涂覆的黏结剂、改性添加剂组成。其成本低，基底在成形过程中始终为固态，没有状态变化，因此翘曲变形小，适合中、大型零件的成形。

纸基黏合剂的热熔胶是一种可塑性的黏合剂，在一定温度范围内其物理状态随温度改变而改变，而化学特性不变。困扰分层实体打印的一个重要问题就是翘曲问题，而黏合剂的选择往往对零件的翘曲与否有着重要的影响。

五、SLM 技术成形材料

1. Ti 基合金

Ti 基合金因其独特的化学、机械性能及良好的生物相容性，主要应用于航空航天和生物医学领域，是激光快速成形较常采用的合金材料。而经 SLM 技术成形的构件，成形精度高，综合力学性能优，可直接满足实际工程应用，故在生物医学移植体制造领域具有重要的应用。对 SLM 成形的 Ti-6Al-4V 试件显微结构及机械性能研究表明，激光熔化快速凝固过程可形成独特的马氏体组织，因此 SLM 成形件的拉伸强度高于相应铸锻件；后续热处理可使亚稳态马氏体向 α 相、β 相转变，可使延展性增强，但强度略有降低。钛合金 SLM 成形件显微结构稳定，有助于其延展性的增强，因此通过工艺、组织、性能相关性研究及评价可获取全致密、组织可控且力学性能优异的钛合金 SLM 成形零件。

2. Ni 基合金

Ni 基合金（如 Inconel 625、Inconel 718 和 Rene 41、Rene 88DT）因其综合性能（包括拉伸性能、蠕变极限、耐腐蚀/抗氧化性能等）优异，目前已用于制造航空发动机、燃气涡轮机中的高性能部件。作为沉淀强化型超合金，Rene 合金强度的提升主要是因 L12 有序型金属间化合物 Ni_3（Al、Ti）γ′ 相的形成。Rene 合金中，Al 和 Ti 元素的总量约为 6%。Inconel 合金为添加 Nb 元素的 Ni 基超合金，可通过固溶强化或析出强化提高其高温强度。在沉淀强化型合金中，可望形成 D022 有序 γ'' 相或 L12 有序 γ' 相的均匀微细弥散。然而，由于合金化元素和 γ'/γ'' 形成元素含量较高，在 Ni 基合金 SLM 成形过程中，微裂纹形成甚至开裂倾向明显。通常，裂纹主要产生于相邻熔化层的叠加区域或单一熔化层的表层区域，因此层与层之间的熔合度对裂纹的数量和尺寸具有显著影响。Ni 基合金激光成形件中的裂纹通常具有 2 种典型结构，即长裂纹（3～10 mm）和短裂纹（100～300 μm）。短裂纹的形成主要归因于凝固过程中在拉应力作用下晶界处液膜的断裂。通常，若仅基于激光工艺参数的调整很难彻底消除短裂纹，需要结合后续热处理工艺（如热等静压 HIP）来消除，以改善 Ni 基合金零件激光成形综合机械性能。

3. Fe 基合金

Fe 基合金（主要是钢）SLM 成形研究较多，但 SLM 成形工艺尚需优化、成形性能尚需进一步提高。对 SLM 成形性能（特别是占基础地位的致密度），目前 SLM 成形的钢构件通常难以实现全致密，解决钢材料 SLM 成形的致密化问题是快速成形研究的关键性问题。钢材料激光成形的难度主要取决于钢中主要元素的化学特性。基体元素 Fe 和主加合金元素 Cr 对氧都具有很强的亲和性，在常规粉末处理和激光成形条件下很难彻底避免氧化现象。因此，在 SLM 成形过程中，一方面钢熔体表面氧化物等污染层的存在将显著降低润湿性，引起激光熔化特有的冶金缺陷球化效应及凝固微裂纹，从而显著降低激光成形致密度及相应的机械性能。另一方面，钢中 C 含量是决定激光成形性能的又一个关键因素。通常，过高的 C 含量将对激光成形产生不利影响，这是工具钢和高速钢 SLM 成形致密度不高的根本原因。

第 4 节　3D 打印技术应用案例

一、SLA 技术应用案例

SLA 技术是目前研究最深入、应用最广泛的快速成形技术之一。其成熟度高，经过了长时间的检验，而且在精度方面拥有 FDM 技术无法逾越的优势，目前在手办、电子、汽车、模具等领域均有广泛应用。以下以 3D 打印狼人模型为例进行介绍，该模型以 0.1 mm 层厚打印耗时约 20 h，最终成品精细度远超过预期，牙齿、爪尖等细节表现尤为精细，如图 2-20 所示。

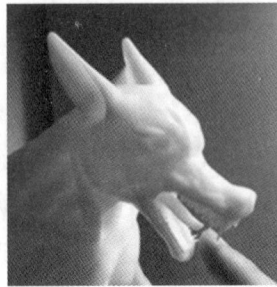

图 2-20　3D 打印狼人模型

3D 打印电子产品外壳如图 2-21 所示。该模型采用光敏树脂材料以 0.05 mm 层厚打印而成，整个打印过程非常顺利，仅用了 20 h 就打印完成，而且成品打印精度高，后期经过打磨抛光上色后整体效果更加出挑。

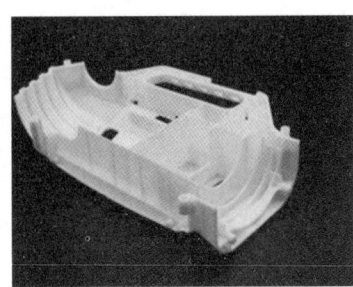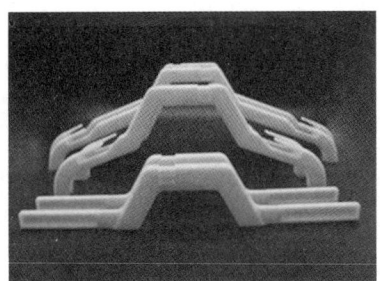

图 2-21　3D 打印电子产品外壳

3D 打印汽车零配件原型如图 2-22 所示。以前汽车部件研发采用 CNC（计算机数控）机床或手工制造，包括切削、钻孔、粘接等工艺，费时费力，甚至不少样件还需要委外加工。而 SLA 技术的应用，大大缩短了产品设计和原型开发所需的时间，并且能够实现快速修改设计方案并反复大量迭代。

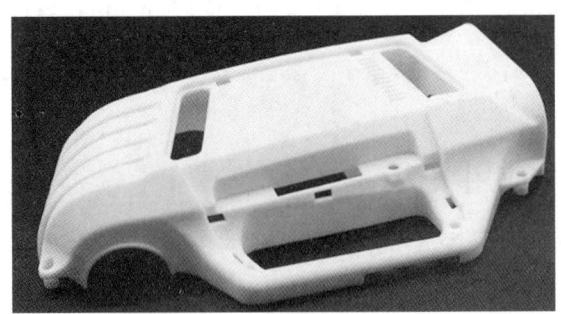

图 2-22　3D 打印汽车零配件原型

二、SLS 技术应用案例

因 SLS 技术具备大尺寸零件生成能力及生产产品具备出色的机械性能，特别适合装车试制，如图 2-23 所示为 SLS 技术在汽车内饰生产方面的应用，该仪表盘零件长 2 m、宽 55 cm、高 70 cm，由 SLS 技术打印出 20 余种零部件，并采用了打磨、包胶、电镀、喷漆、攻丝、拼接 6 种后处理工艺，其误差值 <1 mm，工艺精湛，细节考究，整个制作过程在一周内全部完成，与传统工艺相比缩短了 80% 的研发周期，节约了 66% 的人工成本和 45% 的制作成本。

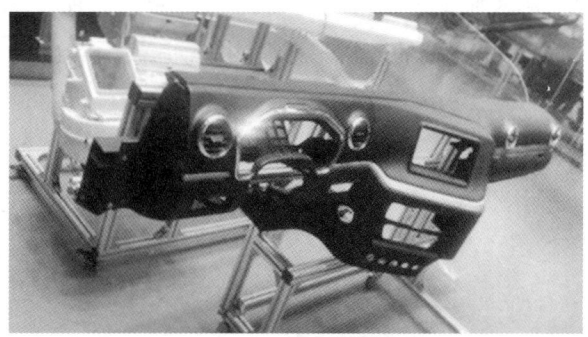

图 2-23 3D 打印汽车内饰

传统制造的直升机空客 H175 的舱室通风分配器由 7 个结构件组装而成，生产组装较为烦琐，客户希望简化部件构成数量，降低成本，缩短部件生产制造与研发周期。通过 SLS 技术将部件结构简化为单一部件，原型开发时间缩短 30%～40%，生产周期也从 3 个月降至 1 周时间，大大缩短了研发和生产周期，供应周期与生产成本也降低了 50%。3D 打印直升机空客 H175 舱室通风分配器如图 2-24 所示。

图 2-24 3D 打印直升机空客 H175 舱室通风分配器

三、SLM 技术应用案例

传统制造工艺无法制造一个加入轻量化设计的模型,但用 SLM 技术可快速加工出来,且机械负荷性能可与传统的生产技术媲美。

SLM 技术与 SLS 技术相似,是用激光将指定区域内的金属粉末熔化并凝固后层层堆积成形。目前 SLM 技术主要应用于工业领域,在复杂模具、个性化医学零件、航空航天装备、汽车等制造领域具有突出的技术优势,如发动机叶轮、经过轻量化设计的复杂镂空模型、有随形冷却的型芯、定制化的金属礼品等。

西北工业大学和中国航天科工集团北京动力机械研究所于 2016 年联合实现了 SLM 技术在航天发动机涡轮泵上的应用,在国内首次实现了 3D 打印技术在转子类零件上的应用。

SLM 技术在模具行业中的应用主要包括成形冲压模、锻模、铸模、挤压模、拉丝模、粉末冶金模等。采用 SLM 技术成形的带有随形冷却通道的压铸模具如图 2-25 所示。实验结果表明,随形冷却减少了喷雾冷却次数,提高了冷却速率,冷却效果更均匀,铸件表面的质量有所提高,缩短了制造周期并且避免了缩孔现象发生。

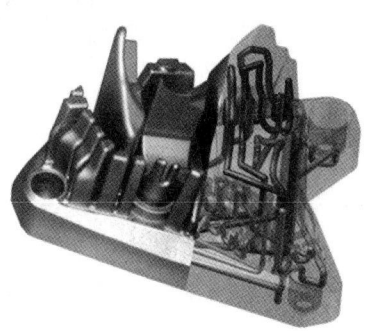

图 2-25 采用 SLM 技术成形的带有随形冷却通道的压铸模具

3D 打印的热交换器(见图 2-26)可提供高达 2 倍的热传递性能和高达 3 倍的压降,制造良率提高了 4 倍以上。这些装置在未来的发动机冷却方面是不可或缺的。3D 打印用于换热器和散热器的制造满足了产品趋向紧凑型、高效性、模块化、多材料的发展趋势,特别是用于异形结构、一体化结构、薄壁、薄型翅片、微通道、特别复杂的形状、点阵结构等加工,3D 打印具有传统制造技术不具备的优势。

四、FDM 技术应用案例

3D 打印技术给人们带来许多精彩的作品。创客 Andrew Murrell(安德鲁·默雷尔)制作的一把 3D 打印的小提琴如图 2-27 所示,这件乐器是基于开源的 3D 打印小提琴 Hovalin 的设计而制作的。这把小提琴的与众不同之处在于它是用木质线材 3D 打印而成的,这使它在完成之后看上去像一把真正的木质小提琴。

图 2-26　3D 打印的热交换器

图 2-27　3D 打印的小提琴

五、LOM 技术应用案例

利用 LOM 技术制作快速原型，其基本原理是由背面涂有热熔性黏合剂，并经特殊处理的纸经激光切割、逐层叠加而成的，由于采用了熔化温度较高的黏结剂和特殊的改性添加剂，强度类似硬木，可承受 200 ℃左右的高温，具有较好的力学强度和稳定性，经过适当的表面处理，如喷涂清漆、高分子材料或金属后，可作为各类间接快速制模工艺的母模，或直接作为模具用于生产。利用 LOM 技术制作的纸基砂型铸造模具

（见图2-28）可以取代传统的木模用于铸造生产，具有成本低、制造速度快、精度高等特点，对于形状复杂的中小型铸件，其优势尤为突出。

摩托车发动机缸盖的形状十分复杂，传统设计手段需要周期较长，根据设计结果采用传统的手工方法制作模型难度极大，甚至无法实现。本实例采用UG软件进行该产品的三维设计，并直接驱动HRP-Ⅲ激光快速成形制造设备完成摩托车发动机缸盖（见图2-29）的快速制造，显著缩短了该产品的设计与开发周期。

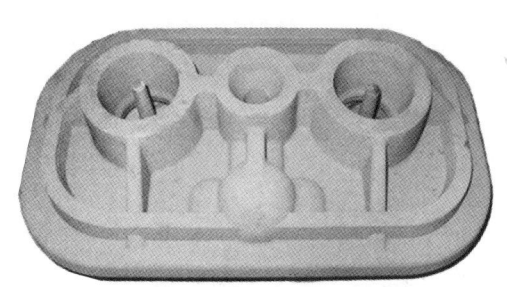
图2-28　纸基砂型铸造模具

图2-29　摩托车发动机缸盖

六、3DP技术应用案例

目前汽车发动机缸体主要采用传统工艺铸造，铸型由前后端盖砂芯、曲轴箱砂芯、水套砂芯、油道砂芯等十几块砂芯组合形成，组芯方式复杂，过程操作烦琐，对操作工人的技能要求高，并且由于定位过多导致累计误差超过铸件的公差要求，难以保证壁厚均匀，铸件废品率较高。而3DP打印技术具有绝对优势。采用砂型3D打印技术，可将发动机缸体铸件的砂芯整体打印成形，减少部分组芯工序，缩短工序节点，减小产品尺寸误差，提高铸件生产效率。对于新品研发来说，采用3DP打印技术可以大幅缩短研发周期，加速推进产品更新换代。

下面以一个实物缸体产品为例，具体介绍3DP打印技术在缸体铸件中的应用。缸体为直列四缸缸体，其材质为HT250，轮廓尺寸为470 mm×280 mm×370 mm，零件质量为72 kg，铸件质量为80 kg，主体壁厚为4 mm，如图2-30所示。

综合考虑各方面因素，选择将缸体立起来进行浇注，缸筒朝下，工艺采用底注、开放式浇注系统。

此缸体砂型工艺设计包括7块砂芯，即上盖板砂芯，左、右边砂芯，前、后端砂芯，水套和气道砂芯，下底板砂芯。打印原砂采用100/140目硅砂和陶粒砂，打印室温度为（23±5）℃，相对湿度为30%～80%，打印用时15 h，打印完毕后将砂型用

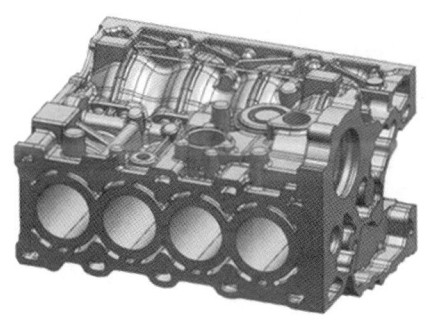 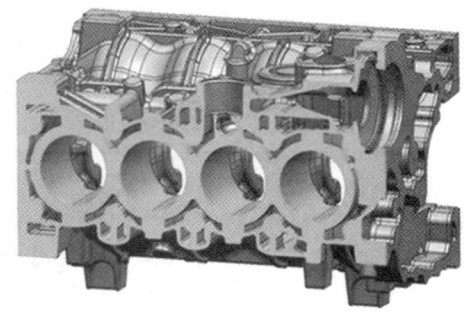

图 2-30 缸体

0.5 MPa 风压压缩空气风洗彻底,之后利用现有浸涂涂料系统对风洗完的砂型进行表面浸涂,送入微波烘干炉进行烘干。烘干后检测,砂型含水量小于 0.3%,满足生产要求。随后采用手工方式进行组芯工序,并用螺杆连接紧固。

缸体铸件的生产铸造采用 3D 打印技术,降低了铸件造型的复杂程度,提高了生产效率和产品质量,可有效支持产品先期研发工作,也能满足批量生产的需求。铸造 3D 打印技术及其产业化应用对于产品创新及铸造行业转型升级都有着重大的现实意义。铸造工艺和砂芯工艺如图 2-31 所示。

通用电气集团增材制造子公司(GE Additive)公布了基于 3DP 技术的全新金属 3D 打印机原型机基于 3DP 技术的全新金属 3D 打印机原型机,如图 2-32 所示。该打印机在打印过程中将不锈钢、镍、铁等粉末合金与液体黏结剂混合,黏结剂喷射到的部分金属粉末黏合为一个整体,逐层打印出整个模型形状。打印完成后先去除松散的金属粉末,再进行高温烧制增强金属黏合度。据悉,这种方式的 3D 打印件强度将超过 SLS、SLM 等金属 3D 打印成品,并且对金属粉末材料的形状要求也没有那么高。

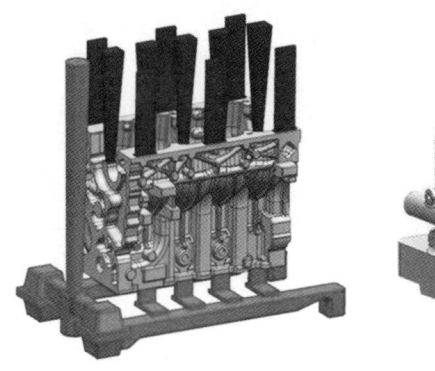 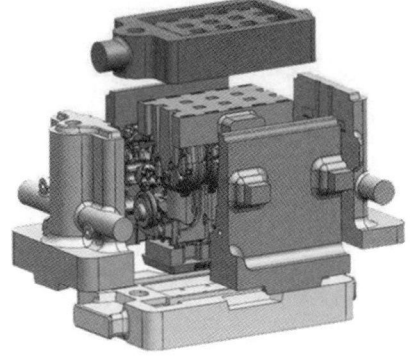

图 2-31 铸造工艺和砂芯工艺

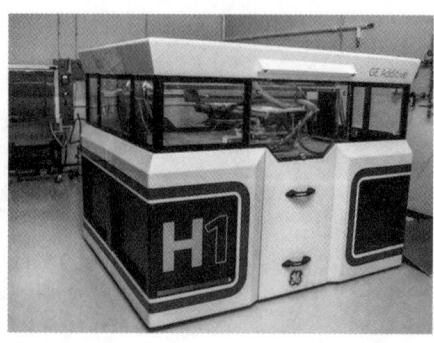

图 2-32 基于 3DP 技术的全新金属 3D 打印机原型机

第 3 章
5G 与工业互联网技术

随着科技和工业的发展，人们经常可以看到"5G""工业互联网"等词语，还经常能看到它们同时出现。那什么是 5G？工业互联网从何而来？它们又是如何在我们周围应用的？本章就此进行了阐述。

第 1 节　5G 基础知识

一、5G 的概念

1. 移动通信技术简介

任何通信过程都是一个通信系统工作的过程。任何一个通信系统都包含信源（发端设备）、信宿（收端设备）和信道（传输媒介）三个要素。举一个例子，教师喊一个学生的名字，教师就是信源，这个学生就是信宿，而空气就是信道，教师发出的声音就是信道上的信号，这个信号带有的信息就是这个学生的名字。

当信道的载体是线缆（电缆、光缆等）时，就是有线信道，在它上面的通信就是有线通信；当信道的载体是空气或真空时，就是无线信道，在这个信道上的通信就是无线通信。移动通信就是一种无线通信，是移动体之间的通信，或者是移动体与固定体之间的通信。移动体可以是人，也可以是汽车、火车、轮船、收音机等在移动状态中的物体。

移动通信技术是电子计算机与移动互联网发展的重要成果之一，在这个发展过程中经历了四代技术的发展，到如今已经进入了第五代（5G 移动通信技术）。

（1）第一代（1G 时代）。由贝尔实验室在 1978 年完成实验的高级移动电话系统（advanced mobile phone system，AMPS）在 1983 年投入运营，这也是第一批的 1G 通信系统，基于蜂窝结构组网，可以支持手机在无线通信服务覆盖的区域内自动接入公用电话网。1G 通信系统在很多国家和地区快速发展和取得了很好的成果，但事实上它还不是成熟可靠的标准，在保密性、容量、通话质量和信号稳定性上都存在一系列问题。

（2）第二代（2G 时代）。2G 通信系统比 1G 通信系统提供的容量更大，在相同数量的频谱中，可承载更多的语音流量。到了 20 世纪 80 年代，美国高通公司发现了它的商业价值，发明了 CDMA（码分多址）通信技术，后来 CDMA 也在 1993 年被确定为美国数字蜂窝技术通信标准（IS-95A），此后被普遍运用到世界各地。至此，全球移动通信技术形成了采用 TDMA（时分多址）的 GSM（全球移动通信系统）和 CDMA 的全面竞争态势，当时 GSM 已经在全球占据了较大的市场份额，对于晚起步的 CDMA 来说虽然 CDMA 比 GSM 在技术层面上抗干扰性更好、容量更大、安全性更高，但影响力和市场规模依然无法和 GSM 相比。在 2G 技术发展的时期，还有一件重要的事情就是互联网爆发，当时计算机技术也蓬勃发展，催生了互联网发展，数据通信的需求也从语音开始增加了计算机数据文件，如图像、视频等多媒体文件载体。

（3）第三代（3G 时代）。其最基本的特征是智能信号处理技术。第三代移动通信系统的通信标准共有 WCDMA（宽带码分多址）、CDMA2000 和 TD-SCDMA（时分同步码分多址）三大分支，共同组成一个 IMT-2000 系统。在 2G 推广应用过程中，3G 已经在开始研究，很快 3G 标准被确定了下来，但是没有大规模应用和建设，直到苹果公司成功推出了其智能手机以后，由于智能手机需要更快的网速，3G 也就随着智能手机广受欢迎的势头，快速地发展起来，智能手机 +3G 网络开启了移动互联网时代。值得一提的是，3G 通信技术在我国的发展也非常快速，在 2009 年 1 月 7 日，我国同时发放了三张 3G 牌照，即 WCDMA、CDMA2000、TD-SCDMA，标志着我国正式进入了 3G 时代。

（4）第四代（4G 时代）。随着智能手机和相应应用的快速发展，很快大家都发现 3G 已经不能满足用户对网速的要求，因此 4G 也就应运而生了。目前使用的 4G 基本上采用的都是长期演进（long term evolution，LTE）技术，是集 3G 技术与 WLAN（无线局域网）技术于一体，并能够传输高质量视频、图像且图像传输质量与高清晰度电视不相上下的技术。第四代移动通信系统主要以正交频分复用（OFDM）技术为核心。这里不得不提到一个负责制定 Wi-Fi（一种主要用于无线上网的短距离高速无线数据传输技术）标准的组织——电气电子工程师学会（Institute of Electrical and Electronics

Engineers，IEEE），它引入了正交频分复用（orthogonal frequency division multiplexing，OFDM）技术，推出 802.11 标准，大幅度提升了 Wi-Fi 标准的传输速率。

经历了由 1G 到 4G 的发展，移动通信技术发展越来越成熟，其通信网络也越来越健全和发达，并且和人们的生活融为一体，成为不可或缺的一部分。

2. 5G 的发展趋势和主要特征

在全球移动通信技术从 1G 到 5G 的发展过程中，我国的移动通信技术实现了从 1G 时代缺席、2G 时代跟随、3G 时代加速追赶、4G 时代跟跑并跑，到 5G 时代并跑领跑的转变。与前几代不同的是，5G 不是一个单一无线接入技术，而是多种新型无线接入技术和 4G 技术发展融合集成后的解决方案，速度优于 4G，是一个真正意义上的融合网络，为万物互联提供了基础。

（1）5G 的发展趋势

1）5G 带动相关产业经济发展。随着智能手机、智能制造、自动驾驶、远程医疗、远程运维、智慧城市及其相关的大数据、云计算等技术快速发展，对网络通信的要求越来越高，同样随着移动通信技术 5G 的发展，也为这些产业带来了更多契机，在 5G 的发展或加持下，会进一步带动更多产业经济发展，以及带来更多的就业机会。

2）5G 推动传统产业变革。5G 是新一代移动通信技术，契合了传统产业数字化转型对无线网络应用的需求，在融入人工智能、智能制造等多种技术进行应用的过程中，极大限度地在信息传递和应用上提供可靠的技术支持，让更多传统产业在发展创新和升级变革中有了更多机会，也推动了新一代产业的发展。

3）5G 为个人应用带来更多场景。在 4G 基础上，5G 的发展为个人应用及相关消费过程带来了更优更好的体验，如高清视频、AR（增强现实）、VR（虚拟现实）等，这些应用不但可以在生活中创造很多新的体验，还可以在工作中带来很多新的效用。

4）5G 是智能制造发展的基础之一。随着 5G 通信技术应用的成熟，以智能制造为发展方向的工业革命也就拥有了重要的通信技术。在智能制造工业革命发展过程中，经常提到智能制造发展的一个重要作用就是尽可能地以智能化手段实现用最小的成本在最短的时间内做出质量最好的产品，当然这是一个目标，但这也体现了智能制造发展的重要作用，即在同样的营收下创造更多的价值。基于这种情况，5G 无疑是一个重要的赋能技术，贯穿始末。随着智能制造的不断发展，5G 也必将在其中持续发展和提供前所未有的连接及通信能力。

（2）5G 的主要特征。5G 在目前有着非常重要和积极的作用，如何识别 5G 或者 5G 是怎样区别于 4G、3G 等，这些主要可以通过以下 5G 的主要特征来观察。

1）高速率。网络传输速率提升一直是移动通信技术要解决的第一个问题，5G 的传输速率相比 4G 又大幅度地实现了提升，5G 基站的传输速率峰值要求不低于 20 Gb/s。这样的速率意味着每几秒钟就可下载一部高清电影，也可以支持 AR、VR 视频或游戏。

2）低时延。低时延是 5G 的一个主要应用特点，低时延、高可靠通信在无人驾驶飞机或汽车，以及工业自动化中都起着至关重要的作用，确保在高速运行中保证即时信息传递和即时反应。5G 对于时延的要求是 1 ms，甚至更低。无人驾驶车辆运行中，需要中央控制中心和汽车互联，一个制动需要瞬间把信息发送到车上做出反应，约 100 ms 车已经冲出几十米，因此能够用更短的时延让信号传递到车上，可以让车辆行驶更安全。

3）大连接。海量机器类通信是 5G 的主要应用场景，这体现了广泛的网络通信覆盖能力，实现任何时间、任何地点、任何人、任何物都能顺畅通信的目标。智慧城市、环境监测、智能农业、森林防火等以自动检测、数据采集、实时解析为目标的物联网领域都体现了 5G 大连接的特点。

二、5G 的主要技术

5G 作为当今最先进的移动通信技术，在 4G 基础上有了大幅提升，这些提升离不开移动通信领域关键技术的长期积累和突破创新。

1. 移动通信网络的基本知识

移动通信网络的构成如图 3-1 所示。

移动通信网络可以分为接入网、核心网和承载网三个部分。

（1）接入网。接入网是指通信网络最靠近用户终端（如手机、平板、可穿戴设备、数据采集终端等）的部分，负责将用户终端接入通信网络。无线通信中的接入网又称无线接入网（radio access network，RAN），经常听到的"基站"就是 RAN 的主要组成部分。

（2）核心网。核心网（core network，CN）在移动通信系统中又称移动核心网，它负责对基站收集上来的数据进行处理，然后发送到外部网络（如互联网），同样它还负责把外部网络的数据传给基站，并最终送达用户终端，如手机、可穿戴设备等。所有用户终端的网络使用权限都归核心网管理，它是整个移动通信网络的管理中心。值得一提的是，核心网并不是某种特定的设备，它是很多种设备组合在一起的统称，不同的核心网设备数量和组成结构大不相同，具备的功能也不同。

（3）承载网。承载网（bearer network）专门负责传输数据，包括接入网和核心网之间的数据，以及接入网、核心网内部设备组之间的数据。

第 3 章 5G 与工业互联网技术

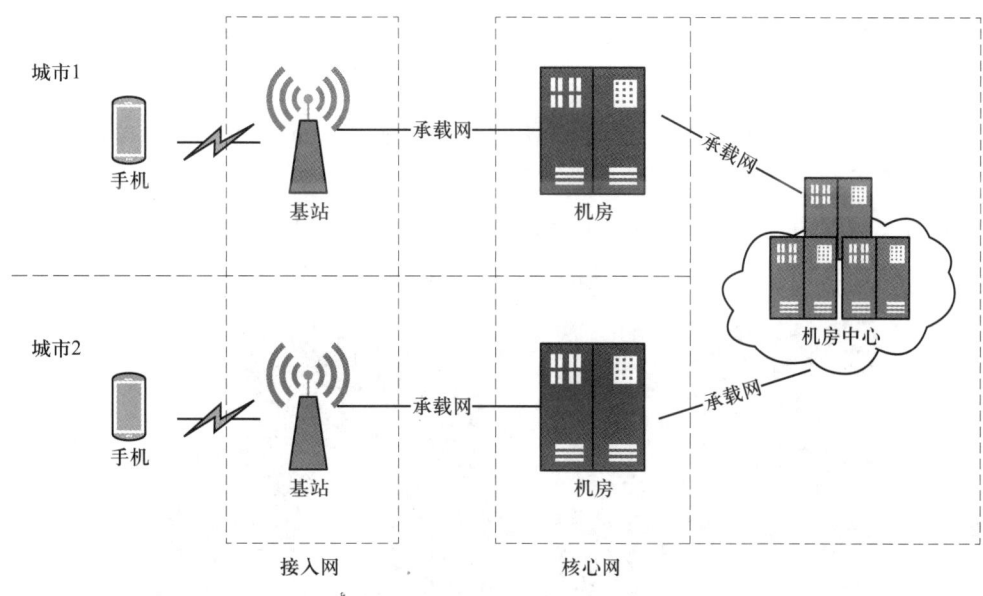

图 3-1 移动通信网络的构成

2. 5G 空口关键技术

空口就是空中接口,具体来说是指手机和基站之间无线传输的部分。在 5G 中,这个部分被称为 5G NR（new radio,新空中接口）。

（1）毫米波。无线通信的基础是电磁波,不同频率的电磁波拥有不一样的特性。公共移动通信网（1G 到 5G）都占用高频段,是因为高频段通信能实现更高的传输速率。电磁波的频率和波长成反比,频率越高,波长越短。5G 的关键技术是运用毫米波进行信号传输,也就意味着移动通信技术从 1G 发展到 5G,目前传输的电磁波频率是最高的,但同时带来一个问题,就是 5G 的高频传输导致的信号衰减也比以前的通信技术带来的信号衰减要快,这也就是 5G 基站间距比 4G 基站间距短的原因。如果在同样的区域要达到全网覆盖,5G 使用的基站数量要远远超过 4G 所使用的基站数量,其投资成本是非常高的。

（2）微基站。基站按照覆盖能力大小和天线发射功率,通常分为宏基站（macro site）、微基站（micro site）、皮基站（pico site）和飞基站（femto site）,现实生活中因为皮基站和飞基站都和微基站一样很小,也通常被归到微基站。微基站是 5G 为了解决网络建设方面的成本投入所设计出的一种解决方案,其覆盖半径为 50～200 m,因此微基站会更多地出现在我们身边。这里有一个大家关心的问题,就是那么多微基站出现在我们周围会不会对人体造成影响？其实不会造成影响,这是因为采用微基站,每一个基站的功率就大幅减小,其基站数量增加可均匀分布,带来的效果就是单基站辐射小了，全网覆盖范围内信号也强了，不像宏基站，离得近辐射很大，离得远信号很弱或没有信号。

（3）大规模天线阵列。多输入多输出（multiple-input multiple-output，MIMO）是指多根天线发送，多根天线接收。5G时代，天线数量不是按"根"来算，而是按"阵列"来算，因此叫天线阵列。天线数量的大幅增加将提升用户终端和基站之间的传输速率。传统基站天线和5G基站天线的对比如图3-2所示。

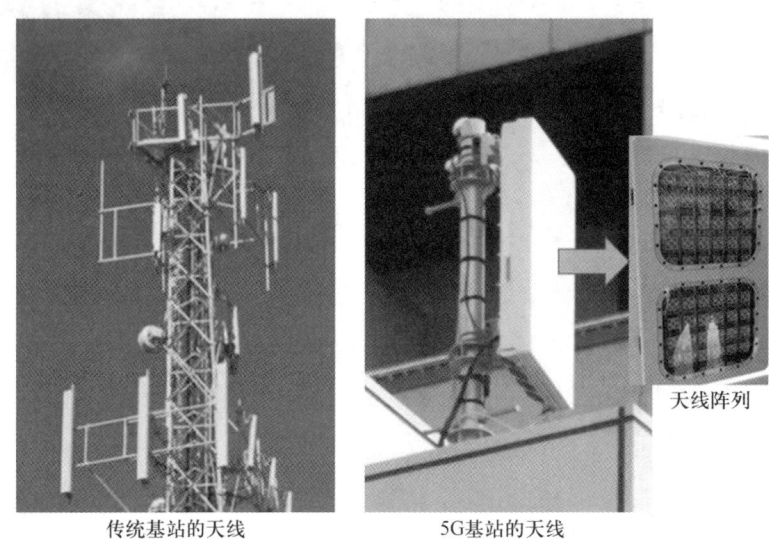

图 3-2　传统基站天线和 5G 基站天线的对比

（4）D2D（device to device）通信技术。D2D通信技术即设备到设备的通信技术。5G时代，同一基站覆盖范围内的两个终端，如果在相互之间距离满足要求的情况下通信，它们的数据将不通过基站转发，而是直接从一个终端到另一个终端，大大节约了空口资源，也大幅度减轻了基站的压力。D2D和非D2D的通信差别如图3-3所示。

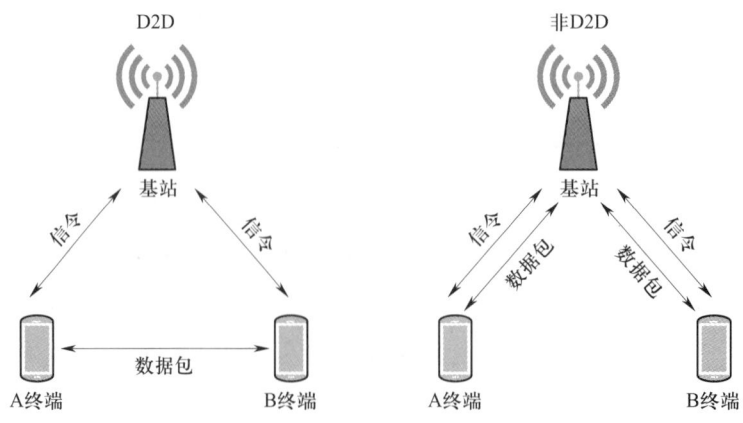

图 3-3　D2D 和非 D2D 的通信差别

（5）波束赋形。波束赋形是一种使用传感器阵列定向发送和接收信号的处理技术。在基站上布设天线阵列，通过对射频信号相位的控制，相互作用后的电磁波波瓣变得很狭窄，可以指向它所提供服务的用户终端（如手机），而且能根据用户终端的移动而转变方向，这就是波束赋形。

（6）上／下行解耦。在移动通信过程中，用户终端到基站的信息通信称为上行，相反，基站到用户终端的信息通信称为下行。在5G中，上行使用中低频电磁波信号，损失了部分网络带宽，但增大了信号的传输距离，可以扩大基站的覆盖范围，对于大连接终端数据采集和上传通信网络可大大降低通信成本；而下行则使用了高频电磁波信号，在保证传输距离的同时，极大地提升了网络带宽，让下载和浏览数据更快更流畅。这就是5G的上／下行解耦技术，可以分别使用不同频率的电磁波实现通信。

除了以上介绍的几个5G空口关键技术外，随着技术进步，还有很多新技术创新，帮助5G不断地提升空口的工作能力和效率，奠定5G最强通信技术标准的地位。

3．5G网络关键技术

5G要实现性能指标的大幅度提升，单单改进空口技术是不够的，空口是网络传输速率提升的瓶颈，但是使用者对网络的要求并不仅限于传输速率，还包括更大的容量、更低的时延或实现更多的应用场景，而想要达到这些方面的提升，需要从网络架构上进行改进。5G在网络架构上做了如下改进：

（1）网络切片。网络切片是5G网络架构设计的核心技术。由于5G的业务范围宽泛，不同的业务场景对带宽等网络资源的需求完全不同，但又不可能根据每个业务来配置各自独立的物理资源，因此5G在物理资源中通过逻辑控制来划分不同用途的逻辑网络以支撑不同应用，这就是网络切片。网络切片用于应对不同的业务而产生，可以统一由上一层网络切片管理功能进行统一管理，也可以由用户自己定制。同一类网络切片下可以继续进行资源再划分，形成更低一层的子网络切片。网络切片也有生命周期，可以创建，也可以撤销回收，撤销回收后占用的资源可以释放。网络切片技术不但满足了5G多业务场景的需求，也实现了网络资源的高效管理。

（2）网络功能虚拟化（network functions virtualization，NFV）。移动通信网络，尤其是核心网，拥有大量的设备组，且由多个设备组组成，以前这些都是各个厂商自行设计制造的专用设备，随着X86通用服务器硬件能力不断增强，通信行业学习IT行业引入云计算，开始使用虚拟化技术将核心网及接入网进行"上云"的设计和部署，这样大幅降低了对硬件的资金投入。NFV技术还具备自动部署、弹性伸缩、故障隔离和自愈等优点。

（3）软件定义网络（software defined network，SDN）。和 NFV 类似，SDN 的设计思路也是通过解耦来实现系统灵活性的提升，NFV 主要是软硬件解耦，SDN 主要是控制面和转发面解耦，因此 SDN 主要应用在承载网。承载网主要负责传输数据，也就是不断控制和转发数据报文，传统网络的控制和转发由厂商定制，而 SDN 技术是在网络上建立 SDN 控制节点，统一管理和控制下级设备的数据转发，下级设备的控制管理功能被收回交给 SDN 控制器，这些下级设备节点只负责转发功能。通过 SDN 技术，传输网络灵活性及扩展性都大幅度增加，非常有利于 5G 网络切片的快速部署，会是未来数据通信网络发展的主要方向。

（4）移动边缘计算（mobile edge computing，MEC）。MEC 是指在整个移动通信网络靠近用户终端的地方部署一个轻量级的网络通信计算中心节点来提供计算服务，因此 MEC 是移动通信技术与云计算技术深度融合的技术。边缘计算中心可以向第三方平台开放，提供相应的引擎和接口，以便第三方开发者开发相关的互联网应用对接接口、调用功能，从而为终端用户提供服务。这些功能主要面向的业务是时延敏感型业务和资源消耗型业务，如无人驾驶、室内定位、AR 等。MEC 是云融合产物，属于云计算，但又和移动通信网络深度融合，这对于未来开创更多全新的商业模式有积极的推动意义。

三、5G 网络建设

5G 网络建设会涉及专业通信、IT、网络等方面的知识。

1. 5G 网络技术

5G 网络技术主要应用及体现在接入网、核心网和承载网中，随着 5G 技术发展，其网络技术也在不断创新和发展。

（1）云无线接入网（C-RAN）。C-RAN 是基于集中化处理（centralized processing）、协作式无线电（collaborative radio）和实时云计算构架（real-time cloud infrastructure）的绿色无线接入网构架。其本质是通过减少基站机房数量，减少能耗，采用协作化、虚拟化技术，实现资源共享和动态调度，提高频谱效率，达到低成本、宽带宽和灵活性的运营。

（2）软件定义的无线电（software defined radio，SDR）。SDR 是一种无线电广播通信技术，能实现部分或所有物理层功能在软件中的定义。在 SDR 软件中，可以实现调制、解调、滤波、信道增益、频率选择等一系列物理层功能，这些软件计算可以在通用芯片、GPU（图形处理单元）、DSP（数字信号处理器）、FPGA（现场可编程门阵列）

和更多专用处理芯片上完成。

（3）认知无线电（cognitive radio，CR）。其核心思想是 CR 具有学习能力，能与周围环境交互信息，以感知和利用该空间的可用频谱，并限制和降低冲突的发生，通过了解无线内部和外部环境状态实时做出行为决策。

2. 5G 网络架构

在整体逻辑架构基础上，5G 网络采用模块化功能设计模式，并通过"功能组件"的组合，构建满足不同应用场景需求的专用逻辑网络。5G 网络以控制功能为核心，以网络接入和转发功能为基础，向上提供网络开发的服务，形成管理层、网络控制层、网络资源层三层网络功能，如图 3-4 所示。

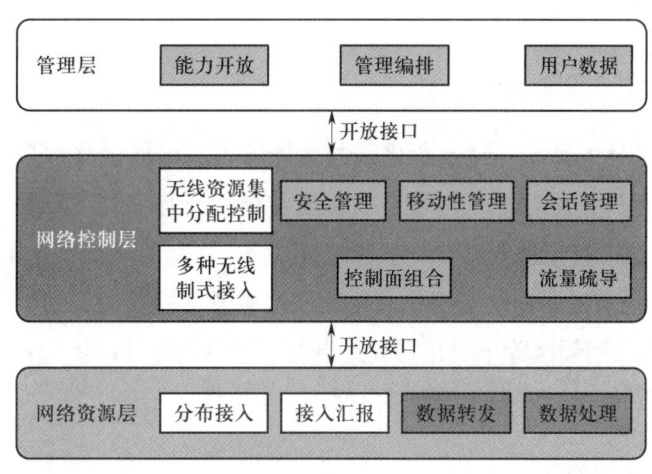

图 3-4　5G 网络功能

3. 5G 组网方式

4G 迈向 5G 的过程不再是核心网和接入网整体化演进，而是把两者拆开，包含了 NSA（非独立组网）和 SA（独立组网）两种部署方式。两种组网方式的主要区别在于标准不同、架构不同、体验与应用不同。

（1）NSA（非独立组网）。NSA 是将 5G 组网安置在 4G 的基础设施上，基站侧 4G 基站和 5G 基站共存。NSA 使用的还是 4G 的核心网，只是在 5G NR 控制面增加了 5G 的基站，让 5G 的终端用户享受宽带的能力。因为它的核心网没有变，所以相对容易实现，普及成本低。但是 5G 基站是无法直接链接到 4G 核心网的，因此需要先连接到本基站内的 4G 基站，以此作为转发点再连接到 4G 核心网。NSA 仅面向消费者还可以用，但不具备低时延、大连接的能力，基本不能实现工业互联网。

（2）SA（独立组网）。SA是真正实现全网5G三大优势（高速率、低时延、大连接）的必备要求。其组网方式是5G NR直接接入5G核心网，不再依赖4G网络。相对NSA来说，由于SA基于新的5G核心网，因此必须对核心网进行改造，而且改造工作也不太容易，但是要实现真正的应用，尤其是在工业互联网领域的应用，还是要走向独立组网。

（3）两者的区别。对比两者架构，NSA和SA的主要区别有以下三个。

1）NSA没有5G核心网，SA有5G核心网，这是一个关键区别。

2）在NSA组网下，5G和4G在接入网级互通，互联复杂；在SA组网下，5G网络独立于4G网络，5G和4G仅在核心网级互通，互联简单。

3）在NSA组网下，用户终端包含LTE和NR两种无线接入技术；在SA组网下，用户终端仅连接NR一种无线接入方式。

四、5G的行业应用

虽然5G有优异的性能，还有很多新技术能够为应用提供非常多的技术支撑，但保证5G很好地发展，或者说取得社会效益推动相关产业和经济发展，还要看其市场表现，以及用户的使用情况和认可度。相比4G，5G在应用领域发生了非常大的变化，已经不再仅限于为手机用户终端提供移动互联网服务，而扩展到为整个社会构建全网连接平台。5G的应用领域除了手机移动终端互联通信业务外，还包括工业、农业、医疗、教育等各个领域，以下介绍几个主要的行业应用。

1. 5G+工业互联网

工业互联网（industrial internet）是新一代信息技术与工业经济深度融合的新型基础设施、应用模式和工业生态，通过对设备、人员、产品、质检、仓储、生产等全面的连接，构建覆盖全产业链、全价值链的全新制造和服务体系，全面提升工业领域的竞争和发展能力。

简单来说，工业互联网把人、数据和工业设备互联互通，并通过数据采集、传输、存储、计算和分析来实现更多的价值挖掘。这个过程离不开通信技术、信息技术、计算机技术及工业技术。因此，5G无疑是这其中的最佳选择，能够为工业互联网赋能。

5G所具备的三大特点（高速率、低时延、大连接）非常有利于现有厂区的物联网通信，尤其是Wi-Fi、蓝牙等短距离通信，可以帮助企业快速建立一个性能卓越又可以灵活移动和可扩展的通信网络，可以实现如远程控制、远程维护、超高带宽影像监控等工厂应用。

5G 的网络切片和移动边缘计算技术在工业互联网领域找到了应用场景，可以满足用户的多种应用需求。虽然 5G 在工业互联网领域有着较好的应用前景，但是其推进和发展却面临很多现实问题，如数据安全等。工厂企业的工业制造环节往往是其核心竞争力所在的环节，通常属于企业保密管理范围内，如果基于移动通信网络技术来使用与制造紧密关联的应用就会引起企业的担忧，担心其核心数据无法安全地进行管理，这就需要平台拥有可靠安全的技术，也需要企业本身有较好的软硬件条件和管理能力。还有一个重要问题是来自移动通信网络运营商的较高的使用费用，由于 5G+ 工业互联网的应用场景涉及 5G 的 SA 组网模式，这对运营商来说涉及核心网改造，通常会有比较大的费用支出。如果使用 NSA 组网模式，可能在工业应用场景下 5G 就不具备太大优势。因此要解决这样的问题，还是需要运营商在技术层面上尽快为工业企业提供高性价比的 5G 支持。

2. 5G+ 车联网

车联网也称 V2X（vehicle to everything），实现车与万物（车、人、路、服务平台等）之间的网络连接和通信，目的是提升车辆整体的智能驾驶水平，为用户提供安全、智能、高效的驾驶感受与交通服务，同时提高交通运行效率，提升社会交通服务能力。

基于传统 V2X 技术的不足，全球移动通信标准化组织在 R14 标准中定义了 C-V2X（蜂窝车联网）技术，其中 C 代表蜂窝（cellular），C-V2X 就是基于蜂窝技术的车与万物连接在一起，借助移动通信技术为车联网提供更安全、可靠和智能的互联及服务。这其中加入了最新移动通信技术 5G，可以全面提升车辆对环境的感知、决策、执行能力，海量数据信息云计算、大数据能力为车联网、自动驾驶应用及车辆安全控制类应用奠定了更好的基础条件。

（1）5G 车联网的布局。得益于 5G 领域的领先优势及我国庞大的汽车市场规模，车联网产业进入了快速发展的新阶段，据预测中国车联网市场规模可以达到万亿级别。因此，运营商、通信设备供应商、汽车生产商都在车联网业务上做了积极的布局。

1）运营商布局。国内三大运营商纷纷打造"多模通信+人车路协同+车云同步"的协同一体化网络。

2）通信设备供应商布局。我国通信设备供应商，如大唐、中兴等，都强调自身的开放性，不断调整自己在产业链中的位置，巩固其传统优势，而不造汽车的华为也联合多家国际知名汽车公司合作推出 5G 汽车联盟（5GAA），并与汽车经销商和科研机构共同开发了一系列车联网应用场景。

3）汽车生产商布局。我国多家汽车生产商推出了 5G 远程驾驶技术，将其应用到生产的汽车上陆续推向市场,以及联合车联网服务平台推出针对智能网联、智能驾驶等在汽车和出行上的服务。可以说汽车生产商也都充分利用5G的优势,积极在车联网上进行布局。

(2)5G助力车联网发展。与4G主要侧重人与人之间的通信不同,5G形成了端到端的生态系统,扩大了移动带宽,峰值速率可达20 Gb/s,支持更低时延(≤10 ms)、更高可靠性(>99.99%)及更大带宽(每平方千米可以连接100万个终端),这些都意味着更高的安全性。下面看一组数据来理解一下:自动驾驶汽车以60 km/h的速度行驶,如果时延是60 ms,车的制动距离约1 m;如果是10 ms的时延,车的制动距离缩短到约17 cm;如果降低到5G的理论时延1 ms,制动距离缩短到只有约17 mm。5G全面提升车辆对环境的感知和执行能力,给车联网及自动驾驶应用,尤其是涉及车辆安全控制类的应用提供很好的技术支持和积极的作用。

通过5G+车联网的应用和推广,车联网产业现有优势不但会继续保持,车载通信芯片、定位芯片、通信模组等方面也将打开国产化新局面。

(3)5G+车联网的主要应用场景

1)自动驾驶。自动驾驶是5G重要的应用场景之一,因为5G的特点是为自动驾驶的发展装上了加速器。这主要是因为自动驾驶除了对车身具备的各种传感器需要进行数据采集分析以外,还需要对真实的行车环境中各种V2X设施的数据实时获取和计算,以实现基于云计算的人工智能应用,自动对车辆下一步行驶信息进行决策和传递。

2)远程驾驶。通过5G实现远程驾驶控制,真实的驾驶员坐在模拟仓就可以看到车辆实时的完整视野,同时还能看到车辆真实且实时的油耗、挡位、速度等信息,这些信息都通过5G网络实现实时回传,真实驾驶员在模拟舱操作转向、制动、加油的信号也被传递到实际车辆上,从而实现远程操控。值得一提的是,自动远程驾驶在未来具有广泛的应用场景,尤其在恶劣环境和危险区域,如无人区、矿区等,这样的应用既确保了人员的安全,又不影响现场实际操作和运行。

3. 5G+医疗健康

5G+医疗健康是依托5G,充分利用有限的医疗人力和设备资源,实现远程医疗、急救车载、医院数字化服务、医疗大数据等多方面应用。

(1)5G+医疗健康主要带来的影响

1)对医院的影响。通过引入以5G赋能的医疗信息化系统、远程医疗系统及医疗物联网系统为代表的智慧医院模式,医院可以大幅度提高运营效率,降低医疗成本,扩大服务内容，创新服务模式，提升医护过程的安全性和可靠性，服务更多患者，让更多患者选择该服务。

2）对医生的影响。对医生来说，通过 5G 及人工智能技术加持的 AR/VR 可以实现专家远程诊断和指导，也可以参与身临其境的技能培训。

3）对患者的影响。对广大患者来说，可以减轻就医负担，享受智能化、便捷化的随访服务。

（2）参与医院 5G 部署的主体

1）5G 通信设备商。通信设备商负责设备的供应和相应网络建设，主要有天线、射频模块、基站等设备，以及完成接入网、核心网和承载网的建设，这些都处于整个 5G 产业链的上游。

2）5G 运营商。5G 运营商主要负责和医院相关的 5G 设备的安装、运营、维护等工作，而且承担了整个 5G 网络的建设投资，通常都是几百万元不等的投资。

3）场地和人员。提供 5G 设施及其使用所需要的场地、医务人员及患者，为置于 5G 环境的医疗场景试验提供必要的人力、物力和财力支持。

4）医疗器械商。根据 5G 通信要求，医疗器械商对 5G 环境下使用的医疗设备进行升级改造，包括检测仪器、可穿戴设备等。

（3）5G+ 医疗健康的主要应用场景

1）无线监测。通过生命体征检测仪及可穿戴智能设备对患者的血压、血氧、血糖、心率等进行实时持续的监测，并将这些数据通过无线通信方式传输给医护人员。无线监测需要持续、实时、动态地反映被监测患者的生命体征情况，能够将分析、处理过的数据传送到医护人员的显示终端，以便医护人员实时掌控患者的情况，因此 5G 的应用优势就很明显。除此以外，还可以实现部分设备控制，如在无线输液监测管理中对输液进度进行动态监测，输液快结束时设备向护士报警，以便护士第一时间处理。

2）远程诊断和会诊。如果遇到当地医疗专家缺乏，可以通过通信网络系统及远程医疗平台，向远端的三甲医院专家发送患者临床信息及 CR（计算机 X 射线摄影）、DR（数字 X 射线摄影）影像资料或发起会诊，专家可以通过远程医疗平台获取的信息资料进行诊断或在线交流进行会诊，并出具诊断报告通过远程医疗平台传送给当地医院供医护人员和患者使用。5G 通信技术可以让远程专家几乎和本地访问数据一样快速浏览 CR、DR 等影像资料，而且在远程会诊过程中没有视频时延或声音滞后显现，在诊断和会诊效率上如同本地开展工作一样，非常高效。此外，5G 的高可靠性还能避免院外传输的医疗数据被盗取的危险，保护患者的隐私。

3）虚拟示教培训。该培训过程面向青年医生，他们在参加培训学习过程中借助

VR/AR 装备，在培训专家的指导下（可以远程也可以现场）进行学习和模拟医学治疗操作。特别是手术虚拟示教培训，现今已经成为医院提升青年医生技能的重要手段。AR/VR 手术培训属于强交互应用场景，用户可以通过交互设备和虚拟手术环境或现实环境进行互动，让参加培训的学员能实时感受到互动后虚实结合带来的环境变化。

4）远程机器人手术。远程机器人手术基于通信技术、传感器技术和机器人技术，由医疗专家根据手术室的视频和反馈信息，远程操控手术机器人实施手术。远程机器人手术过程中手术医生需要佩戴 3D 眼镜等装备，实时观察手术现场画面，手术医生根据这些实时资料操控手术机器人实施手术。在操控过程中有大量数据采集、传输和分析，这其中使用 5G 无疑是最佳之选，其三大特点为该应用提供了保障。

以上只是介绍了部分经常会看到的 5G+ 医疗健康的应用场景，除此以外还有很多，而且还会随着技术发展涌现更多的应用场景。

4. 5G+ 无人机

无人机也是 5G 重要的应用场景之一，在农业、电力、环保等领域都有非常重要的作用。

目前，人们常说的无人机就是无人驾驶飞行器（unmanned aerial vehicle，UAV）。准确地说，无人机是一种通过无线遥控或程序控制来执行特定航空任务的飞行器。一个完整的无人机系统，除了无人机飞行器本身之外，还包括地面的遥控系统。传统的无人机操控方式属于点对点通信，无人机操控人员通过遥控器控制无人机飞行，这之间的数据传输采用的是 Wi-Fi 或蓝牙的方式，这些通信方式的弊端就是通信距离有限，而蜂窝通信技术就很好地消除了这个弊端，因此出现了网联无人机，通过移动通信技术来实现无人机操控。

无人机与地面的通信主要包括图传（传输视频或图像）、数传（传输数据）和遥控，其中图传对无人机通信能力的要求最高。比如，无人机常用于航拍，航拍对象一般都较远，4G 的 LTE 蜂窝通信 720 P 或者 Wi-Fi 的点对点通信分辨率无法让用户看清被拍对象。在定位方面，4G 的 LTE 精度约为几十米，无法满足高精度定位的应用，如飞行操控、物流配送、复杂地形导航等。而在覆盖空域方面，4G 网络通常覆盖的也只是 120 m 以下高度的空域范围，在 120 m 以上容易出现失联状况，给高空测绘等带来了应用瓶颈。

5G 将解决以上问题，无人机搭配 5G 可以实现动态、超高清广角的俯视效果。除此之外，5G 在无人机应用上还发挥低时延的特性，提供毫秒级传输和时延，这将使无人机更快地响应地面命令，而操控无人机者也能有更加精确和实时的操控体验。以下介绍几个 5G+ 无人机应用场景。

（1）线路巡检。野外或大范围区域的巡检可以通过无人机来实现，采用 5G+ 无人机进行巡检，工作人员无须爬高塔或进入现场，无人机可以进行视频或高清图像的采集和传输，最后呈现给工作人员。采用 5G+ 无人机巡检，降低了风险，缩短了时间，提高了效率。线路巡检在电网和基站有不错的应用场景和效果，而输油管道也可以采用无人机进行巡检，效果非常不错。

（2）交通秩序维护和公共安全管理。5G+ 无人机在交通秩序维护和公共安全管理方面也有独特的优势。相比传统道路摄像头监控，5G+ 无人机回传的全景广角高清图像和视频更加清晰和完整，同时能在道路巡检过程中及时发现违法情况，对违法停车、违法占用车道等行为进行高清拍照取证。5G+ 无人机还集成了远程喊话功能，可以对现场车辆或人员进行疏导和警告。这些都可以大大节省警力资源，缩短出警时间，更高效地完成交通管理工作。

（3）应急通信和灾害救援。5G+ 无人机在应急通信和灾害救援方面也有着很好的表现，当发生自然灾害时，传统通信基站往往会被摧毁而无法正常工作，这时候可以采用无人机搭载通信基站，为灾区提供临时的通信信号覆盖，除了保障通信以外，5G+ 无人机可以为被困人员提供定位服务，确定被困人员的方位。此外，5G+ 无人机可以实时拍摄和回传灾区现场高清图像和影像，协助救灾人员开展更加有效的救援组织调度。

5G+ 无人机能发挥作用的地方非常多，各行各业都有其身影，其经济效益与社会效益均非常可观。

第 2 节　工业互联网基础知识

一、工业互联网概述

1. 工业互联网的定义

目前，工业互联网并没有一个被广泛接受的定义，我们可以了解以下一些典型的介绍。

GE 公司在全球首次提出"工业互联网"概念，GE 公司提出工业互联网的核心是将工业资源与IT融合，基于数据分析提升生产效率和使用率。进一步讲，工业互联网通过传感器、大数据和云平台，把机器、人、业务活动和数据连接起来，通过实时数据分析帮助企业更好地分配和使用生产资源，达到企业资产优化、运营优化的目的，最终提高企业效益及市场竞争力。

中国工业互联网研究院将工业互联网定义为：工业互联网是新一代信息技术与制造业深度融合的产物，是实现工业经济数字化、网络化、智能化发展的重要基础设施，通过对人、机、物的全面互联，构建全要素、全产业链、全价值链连接的新型工业生产制造服务体系。

工业互联网产业联盟将工业互联网定义为：通过人、机、物的全面互联，全要素、全产业链、全价值链连接，对各类数据进行采集、传输、分析并形成智能反馈，推动形成全新的生产制造和服务体系，优化资源要素配置效率，充分发挥制造装备、工艺和材料的潜能，提高企业生产率，创造差异化的产品并提供增值服务。

工业互联网不是互联网在工业领域的简单应用，其具有更丰富的内涵和外延。工业互联网以网络为基础、平台为中枢、数据为要素、安全为保障，既是工业数字化、网络化、智能化转型的基础设施，又是网络技术、大数据、云计算、人工智能与实体业务和经济深度融合的应用模式，同时也是一种新业态、新产业，为企业发展提供更多提升市场竞争力的技术和服务支撑，也为上下游产业链、供应链的高效协作提供更多创新式发展机遇。

2. 工业互联网的主要特征

在工业领域，对于一个企业来说，高质量、低成本、高效率是企业不变的追求。目前，高科技发展带来的新技术正在影响着人们的生活和工作，越来越多的跨界、融合、智能、绿色和创新事件渗透到了工业领域，让工业领域呈现多种多样的业态。

（1）万物互联。工业互联网实现工厂内各类装备、控制系统和信息系统的互联互通，以及物料、产品、人的信息集成，并呈现扁平化、云化组网的发展趋势。通信技术不断发展，在无线应用上实现了蜂窝移动网络技术的支持，用于支撑工厂数据的采集传输、集成处理、建模分析和反馈执行。工厂全系统互联互通的重要突破和技术支撑，可以实现更大范围、更灵活的生产组织，以及更大范围智能生产线的管理。

（2）软件定义。新工业革命时代，通过软件定义推动技术进步和产业发展已经在业内逐渐形成共识。基于软件打造数据采集—实时分析—科学决策—精准执行的数据闭环，同时基于软件打造企业研发设计—生产制造—运营管理—客户管理的业务闭环，可以解决企业经营和生产全过程中的复杂性和不确定性问题。软件定义加速驱动制造业的数字化升级，是工业互联网发展的必备基础。

（3）平台支撑。工业互联网平台是目前比较热门的一个词，也预示着以平台为核心的产业竞争正从消费领域向制造领域拓展，平台支撑也就成为工业互联网的一个主要特征。伴随新一代信息技术和制造业的融合发展，工业互联网平台成为全球领军企业竞争的新赛道，也成为产业布局的新方向和制造大国竞争的新焦点，它面向制造业数字化、网络化、智能化需求，构建基于云的海量数据采集、存储、分析载体，从而支撑制造资源的泛在连接、弹性供给、高效配置。

（4）数据驱动。数据驱动就是在正确的时间把正确的数据以正确的方式传递给正确的人和设备。数据驱动是新一代信息技术的关键，也是新工业革命变革发展的源泉。制造企业每天都有大量数据产生，如新订单信息、新产品研发数据、生产制造过程数据、物料出入库数据等，这些数据成为企业研发、采购、生产和销售几乎所有环节不可或缺的信息，是企业非常宝贵的资产。基于数据驱动的特性，工业互联网的作用在于贯通生产制造全过程、全产业链、全生命周期，通过横向业务数据的打通及垂直业务数据的挖掘，不断优化制造资源的使用效率、生产成本的管控能力、产品质量的追溯能力，从而实现提质增效降本的企业经营目标，以及研发创新转型的企业发展目标。

（5）服务增值。服务增值是指企业通过在产品上增加数据采集和通信模块，实现产品网络化接入和管理，通过对产品运行数据的采集和分析，实现产品在使用或运行过程中的运维服务。这是在原来只卖产品来获得价值的基础上，进一步通过产品运维服务来获得更多价值，增加了企业的利润空间。比如，挖掘机销售给终端用户后，可以对挖掘机的工作运行参数进行采集和分析，获得挖掘机的工作性能和状态信息，从而合理确定挖掘机的维护维修日期，让终端使用者安全使用挖掘机无顾虑。

工业互联网构建的服务体系，为企业提供了服务增值的可能，也就是由传统的以产品为中心向以产品和服务为中心转变，智能化服务平台和智能化服务成为新的业务核心。

（6）组织重构。在数据驱动及软件定义的特性下，数据作为一种新的管理驱动要素，通过软件与传统技术、业务流程、组织结构相互影响、相互作用。这极大地改变了组织和组织之间、人与人之间的交流方式，以及数据和信息的获取方式，有效提升了信息交互的效率和质量，从而推动企业组织向扁平化、虚拟化及生态化方向发展。

1）组织扁平化。在数字化时代，面对快速变化的市场需求，以及数据驱动能力的支持，企业组织扁平化、网络化步伐会加快，通过互联互通的协作模式让决策分散化、团队微型化,就能对市场实现快速响应。

2)组织虚拟化。工业互联网构建了物理空间与信息空间中人、机、物、环境、信息等要素之间的相互对应、实时交互和高效协同,突破了时空界限,通过工业互联网实现了组织内的协同生产。

3)组织生态化。工业互联网具有开放性、共享性、协同性,使企业拥有更多可以突破组织、突破地域边界、加快聚拢的资源,在工业互联网中不断协作,从而打造多方参与、高效协同、合作共赢的产业生态。

3. 工业互联网价值

工业互联网从来不是一种技术,而是若干新兴技术和成熟技术的统称。随着新兴技术迭代创新和成熟技术不断应用深化,大量的基于工业互联网的技术与应用也逐步向价值链发展,立足于为制造企业市场竞争力、产业链经济效益赋能创新,在国家战略层面壮大经济发展新动能,在产业层面打造产业协同新生态,在企业层面构建工业生产新体系。

(1)在国家战略层面,发展工业互联网可以推进很多新技术的创新和发展,如大数据、云计算、人工智能等,还可以推进这些技术和实体经济的融合发展,推动围绕价值链的传统产业升级,提升国际竞争力。基于工业互联网构建的全生命周期大数据及服务价值链,能够提升制造业数字化能力,推动产业结构向高端化、智能化方向发展,为经济高质量发展提供新动能。

(2)在产业层面,工业互联网的发展可以催生基于全要素、全产业链、全价值链的各种平台和应用,为众多产业及产业链上的各种需求提供丰富的选择,构建新型产业集群生态。同时,工业互联网不受时间和空间限制的属性,有利于更大范围和更深层次地开展资源有效匹配、供需精准对接、产业数据挖掘、孵化创新规划,实现产业数字化发展,全面提升产业发展数据驱动和决策能力,实现产业高质量发展。

(3)在企业层面,工业互联网是围绕工业应运而生的新技术和成熟技术的组合,是围绕企业生产资源全要素的数字化、智能化方向发展的赋能推手。工业互联网发展过程中,无时无刻不在关联企业生产经营的各个环节。通过工业互联网赋能,企业在质量提升、成本控制、提升效益上有了新动能、新方法,工业互联网帮助企业实现全生产要素(人、机、料、法、环等)的互联互通,打破信息孤岛,加速企业构建数据驱动、软件定义相结合的新型工业生产体系。

二、工业互联网参考架构

1. 美国工业互联网参考架构

美国工业互联网联盟（IIC）由 GE 公司联合美国电话电报（AT&T）公司、思科公司、IBM 公司和英特尔公司于 2014 年 3 月发起，由对象管理组织（OMG）管理。在 2015 年 6 月，IIC 发布工业互联网参考架构，包括商业视角、使用视角、功能视角和实施视角四个方面的内容。

（1）商业视角。识别工业互联网的利益相关获得方，明确其商业愿景、价值和目标。系统工程师需要根据工业互联网系统的价值，提出系统应用或开发部署的愿景和关键目标，进而指导系统应用或开发的具体任务和要求。

（2）使用视角。基于系统使用描述工业互联网系统使用导向下的操作内容和流程。工业互联网系统的运行、授权、分工及目标分解都是其核心关注点，基于这些再向下设计各系统组件、各单元的协同活动内容，用于具体实施和部署。

（3）功能视角。根据使用视角下操作内容和流程涉及的活动（事件），确定基于工业互联网应用的关键功能及其相互关系，其中需要包含控制域、操作域、信息域、应用域和业务域 5 个功能领域。

1）控制域是工业控制系统执行的功能合集。

2）操作域是负责控制域内系统功能管理、监测、配置和使用优化的功能合集。

3）信息域是收集、转换和分析数据以便形成可用信息的功能合集。

4）应用域是用于实现特定业务应用逻辑的功能合集。

5）业务域是支持业务领域活动和流程所需要的功能合集。

（4）实施视角。根据功能视角确定的功能合集及要求，描述各功能的实施要素，因此实施视角包含以下内容：

1）工业互联网系统的总体架构，包括架构和相关组件，以及组件之间的拓扑关系。

2）每一个功能组件的技术描述，包括界面、协议、表现性能等属性。

3）从使用视角到功能视角和从功能组件到实施要素设计的活动（事件）。

4）关键系统特征的实施版图和路径。该部分侧重概念和体系结构设计，不涉及系统具体部署或操作（尤其是不同垂直行业的具体实施部署和操作）。

2. 德国工业 4.0 参考架构

2013 年的汉诺威工业博览会上德国政府正式推出"工业 4.0"战略，其核心目的是提高德国工业的竞争力，在新一轮工业革命中占领先机。随后，德国政府将其列入《德国 2020 高技术战略》报告中所提出的十大未来项目之一。德国工业 4.0 参考架构就是德国电工电子与信息技术标准化委员会（DKE）于 2015 年 4 月发布的工业 4.0 参考架构（RAMI 4.0），其对工业 4.0 进行了多角度描述，代表了德国对工业 4.0 的全局思考。

RAMI 4.0 中定义的德国工业 4.0 参考架构总体视图包含了三个维度：工厂工业系统层级、产品全生命周期层级、功能层级。RAMI 4.0 从三个维度全面阐述德国工业发展下一阶段目标所需要涉及的方方面面以及相互关系。

（1）工厂工业系统层级。这是面向工厂企业的层级架构，从其生产的产品开始，可以一层层架构现场设备层—控制层—工位层—工作中心层—企业层，体现了从现场设备到企业规划管理的纵向集成。

（2）产品全生命周期层级。面向产品，描述了从第一个想法到报废的全生命周期，经历了开发—生产—运维，阐述了一个产品从一个想法到形成产品再到最后报废经历的过程，在这过程中需要关注产品的设计开发管理和生产服务管理。

（3）功能层级。这是一个属性架构，将工厂物理世界与业务贯通建立关系，即资产层—集成层—通信层—信息层—功能层—业务层。

1）资产层——所有物理世界的资产，如设备、工具、检测仪器、物料、人、技术资料等。

2）集成层——对物理世界资产数据采集，实现数字化转换。

3）通信层——数字化转换后与信息关联。

4）信息层——获取和管理必要的信息数据。

5）功能层——基于物理世界资产的功能应用。

6）业务层——组织业务协同与流程应用。

3. 中国工业互联网参考架构

中国工业互联网参考架构包括业务视图、功能架构、实施框架三大板块，形成了以商业目标和业务需求为牵引，进一步明确定义系统功能与实施部署方式，自上向下层层细化和深入。

（1）业务视图。业务视图体现工业互联网产业目标、商业价值、数字化能力及业务场景，主要用于指导企业在商业层面明确工业互联网的定位和作用。业务视图提出的业务需求和数字化能力需求对于功能架构设计起重要引导作用。

（2）功能架构。明确支持业务实现的功能包括基本要素、功能模块、交互关系和作用范围。

（3）实施框架。描述实现功能的软硬件部署，明确系统实施的层级结构、承载结构、关键软硬件等。

第3节　5G与工业互联网应用场景

一、5G与智能工厂

1. 5G服务智能工厂

相较于传统工厂，智能工厂中大量使用各类传感器、工业机器人，并基于大数据、云计算的智能分析工具帮助企业实现更科学的决策。同时，生产的本地性概念不断被弱化，由集中生产向网络化异地协同生产转变，实现企业间的信息共享和协同，以及资源高效协作和配置。

5G正在逐步向工业领域渗透，为制造业转型升级带来历史性的发展机遇。5G赋能智能制造主要体现在以下生产场景。

（1）柔性生产线。柔性生产线可以根据订单的变化灵活调整产品生产，实现多样化、定制化生产。运用5G，可以提高生产线的灵活部署能力。5G网络进入工厂，使生产线上的设备不再受线缆束缚及地域限制，可以自由移动与拆分组合，短期内实现生产线的布局调整和灵活改造。5G中的软件定义网络、网络功能虚拟化和网络切片技术，能够根据不同的业务场景，灵活编排网络架构，打造专属网络，为不同的生产环节提供合适的网络资源和性能保证。

（2）云化机器人。云化机器人是指由位于云端的控制平台使用大数据、人工智能、云计算等先进技术进行控制，给本地机器人发送任务指令，而本地机器人也需要在任务执行中和执行完毕时返回信息给控制平台。因此，云控制平台和云化机器人交互的信息量巨大且实时性要求很高。5G的高速率、低时延、大连接特征非常契合这个需求，为数据交互提供了高效性和高可靠性通道。

（3）工业 AR/VR。在工厂中工业 AR 可以应用到设备维护维修点检中，也可以应用到装配过程的指导与检验确认中，通过虚实结合，帮助工程师快速开展工作，缩短作业时间，降低错误率。工业 VR 可以帮助工厂为操作人员开展虚拟操作培训，减少设备实操压力；工业 VR 可以辅助产品设计，使远程设计人员进入同一虚拟场景中协同设计产品；工业 VR 可以实现工厂三维立体虚拟化展示，使企业管理者直观全面地了解工厂生产情况。5G 在其中提供了重要的赋能，提升工业 AR/VR 应用交互体验，优化工业 AR/VR 设备显示效果，使工业 AR/VR 终端更加轻便、价格更低。

（4）实时数据采集与监控。在 5G 的支持下，智能工厂所需要的大数据采集和影像音频监控都可以得到可靠的保障，5G 网络实现了工厂大量设备的互联互通、海量生产数据的采集和指令下达，同时还支持超高清视频监控和机器视觉识别。在质量检测中使用人工智能技术，极大提升了以往依赖人进行的视觉检测效率，大幅度降低错误率。通过对工厂设备数据的海量采集及利用 5G 覆盖能力，还能实现远程设备维护维修，突破地域限制。

2. AI+5G 助力智能制造

人工智能（artificial intelligence，AI）是一门新的技术科学，是计算机科学的一个分支，该领域的研究包括机器人、语言识别、图像识别、自然语言处理、专家系统等。人工智能可以对人的意识、思维过程进行模拟。人工智能不是人的智能，但能像人那样思考，也可能超过人的智能。人工智能有了 5G 的赋能，可以实现云应用，在大数据采集分析、云计算及反馈执行上都有重要意义。

5G 和 AI 的典型应用场景中超过 80% 是重叠的，两者的深度融合将引发链式变革，并推动新一轮科技革命和产业变革。

3. 智能制造生产线

智能制造生产线是柔性生产线与自动化相结合的产物，核心是闭环控制系统。生产线运行期间会实时对每个传感器数据进行连续测量，测量获取的数据传输给控制器进行运算以便设定执行指令。典型闭环控制过程的周期都低至毫秒级别，因此系统通信的时延需要达到毫秒级别甚至更低才能保证控制系统实现精确控制。同时，智能生产线对可靠性要求极高，如果生产过程中时延太长或者控制信息在数据传送时发生错误就可能导致生产停机和财务损失。此外，规模化生产的工厂，大量生产环节都用到了自动控制，而且现场有海量的控制器、传感器和执行器，需要通过无线方式进行连接和数据采集。综上所述，5G 提供了低时延、高可靠、海量连接的网络，使闭环控制应用通过无线网络连接成为可能。

二、5G与智能物流

1. 5G服务工厂智能物流

在物流方面，从仓库管理到物流配送均需要广覆盖、低功耗、大连接的技术。此外，要连接分布广泛的已售出产品，也需要低功耗和广覆盖的网络。企业内部或企业和企业之间的横向集成也需要无所不在的网络。5G网络能很好地满足这类需求。

智能物流的特征包括泛连接，泛连接是指基于5G和IoT（物联网）技术实现人和人、人和物、物和物之间的连接。5G时代可以实现海量的物流装置和设备互联互通，为物流全流程数字化和实时决策管理提供很好的基础。

从成本上说，5G将在广覆盖、低功耗、低成本等方面显露优势。同时，物联网传感器成本的迅速下降，促使物联网在端到端供应链中使用场景普及，实现人、设备、车、货物等万物互联。

5G支持不同场景的灵活组网需求，解决物流智能化升级进程中的技术挑战。5G网络将通过影响这些场景和相关技术，间接地促进新一代物流的智慧化发展，帮助传统物流行业快速升级重构。

5G与仓储、监控、运维等全流程业务场景紧密结合，实现高密度智能存储、大规模智能搬运、高可靠智能分拣、高柔性智能拣选、低成本智能监控与跨地域智能运维。

5G解决了连接稳定性差、抗干扰能力弱、网络安全性弱等痛点，正在成为技术和商业应用的契合点，更是引领物流行业智能化转型升级的重要驱动力。

2. 5G智能物流应用

5G在物流领域的应用已经逐渐从研究阶段过渡到商用阶段。工厂智能物流场景主要包括线边物流和智能仓储。

（1）线边物流是指从生产线的上游工位到下游工位、从工位到缓冲仓、从集中仓到线边仓，实现物料定时定点定量配送。

（2）智能仓储是指通过物联网、云计算、机电一体化等技术共同实现智慧物流，降低仓储成本、提升运营效率、提升仓储管理能力。

部署5G工业网关等设备，可以实现厂区内自动导航车辆（AGV）、自动移动机器人（AMR），以及叉车、机械臂和无人仓视觉系统的5G网络接入。部署智能物流调度系统，结合移动边缘计算和超宽带（UWB）室内高精定位技术，可以实现物流终端控制，以及商品入库、存储、搬运、分拣等作业全流程自动化。

部署智能物流系统的条件是：企业车辆、机器人、叉车等物流类设备已完成自动化改造，具备5G网络接入能力；物流调度系统具备丰富的接口，可实现各种自动化设备的对接；全厂区实现稳定可靠的5G网络覆盖。

三、5G与设备运维

1. 5G服务工厂设备运维

（1）工厂设备运维的主要内容

1）预防性维护维修。设备在使用一段时间或完成一定的作业量后会有损耗，精度等性能出现下降，因此基于这种情况会有常规基础的维护维修任务开展。维护维修任务还可以根据历史数据统计分析来确定。

2）突发故障维护维修。突发故障维护维修是指设备、装备、生产部件出现故障时，对其进行维修或者替换。

3）日常点检维护。根据设备点检内容，完成设备开工前的必要检查，及时发现设备故障隐患，确保开工前设备符合开工条件。

4）预测性维护。预测性维护是基于设备运行实时数据，动态进行设备维护维修任务的制定，既确保设备正常运行，又避免不必要的过度维护和保养。

（2）设备数据获取和移动应用

1）设备数据获取。这里主要是对设备运行状态参数及故障信息进行采集。通过设备自身提供或者外部传感器采集，都可以获得海量的设备数据。

2）移动应用。设备的点检、巡检及维护维修都是在作业现场开展的。

5G高频率、大连接的技术特点完全契合以上工厂设备运维的需要。构建5G+设备智能运维网络，现场设备传感器等感知终端或控制系统通过内置5G模组，将设备接入5G网络，可实现设备运行数据海量采集，并通过大数据分析和云计算实现故障预判及提前预警，工厂也能随时掌握关键设备的实时状态，更加科学地进行设备检修及维护，提高设备利用率并降低检修成本，达到安全稳定连续生产运行的目的。同时，远程穿戴装备还可以实现现场设备维护维修与远程专家诊断指导的高效互动，弥补本土技术能力的不足，发挥远程专家的技术能力，通过5G通信解决现场设备维护维修问题。

2. 5G 设备运维应用

随着技术发展，现代工厂的设备拥有量很大，且围绕智能制造发展会有更多可替代人工的设备进入工厂。设备是智能制造的生产核心，设备运行的稳定性、安全性、持续性直接影响工业企业的生产产值。同时，工业设备的种类增多、结构日趋复杂，设备智能化运维已然成为智能制造的重要环节。传统运维平台无法把设备运行中产生的海量数据存储下来，无法智能分析并以报表形式呈现，不能为管理者提供决策，围绕设备智能化运维的应用也就应运而生。

设备动态运行数据网络化管理可以实时监测设备运行数据，实时监测设备能耗数据，实时监测设备报警数据，联动关键机电系统进行数据采集。

智能化运维可以实时推送故障警告，建立监测—故障—维护维修闭环体系，实现设备性能大数据分析、故障预测、在线维护维修工单管理。

搭建设备运维物联网平台，可以实现海量数据获取，并根据不同应用进行使用切分，结合业务应用需求对获得的大数据进行分析和使用，达到设备智能运维的效果。

第4章 工业机器人技术

第1节 工业机器人坐标系设置与路径编程

工业机器人在自动化生产线上替代人工,完成搬运、码垛、上下料、焊接、喷漆等重复性或危险性工作。在这些任务中,运动和位移是工业机器人的基本工作方式。运动是指工业机器人工作过程中的速度和轨迹,而位移是指工业机器人运动的起始位置和结束位置的移动或改变。不论是运动还是位移,都是以指定的坐标系作为参照系。因此,坐标系是工业机器人工作的基础,只有完整地理解工业机器人坐标系的概念、用途及设置方法,才能够正确进行工业机器人的编程。

工业机器人的常用坐标系有五个,其中:关节坐标系、世界坐标系和安装坐标系统称为基础坐标系,是工业机器人自带的,即工业机器人在出厂时已经设置好的,我们只需要理解并学会使用即可;工具坐标系、用户坐标系是用户根据工业机器人末端执行器的结构及工件的位置进行后期设置的,统称为由用户设置的坐标系。

一、基础坐标系

1. 关节坐标系

关节坐标系按照工业机器人各关节(旋转轴)的旋转角度来定义,以最常用的六轴串联工业机器人为例,从1轴到6轴,旋转角度分别以J1~J6来表示,各关节轴的位置及旋转方向如图4-1所示。例如,P_1点的位置用关节坐标系表示为(J1,J2,J3,J4,J5,J6)。

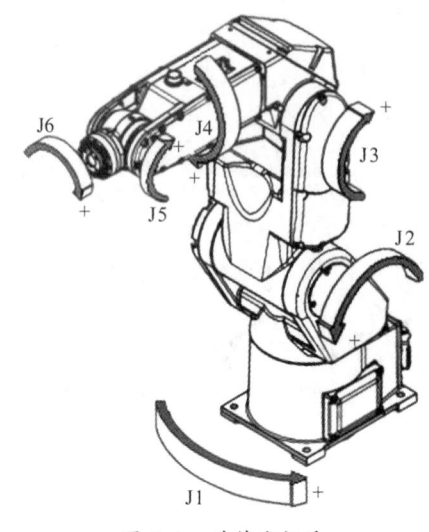

图 4-1 关节坐标系

2. 世界坐标系

世界坐标系也称全局坐标系，是一个空间直角坐标系，由空间相互垂直的三个坐标轴 X、Y、Z 组成。世界坐标系有 6 个坐标值，分别是沿着三个坐标轴的平移 X、Y、Z，以及绕着这三个坐标轴的旋转 W、P、R，如图 4-2 所示。

世界坐标系三个坐标轴的方向符合右手螺旋定则，即右手四个手指由 X 轴抓向 Y 轴，大拇指方向就是 Z 轴的正方向。让右手大拇指指向某个坐标轴的正方向，此时四个手指的弯曲方向就是绕该坐标轴旋转的正方向。

例如，P_1 点的位置用世界坐标系表示为 (X, Y, Z, W, P, R)。

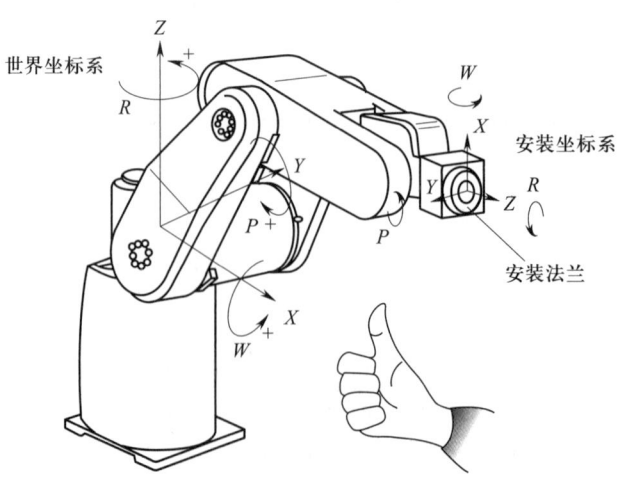

图 4-2 世界坐标系和安装坐标系

3. 安装坐标系

安装坐标系（见图4-2）固定在工业机器人的安装法兰上，随安装法兰一起旋转。因为工具是安装在安装法兰上的，所以安装坐标系是工具坐标系的基准，即当工具坐标系的坐标值全为0时，工具坐标系与安装坐标系完全重合。

安装坐标系也是一个空间直角坐标系，其6个坐标值的定义与世界坐标系完全相同，所不同的是世界坐标系是固定不动的，而安装坐标系是固定在安装法兰上的，随安装法兰一起旋转。工业机器人6轴（J6）的旋转就是安装法兰的旋转，并通过安装法兰带着工具一起旋转。

二、由用户设置的坐标系

由用户设置的坐标系是用户根据工业机器人要完成的具体工作任务进行设置的。比如，工具坐标系取决于用户给工业机器人安装的工具尺寸和位置，用户坐标系由工件安装的具体位置及倾斜角度决定，因此这些坐标系必须由用户自己设置。

1. 工具坐标系

工业机器人出厂时，厂家只提供到安装法兰为止，工业机器人的工具是用户根据工作任务的不同自己设计，并安装在安装法兰上的。用户安装好工具之后，必须让工业机器人知道所安装工具的位置，也就是告诉工业机器人工具中心点（TCP，见图4-3）位置及工具方向，这个过程称为设置工具坐标系。工业机器人知道了它所抓持工具的位置，才能用工具来完成指定的任务。

一般把工业机器人所抓持工具的有效方向设定为工具坐标系的Z轴。有效方向是指工具的主要工作方向或进给方向，如焊枪的焊丝指向或者抓手拿取或放置工件的运动方向。把工具坐标系的原点定义为工具中心点（TCP），如焊枪的焊丝前端点或者抓手的两个手指之间的中心点。工具坐标系永远黏着在工具上，随工具一起移动或旋转。设置好工具坐标系后，工业机器人的控制点就由安装法兰中心转移到工具坐标系的原点上，这样可以直接针对工具中心点（TCP）编程，方便地调整工具的姿态和轨迹。

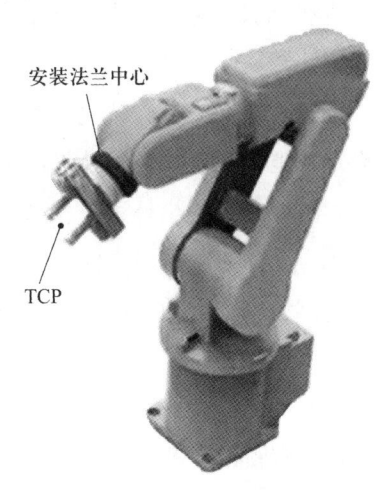

图4-3 工具中心点（TCP）

工具坐标系设好之后，其坐标值就是工具坐标系相对于安装坐标系在平移和旋转方向上的 6 个偏移量（X，Y，Z，W，P，R）。

工具坐标系的设定方法有三种，即直接输入法、三点法、六点法。

直接输入法是在一些特殊情况下，当知道工具中心点（TCP）相对于安装坐标系的偏移量数值时，将数值直接输入工业机器人，作为工具坐标系的坐标值。三点法只能设定工具中心点（TCP）的位置，不能设定工具的方向。

六点法既能设定工具中心点（TCP）的位置，又能设定工具的方向，这样用户在编程时不仅能够改变工具的轨迹，还能方便地改变工具的姿态。比如，在焊接机器人中，要求焊枪的倾斜方向、焊枪与工件的夹角能够随着焊缝轨迹的推进随时发生变化，用六点法设置的工具坐标系可以方便地实现这一要求。

六点法设置工具坐标系的步骤如下：

（1）在世界坐标系下调整工具方向，用直角三角板检查相互垂直的两个方向，使工具与工作台面垂直，如图 4-4a 所示。

（2）按 MENU 键，选择设置项，选择坐标系项，选择工具坐标系，按 F2 键选择六点法，出现如图 4-5 所示界面。

（3）在世界坐标系下移动工业机器人，使工具对准目标尖点，如图 4-4b 所示。移动光标到接近点 1，按 Shift+F5 键记录点位，继续将光标移动到坐标原点，单击记录。

（4）抬起工具，切换到关节坐标系，转动 J6 轴 90° 以上，再切换到世界坐标系，移动工业机器人使工具尖点对准目标尖点，如图 4-4c 所示，记录接近点 2。

（5）抬起工具，切换到关节坐标系，分别转动 J4 轴和 J5 轴 90° 以上，再切换到世界坐标系，移动工业机器人使工具尖点对准目标尖点，如图 4-4d 所示，记录接近点 3。

（6）抬起工具，将光标移至坐标原点，按 Shift+F4 键，将工业机器人移动到刚刚设定的坐标原点位置，如图 4-4b 所示。

（7）在世界坐标系下沿 X 方向移动工业机器人，距离不小于 250 mm，如图 4-4e 所示。光标移动到 X 方向点，按 F5 键记录 X 方向点。

（8）用上面的方法使工业机器人回到坐标原点位置，然后垂直向上移动，移动的距离不小于 250 mm，如图 4-4f 所示，记录 Z 方向点。

至此，6 个点全部记录完成，记录过程中参考点不能移动，一旦参考点发生移动就需要重新记录每个点。

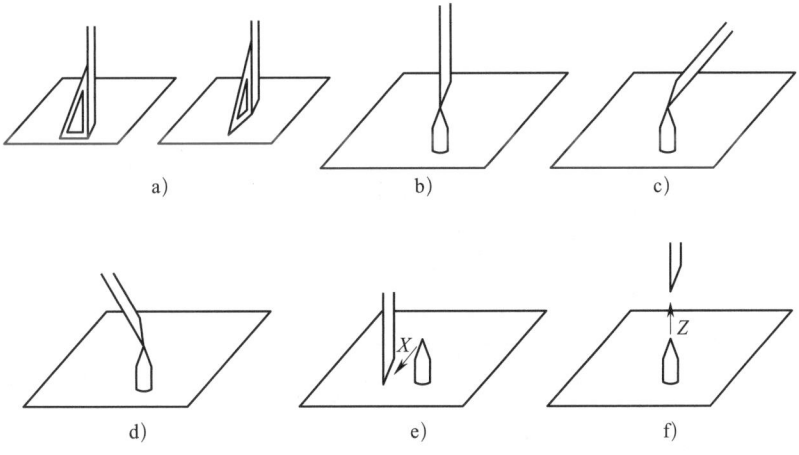

图 4-4 记录 6 个点

a)工具与工作台垂直 b)接近点 1(坐标原点) c)接近点 2
d)接近点 3 e)X 方向点 f)Z 方向点

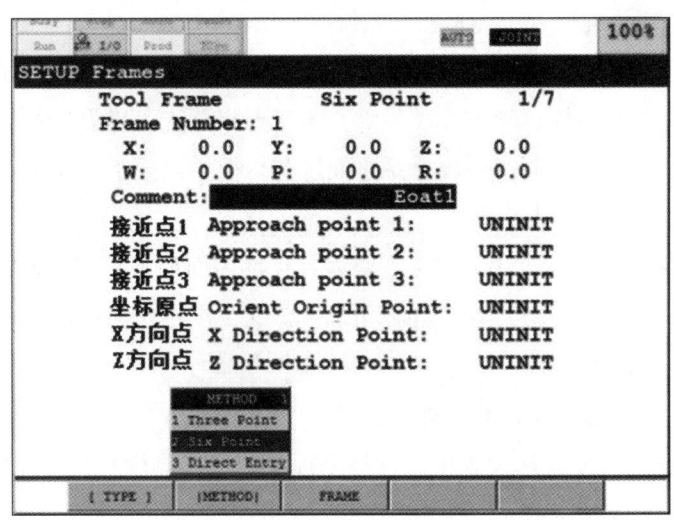

图 4-5 六点法设置工具坐标系界面

(9)工具坐标系 TCP 检验。使工具尖点与目标尖点对准,在世界坐标系下点动工业机器人,绕 X 轴、Y 轴旋转(见图 4-6a 和图 4-6b),若工具尖点相对于目标尖点晃动很小,则 TCP 设置正确;如果旋转过程中,工具尖点相对于目标尖点有明显偏移或游动,说明 TCP 的误差较大,需要重复上述过程。

(10)工具坐标系方向检验。单击 COORD 键,切换当前坐标系到工具坐标系,按 Shift+COORD 键,在黄色对话框中将光标移至 tool 项,输入数字"1",单击 ENTER 键。再按 Shift+COORD 键,确认 Tool1=1,说明工具坐标系 1 已经被激活。

点动工业机器人分别沿工具坐标系 TOOL1 的 X、Y、Z 正方向运动，检查工业机器人运动方向，如图 4-6c 所示。

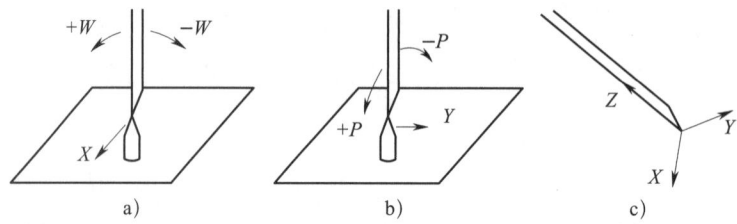

图 4-6　检验工具坐标系
a）检验工具坐标系原点（绕 X 轴旋转）　b）检验工具坐标系原点（绕 Y 轴旋转）　c）检验工业机器人运动方向

2. 用户坐标系

在实际生产中，有时工件放置在倾斜的工作台上，工业机器人对工件进行搬运、焊接、喷漆等作业时，需要沿着工件的倾斜方向行走，此时必须设置用户坐标系，将工件的位置和倾斜方向输入工业机器人系统。

设置用户坐标系实际上是对工业机器人作业空间的重新定义，为操作人员的示教编程提供了很大的便捷性。FANUC（发那克）工业机器人可以设置并储存 9 个用户坐标系，在程序中可以在不同用户坐标系之间进行切换，以便于工业机器人针对不同位置、不同倾斜角度的工件进行操作。

用户坐标系设定时，通常采用三点法。在工件表面相互垂直的两条棱边上定义 2 个点，作为 X 和 Y 的方向点，在工件拐角位置定义 1 个点作为坐标原点，由此来创建一个用户坐标系。

三点法设置用户坐标系的步骤如下：

（1）按 MENU 键，选择设置项，选择坐标系项，选择用户坐标系，按 F2 键选择三点法，出现如图 4-7 所示界面。

（2）在世界坐标系下移动工业机器人，使工具尖点接近原点，如图 4-8 所示。移动光标到坐标原点，按 Shift+F5 键记录，如图 4-7 所示。

（3）在世界坐标系下抬起工具，沿世界坐标系的 X、Y 方向移动工具尖点至用户坐标系的 +X 方向点，距离用户坐标系原点至少 250 mm，如图 4-8 所示。在示教器中移动光标到 X 方向点，按 F5 键记录，如图 4-7 所示。

（4）用同样方法记录用户坐标系的 Y 方向点，如图 4-7 和图 4-8 所示。

（5）检验用户坐标系

1）按 COORD 键，将当前坐标系切换成用户坐标系。

2）按 Shift+COORD 键，确定 User=1，即用户坐标系 User1 已经被激活。

3）按 Shift+ 运动键 X、Y，使工业机器人在斜面上沿设定的用户坐标系 X、Y 方向运动，说明用户坐标系设置成功。

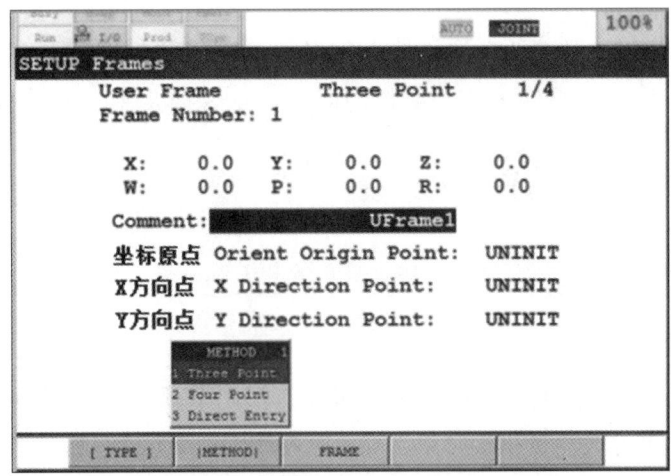

图 4-7 三点法设置用户坐标系界面

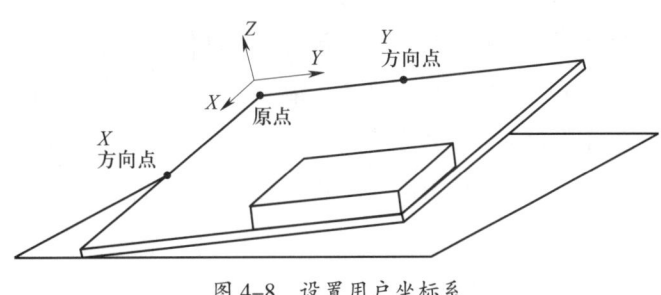

图 4-8 设置用户坐标系

第 2 节 工业机器人搬运与码垛编程

工业机器人编程是为了使工业机器人完成某种任务而进行动作描述设置。搬运是工业机器人最常见的作业任务，从水泥包、化肥包的搬运，传送带上零件的分拣，到精密电子元件的装配，都属于搬运作业的范畴。搬运机器人的应用对降低工人的劳动强度、提高生产率有着十分重要的意义，在各行业中具有广泛的应用前景。

工业机器人编程就是示教路径点，并在程序中插入各种信号指令和非运动指令。工业机器人搬运程序除了包含搬运路径的有关信息外，还需要包含末端执行的驱动信号，使末端执行器在适当的时候做出抓取和放置的动作。同时，工业机器人与周边设备的传感器和执行器有信号传输，以便根据周边设备的状态和作业任务要求，控制工业机器人完成指定动作。

在搬运机器人的末端执行器中，吸盘是最简单、最经济的一种，适合搬运上表面平整、重量较轻的工件。吸盘吸取物料时，应使吸盘中心与工件重心重合。为了使吸盘与工件上表面紧密贴合，应使吸盘有一定的下压变形量，保证吸盘的唇口与工件贴合紧密。

一、吸盘的控制信号

1. 输出信号

例如：设置 DO[226] 作为吸气信号。

当程序执行到 DO[226]=ON 时，工业机器人控制系统给 DO[226] 对应的电磁阀上电接通气路，给真空发生器供气，由真空发生器产生真空并通过管路送给吸盘。

例如：设置 DO[227] 作为吹气信号。

当程序执行到 DO[227]=ON 时，对应的电磁阀接通，直接给吸盘提供压缩空气，此时吸盘由吸气变为吹气。如果在释放工件时没有吹气动作，仅停止产生真空，那么在真空发生器停止产生真空后的短时间内，真空不能马上消失导致工件不能马上掉落，甚至在工业机器人返回时工件可能会被残余真空带着一起返回。吹气动作就是使工件到达放置位置后，能够迅速被吹落，这样可以提高放置工件的准确性，并减少等待时间。

2. 输入信号

例如：设置 DI[226] 作为真空信号。

该信号来自吸盘真空管路中安装的一个压力开关，当真空度达到规定数值时，DI[226] 信号变为 ON，说明吸盘口已经被封闭吸牢，即工件已被吸附。

二、吸气程序和吹气程序

1. 吸气程序

定义吸气程序的程序名为 SUCKER。

如图 4-9 所示，第一步是吸气输出信号 DO[226]=ON，开始吸气；第二步是等待 DI[226]=ON，确定已经吸附工件；第三步是再等待 0.5 s，使工件被牢固吸附。之后就可以执行运动指令将零件搬运移位。

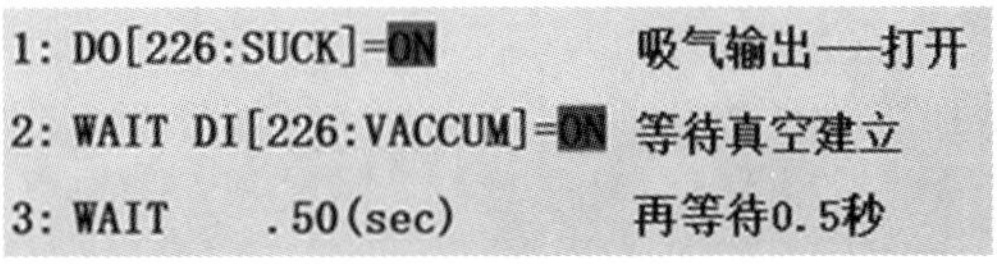

```
1: DO[226:SUCK]=ON          吸气输出——打开
2: WAIT DI[226:VACCUM]=ON   等待真空建立
3: WAIT    .50(sec)         再等待0.5秒
```

图 4-9　吸气程序

2. 吹气程序

定义吹气程序的程序名为 BLOW。

如图 4-10 所示，第一步是关闭吸气输出信号，即 DO[226]=OFF，停止吸气；第二步是吹气输出信号 DO[227] 输出一个 0.5 s 脉冲，即吹气 0.5 s；第三步是等待压力开关信号 DI[226]=OFF，即吸力消失；第四步是再等待 0.5 s，确保工件已经掉落。之后就可以执行工业机器人返回的动作指令。

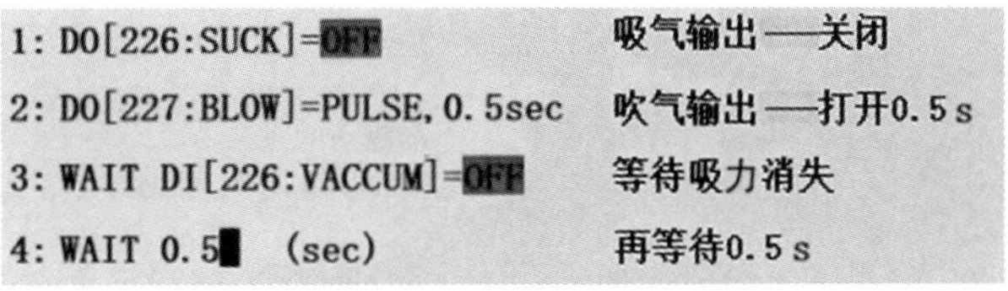

```
1: DO[226:SUCK]=OFF             吸气输出——关闭
2: DO[227:BLOW]=PULSE, 0.5sec   吹气输出——打开0.5 s
3: WAIT DI[226:VACCUM]=OFF      等待吸力消失
4: WAIT 0.5  (sec)              再等待0.5 s
```

图 4-10　吹气程序

三、搬运路径与程序

工业机器人在搬运路径的各点位之间都沿着 Y 轴、Z 轴方向做水平或者垂直运动，也就是相邻两点之间位置数据的差别只是在某一方向上坐标值的增减。因此，不采用示教法，通过点的坐标值计算，也可以方便准确地得到相关点位的位置数据。

1. 位置寄存器

位置寄存器是记录位置信息的寄存器，可以进行加减运算。位置寄存器有 2 种书写形式。

（1）PR[i]

其中：i——位置寄存器编号。

可以应用赋值语句将当前位置信息赋值给 PR[i]，如 PR[3]=LPOS。

（2）PR[i, j]

其中：i——位置寄存器编号；j——数字 1～6 分别代表直角坐标系的 X、Y、Z、

W、P、R 的 6 个坐标值。

位置寄存器的加减运算采用如下形式：

PR[i, j]=PR[i, j]+a

该表达式的含义是，将已经存储在 PR[i] 中的位置信息，在 j 对应的方向上偏移 a。例如，PR[3，2]=PR[3，2]+342，其含义是将存储在 PR[3] 中的位置信息在 Y 轴的正方向上偏移 342 mm。

2. 搬运程序的结构

将工件从 A 点搬运到 a 点的搬运程序及搬运路径中各关键点的位置如图 4-11 所示。

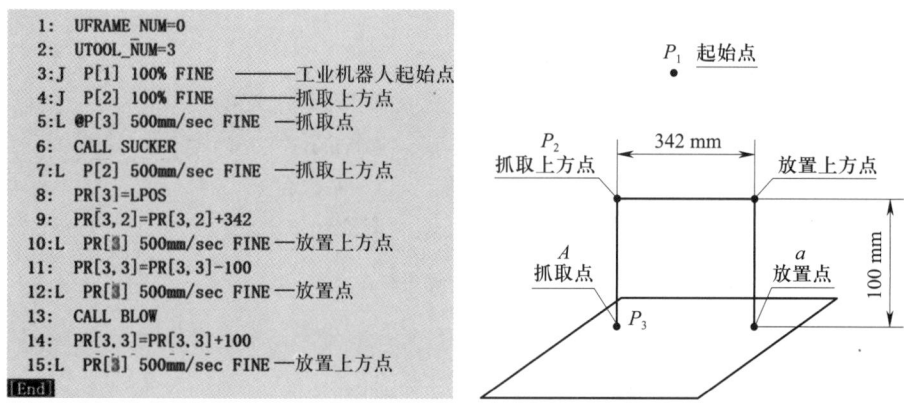

图 4-11 搬运程序的结构

程序中，CALL SUCKER 和 CALL BLOW 是调用前文中已经建立的 SUCKER 和 BLOW 子程序。

程序中，以下 3 处采用了位置寄存器的加减运算功能：

（1）从抓取上方点到放置上方点，Y 方向上加 342 mm。

（2）从放置上方点下移到放置点，Z 方向上减 100 mm。

（3）从放置点回到放置上方点，Z 方向上加 100 mm。

四、码垛编程与操作

在自动生产线中，经常需要将大量产品从流水线上取下并进行多层码放，形成一个整齐排列的产品集合，以便于运输或包装，这样的工作过程称为码垛。适合码垛的产品一般要求外形比较规则，如包装箱、装满整袋的物料（化肥、粮食等）。

在编制工业机器人码垛程序时，采用专门的码垛指令，只需要对码垛中几个关键点进行示教,工业机器人控制系统就可以计算出码垛中所有工件的位置数据,然后从下层到上层按顺序逐个进行码放。如图4-12所示,只需对4个关键点进行示教,其他工件位置由码垛指令计算得出。

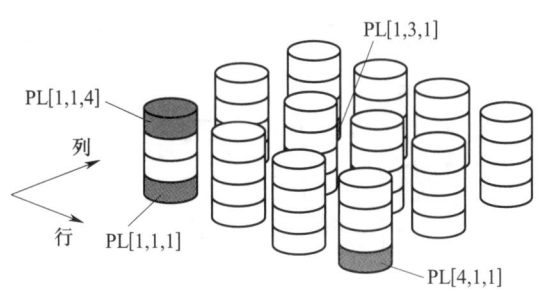

图4-12 码垛关键点

1. 码垛式样

(1)码垛式样B。所有工件的姿势一致,垛堆的底边呈直线,垛堆的底面形状是四边形(长方形或平行四边形),如图4-13所示。

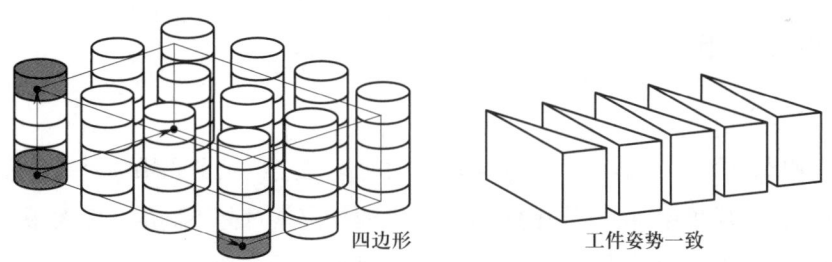

图4-13 码垛式样B

(2)码垛式样E。可以形成更复杂的码垛式样,如希望改变工件姿势,或者垛堆的底面形状不是四边形,如图4-14所示。

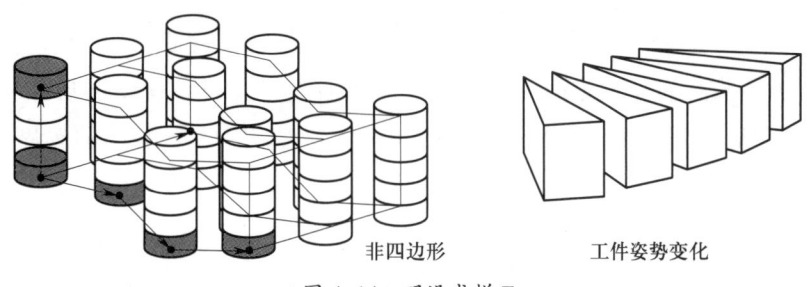

图4-14 码垛式样E

（3）码垛式样 BX 和 EX。可以设定多条码垛路线，对应的码垛式样 B 和 E 则只能设定一条码垛路线。码垛路线是由接近路线和离去路线两部分组合而成，如图 4-15 所示。

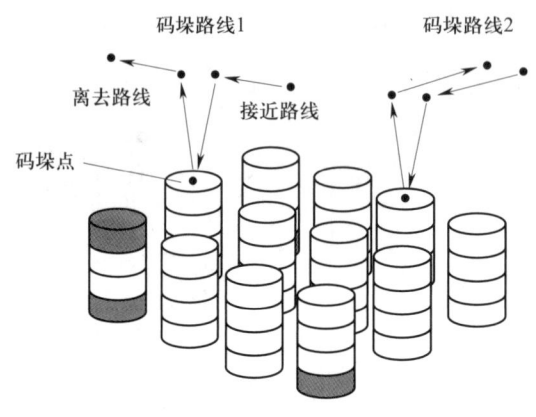

图 4-15　码垛式样 BX 和 EX

设置多条码垛路线的目的是，当生产现场环境比较复杂，或者工业机器人的操作空间不够时，尤其是高度方向空间比较狭小时，不同位置的工件就需要从不同方向接近垛堆，以免与垛堆或者周边设备发生干扰。

2. 码垛指令组

码垛指令组由下面三项指令构成。

（1）码垛指令（见图 4-16）。在码垛示教时，已经记录了码垛关键点位置及典型码垛路线，但是垛堆中每个工件的码放位置及码垛路线都是不同的，需要根据所记录的关键点位置及典型码垛路线重新进行计算，并改写码垛动作指令的位置数据，这个任务是由码垛指令完成的。

$$\underset{\text{B, BX, E, EX}}{\text{PALLETIZING-式样}\_i}\ \underset{\text{码垛堆积号码}}{}$$

图 4-16　码垛指令

1）计算码放位置。根据码垛寄存器当前所计数的工件位置（第几行、第几列、第几层），以及所选定的码垛式样、所记录的关键点位置，计算当前码垛工件位置数据。

2）计算码垛路线。根据码垛寄存器当前所计数的工件位置（第几行、第几列、第几层），以及所选定的码垛式样、所记录的关键点位置、所记录的典型码垛路线，计算当前码垛工件的码垛路线。

（2）码垛动作指令。码垛动作指令是专用指令，它是三条动作指令的集合，这三条动作指令分别以接近点、码垛点、离开点作为位置数据，而这些位置数据在每次码垛循环时由码垛指令计算后进行更新，如图4-17所示。

J PAL_i [A_1] 100% FINE

码垛堆积号码（1~16）

经路点
A_n：接近点 n=1~8
BTM：堆叠点
R_n：逃点 n=1~8

变量	含义
i	码垛指令的编号
A_n	工件上方接近点的位置信息
BTM	吸取或者放开工件时的位置信息
R_n	工件上方逃离点的位置信息，一般与接近点相同

图 4-17　码垛动作指令

（3）码垛结束指令。码垛结束指令完成以下三项任务。

1）结束当前堆上点的流程。

2）按照所设定的计数顺序及计数间隔，自动计算下一个堆上点。

3）根据计算改写码垛寄存器中的值，准备给下一轮循环中的码垛指令计算所用。在码垛程序编写完毕后，会自动生成码垛结束指令。

3. 码垛寄存器

码垛指令是根据码垛寄存器（图4-18）的当前计数状态，知道当前要进行哪一个位置的工件码垛，因此码垛寄存器的计数状态是码垛指令计算位置数据和码垛路线的依据。码垛寄存器的数值在每次码垛循环时，由码垛结束指令进行更新。

P L [i] = [i,j,k]

码垛寄存器号码（1~32）

i行 j列 k层

图 4-18　码垛寄存器

4. 码垛程序结构

码垛程序4～19行之间是码垛循环，每次循环在第10行（吸附码垛结束指令）和第17行（释放码垛结束指令）处，分别对吸附码垛寄存器PL[1]和释放码垛寄存器PL[2]数值进行更新，即所计数的码垛点位递进1。在第18行，当PL[2]=[1，1，1]时，说明一轮码垛循环已经结束，程序跳到LBL[2]结束，如图4-19所示。

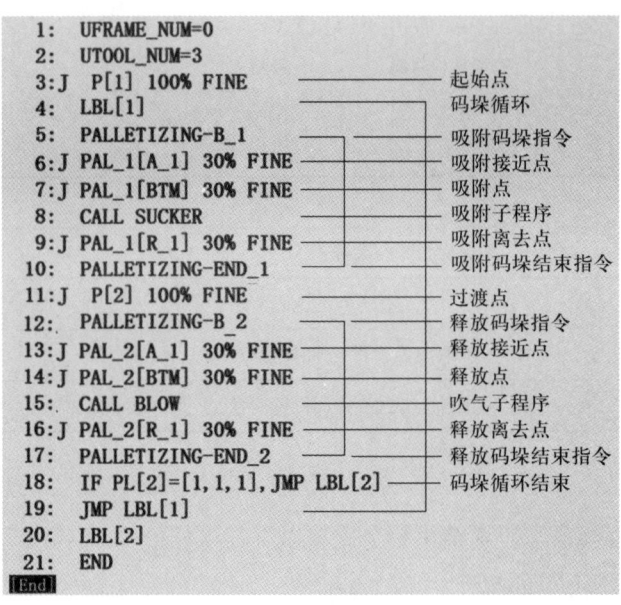

图4-19　码垛程序结构

5. 码垛关键点及示教

如图4-20所示，要完成从2行6列1层拆垛到2行2列3层码垛的搬运过程，需要示教2行6列1层的3个典型位置（关键点）和2行2列3层的4个典型位置（关键点）。

码垛指令的示教步骤（以2行6列1层为例）如下：

（1）在配置界面，添加码垛注释，指定码垛寄存器编号为1，指定行数为2，列数为6，层数为1，如图4-21a所示。

（2）移动工业机器人至P[1，1，1]吸取点，按Shift+F4键记录，如图4-21b所示。

（3）移动工业机器人完成P[2，1，1]和P[1，6，1]点位记录，如图4-21c所示。完成后按F5键进入下一个界面。

（4）移动工业机器人，分别移至接近点P[A_1]、吸取点P[BTM]和逃离点P[R_1]的上方，按F4键记录，如图4-21d所示，完成码垛路线的配置。

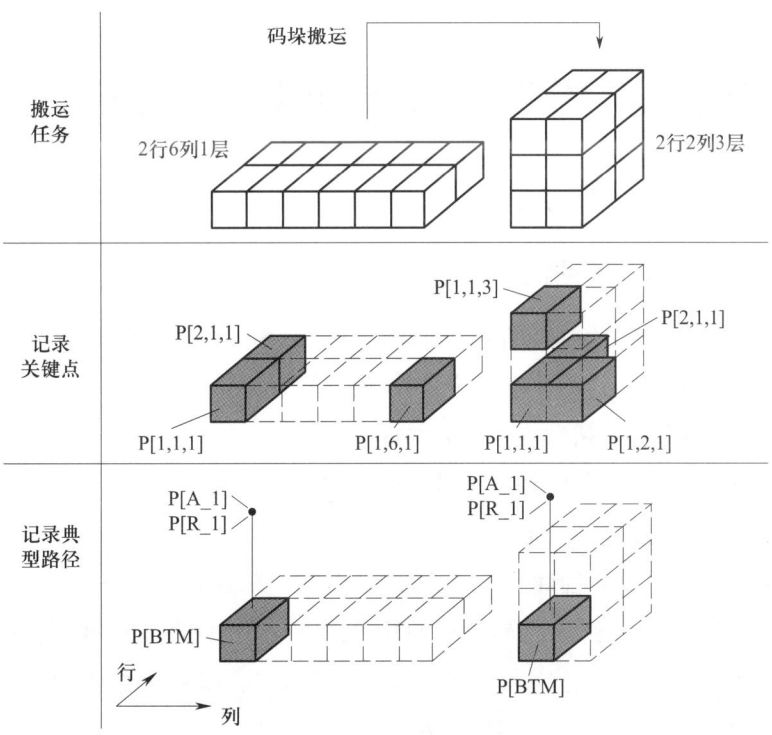

图 4-20 码垛关键点

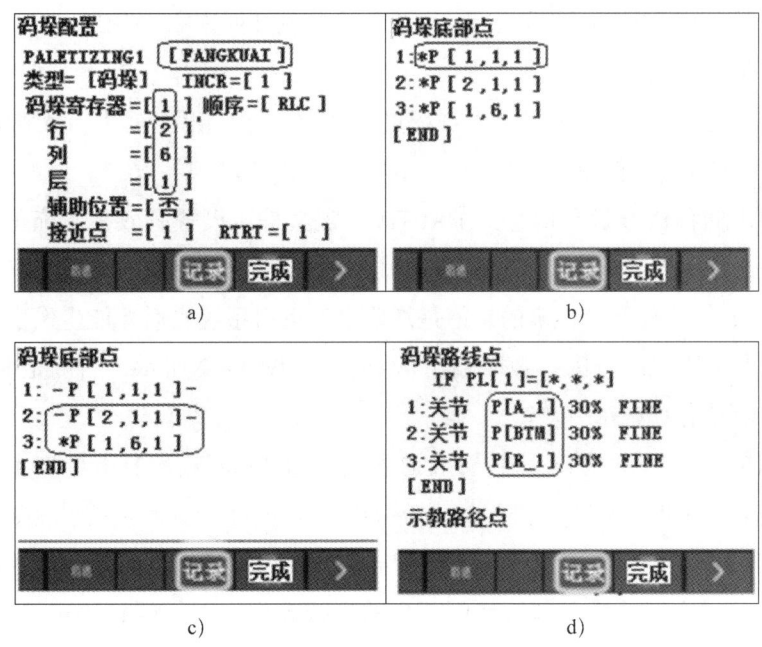

图 4-21 码垛关键点示教
a) 示教步骤 1　b) 示教步骤 2　c) 示教步骤 3　d) 示教步骤 4

第3节 工业机器人系统设置与故障处理

一、输入/输出信号的分配

FANUC 工业机器人的 I/O 信号有通用 I/O 信号和专用 I/O 信号两种类型：通用 I/O 信号包含数字信号 DI/DO、模拟信号 AI/AO 和组信号 GI/GO；专用 I/O 信号包含外围设备信号 UI/UO 及工业机器人信号 RI/RO。

用户需要给 I/O 信号分配物理地址，即设置信号。其中，工业机器人信号 RI/RO 由厂家设置，用户不能进行配置。

FANUC 工业机器人的物理地址由机架号（RACK）和插槽号（SLOT）组成。

机架号（RACK）用来定义 I/O 模块的种类，如 0 代表处理 I/O 印刷电路板，1~16 代表 MODEL A/B 模块，32 代表 I/O 连接设备从机接口，最常用的是 48，代表 R-30iB Mate 控制柜的主板（CRMA15、CRMA16）接口。

有了种类，就需要对每个种类中的个数进行编号，这就是插槽号（SLOT）。它是某个机架号对应 I/O 模块的编号，是与主板的连接或排列顺序，CRMA15、CRMA16 的插槽号（SLOT）永远设置为 1。

在确定了机架和插槽之后，在 I/O 配置画面中，还有信号范围（RANGE）和开始点（START）需要进行配置。

系统给出四种信号状态信息：①ACTIV，含义是该设置有效，系统正在使用中；②UNASG，含义是没有分配，该范围的 I/O 点无法使用，即使调用也不会有任何反应；③PEND，含义是该分配是正确的，但是需要手动重启系统之后才能生效变为 ACTIV；④INVAL，表示错误的分配。数字输出信号 DO 如图 4-22 所示，右侧是监控画面下 ACTIV 有效信号的 ON/OFF 状态。

CRMA15、CRMA16 接口采用 50 针连接器，用户将该连接器与 50 针端子台插接，可以将每个 CRMA 接口的 50 个端子引出到端子台对应的接线孔中，如图 4-23 所示。插接后，端子台 1~50 号接线孔与连接器 1~50 号端子的相同编号一一对应，外部设备的连接导线全部接在端子台的接线孔中，并用螺钉固定，连接十分方便。

第4章 工业机器人技术

图4-22 数字输出信号DO

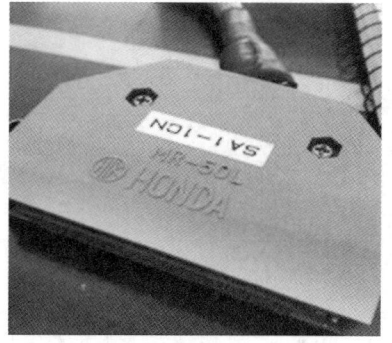

图4-23 50针连接器与端子台

二、CRMA15、CRMA16接口信号的构成及连接

1. CRMA15、CRMA16接口信号的构成（见图4-24）

CRMA15、CRMA16接口中各有50个端子，接口的端子分配模式有"Full"和"Simple"两种，以"Full"模式为例，端子分配如下：

（1）10个数字输入信号DI作为连接各种传感器的输入端，由用户自定义，如对射或反射式光电开关、气缸中反映活塞位置的磁性开关等。

（2）4个数字输出信号DO作为连接各种执行器的输出端，由用户自定义，如气路中的电磁阀、继电器的线圈、指示灯等。

（3）工业机器人提供的内部电源为+24 V和0 V。

（4）输出信号的开关公共端DOSRC接外电源正极，输入信号的负载公共端SDICOM接电源0 V。

（5）18个系统输入信号UI和20个系统输出信号UO。

01	UI[1]*IMSTP			33	UO[1]CMDENBL
02	UI[2]*HOLD	19	SDICOM1	34	UO[2]SYSRDY
03	UI[3]*SFSPD	20	SDICOM2	35	UO[3]PROGRUN
04	UI[4]CSTOPI	21		36	UO[4]PAUSED
05	UI[5]FAULT RESET	22	UI[17]PNSTROBE	37	UO[5]HELD
06	UI[6]START	23	UI[18]PROD_START	38	UO[6]FAULT
07	UI[7]HOME	24	DI(119)	39	UO[7]ATPERCH
08	UI[8]ENBL	25	DI(120)	40	UO[8]TPENBL
09	UI[9]RSR1/PNS1	26		41	
10	UI[10]RSR2/PNS2	27		42	
11	UI[11]RSR3/PNS3	28		43	
12	UI[12]RSR4/PNS4	29	0 V	44	
13	UI[13]RSR5/PNS5	30	0 V	45	
14	UI[14]RSR6/PNS6	31	DOSRC1	46	
15	UI[15]RSR7/PNS7	32	DOSRC1	47	
16	UI[16]RSR8/PNS8			48	
17	0 V		CRMA15	49	+24 V
18	0 V			50	+24 V

01	DI[81]			33	DO[81]
02	DI[82]	19	SDICOM3	34	DO[82]
03	DI[83]	20		35	DO[83]
04	DI[84]	21	UO[20]RESERVE	36	DO[84]
05	DI[85]	22		37	
06	DI[86]	23		38	
07	DI[87]	24		39	
08	DI[88]	25		40	
09		26	UO[17]ACK7/SNO7	41	UO[9]BATALM
10		27	UO[18]ACK8/SNO8	42	UO[10]BUSY
11		28	UO[19]SNACK	43	UO[11]ACK1/SNO1
12		29	0 V	44	UO[12]ACK2/SNO2
13		30	0 V	45	UO[13]ACK3/SNO3
14		31	DOSRC1	46	UO[14]ACK4/SNO4
15		32	DOSRC2	47	UO[15]ACK5/SNO5
16				48	UO[16]ACK6/SNO6
17	0 V		CRMA16	49	+24 V
18	0 V			50	+24 V

图 4-24 CRMA15、CRMA16 接口信号的构成

2. 输入端子与回路的连接

+24 V、0 V 端子是工业机器人提供的内部电源,用于输入回路(包括系统输入信号 UI 和数字输入信号 DI)的供电,该电源与工业机器人外部信号开关和内部负载电阻共同构成输入信号回路,内部负载的公共端 SDICOM 需要通过外部跨接线与工业机器人内部电源 0 V 连接,如图 4-25 所示。

当外部信号较多可能导致工业机器人内部电源供电能力不足时,也可以用外部 24 V 电源为输入信号回路供电,在这种情况下内部负载的公共端 SDICOM 直接与外部电源负极相连。

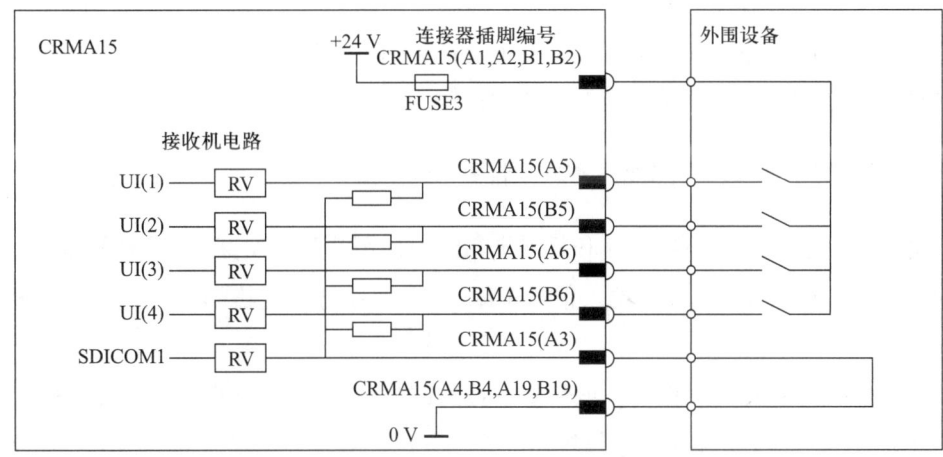

图 4-25 输入回路的连接

3. 输出端子与回路的连接

输出回路（包括系统输出信号 UO 和数字输出信号 DO）由于外部负载较大（如电磁阀、继电器线圈等），因此采用外部电源供电，该电源与工业机器人内部开关三极管和外部负载共同构成输出信号回路，内部开关公共端 DOSRC 与外电源 +24 V 连接，需要通过外部跨接线与工业机器人内部电源 0 V 连接，外电源的 0 V 需要与同一个 CRMA15 或 CRMA16 接口的 0 V 连接，如图 4-26 所示。

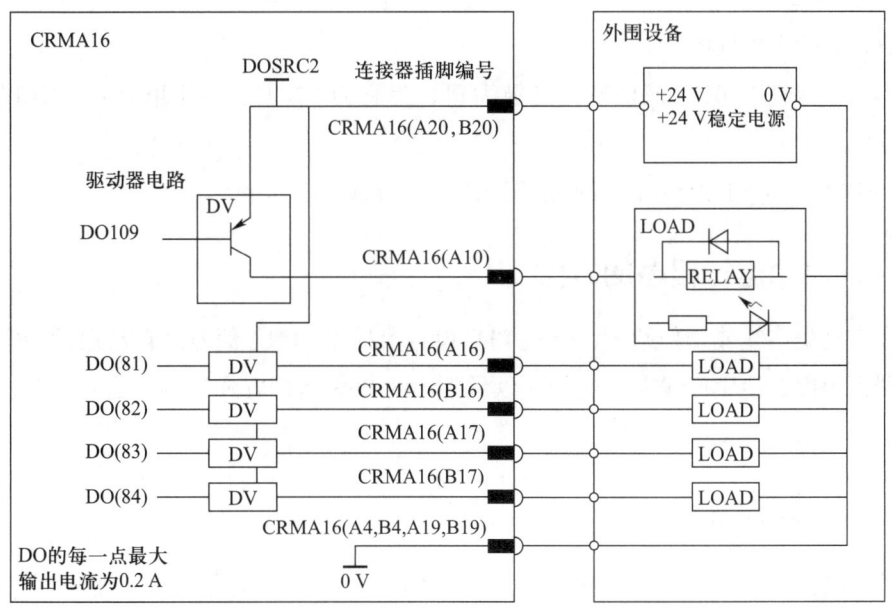

图 4-26 输出回路的连接

外部负载的电流因设备而异,具有不确定性。为了保护工业机器人自身的电源安全,输出端所接外部负载的供电均由外部电源提供,不能使用 CRMA15、CRMA16 接口自身提供的 24 V 电源,这个电源只能用作输入信号的电源。

4. 被定义了特殊含义的输入/输出端子 UI 和 UO

这些端子称为系统输入 UI 和系统输出 UO,用户不能定义。其中最常用的是 CRMA15 接口中的 14 个系统输入信号 UI,这些信号与工业机器人程序自动运行有关。

UI[1]*IMSTP:正常工作时,该信号连接外部常闭的急停按钮,当急停按钮按下时该信号为 OFF,工业机器人紧急停机。

UI[2]*HOLD:正常工作时,该信号连接外部常闭的暂停按钮,当暂停按钮按下时该信号为 OFF,工业机器人减速停机。

UI[3]*SFSPD:信号为 OFF 时工业机器人被限速。

UI[8]ENBL:信号为 OFF 时禁止工业机器人运动。

UI[9]RSR1/PNS1 ~ UI[16]RSR8/PNS8:通过 RSR 或 PNS 指定要自动运行的程序名,其中 RSR 只能指定 8 个程序,PNS 可以指定 255(2 的 8 次方)个程序。

当自动运行方式为 RSR 时,UI[9] ~ UI[16] 信号分别依次调用 RSR1 ~ RSR8 指定的 8 个程序。

当自动运行方式为 PNS 时,由 UI[17] 和 UI[18] 信号调用 UI[9] ~ UI[16] 8 位二进制数所指定的 1 个程序。

UI[17]PNSTROBE:该信号是滤波窗口,当它为 ON 时读取 UI[9] ~ UI[16] 信号,选定程序。

UI[18]PROD_START:该信号的下降沿启动所选定的程序。

三、自动运行程序的方法

在自动生产线或工作站中,通过 PLC 设置上述 14 个 UI 信号来自动启动指定的工业机器人程序,使生产线自动运行。以最常用的 PNS 运行方式为例,信号设置步骤如下:

1. 4 个基础信号

给 UI[1]、UI[2]、UI[3]、UI[8] 信号设置为 ON,使工业机器人处于非急停、非暂停、非限速、允许运行的正常运行状态。

2. 8个指定程序名的信号

设置程序选择信号 UI[9] ~ UI[16] 可以指定要调用的工业机器人程序名。比如，UI[9] ~ UI[16] 被设置为 00000110 八个二进制数，其所代表的十进制数是 6，则 UI[9] ~ UI[16] 信号指定的程序名是 PNS0006。

3. 读取程序名信号 UI[17]

该信号设置为 ON 时，读取 UI[9] ~ UI[16] 信号，使工业机器人获取要执行的程序名。

4. 启动程序信号 UI[18]

该信号设置为 ON，然后设置为 OFF，间隔时间大于 100 ms，通过该信号的下降沿启动所指定的程序。

四、工业机器人常见故障的处理

1. 零点复归

工业机器人通过闭环伺服系统来控制本体各运动轴，控制器输出命令来驱动每个伺服电动机，装在伺服电动机上的反馈装置——串行脉冲编码器（SPC）把信号反馈给控制器。在工业机器人的操作过程中，控制器不断分析反馈信号，修改命令信号，从而在整个工作过程中一直保持正确的位置和速度。

为了实现上述控制过程，控制器必须"知晓"每个轴的位置，以使工业机器人能够准确地按照预定位置移动，这是通过比较工作过程中读取的串行脉冲编码器信号与工业机器人上已知的机械参考点的信号的不同来实现的。零点复归数据记录了已知机械参考点的串行脉冲编码器读数，这些零点复归数据与其他用户数据储存在控制器储存卡中，关电后这些数据由主板电池维持。

当控制器正常关电时，每个串行脉冲编码器的当前数据将保留在脉冲编码器中，由工业机器人的后备电池供电维持。当控制器重新上电时，控制器将请求从脉冲编码器读取数据，当控制器收到脉冲编码器的数据时，伺服电动机才能正确工作，这一过程称为校准。校准在控制器每次开机时自动进行。

如果在控制器关电时断开了脉冲编码器后备电池的电源，零点复归数据将丢失，上电时的校准操作将失败，工业机器人唯一可以做的动作就是在关节坐标系下运动，在这种情况下必须对工业机器人重新进行零点复归操作。

零点复归操作步骤如下：

（1）依次按键操作：MENU—SYSTEM—Master/Cal，进入Master/Cal（零点复归）界面，如图4-27a所示。

（2）示教机器人的每个轴到0°位置（刻线标记对齐的位置）。

（3）选择2 ZERO POSITION MASTER（零度点核对方式），按ENTER键确认。

（4）选择6 CALIBRATE（校准），按ENTER键确认，各轴数据全部归零，如图4-27b所示。

2. 常见故障的消除

如果更换电池不及时或者在控制器关电时断开了脉冲编码器后备电池，会出现"SRVO-062 BZAL"报警，此时需要先解除报警，然后重新进行零点复归操作。

解除"SRVO-062 BZAL"报警的步骤如图4-27a所示，选择F3 RES_PCA（脉冲置零），选择YES关机并重启。数据全部归零界面如图4-27b所示。

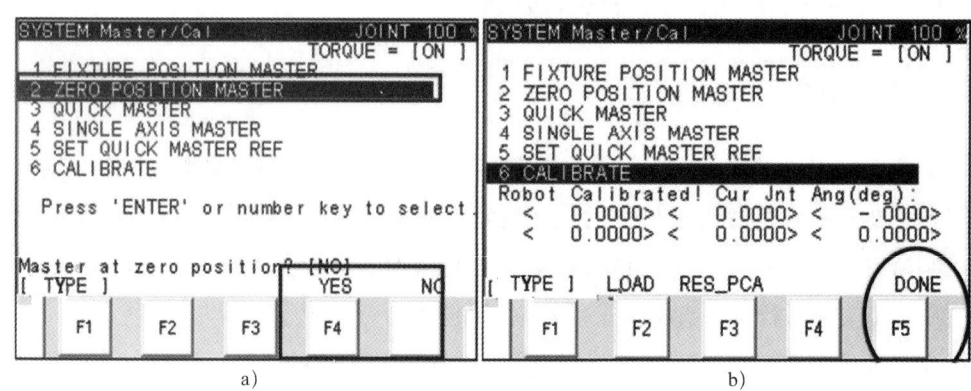

图4-27 零点复归
a）零点复归界面 b）数据全部归零界面

五、末端执行器及气压驱动系统

1. 工业机器人末端执行器的定义

工业机器人末端执行器是安装在工业机器人手臂上，能够拿起一个对象，并且具有夹持、放置对象到一个准确位置的机构。工业机器人末端执行器案例如图4-28所示。

工业机器人末端执行器包括工业机器人抓手、工业机器人工具快换装置、工业机器人碰撞传感器、工业机器人喷涂枪、工业机器人毛刺清理工具、工业机器人弧焊焊枪、工业机器人点焊焊枪等。

为了方便地更换工业机器人末端执行器，可以使用末端执行器的转换器。该转换器固定在工业机器人末端安装法兰上，作为工业机器人与末端执行器之间的机械接口，一般采用法兰盘形式，如图4-29所示。为了能够快速和自动更换末端执行器，转换器采用电磁吸盘或者气动缩紧机构实现它与工业机器人末端执行器之间的快速连接与分离。

图4-28　工业机器人末端执行器案例

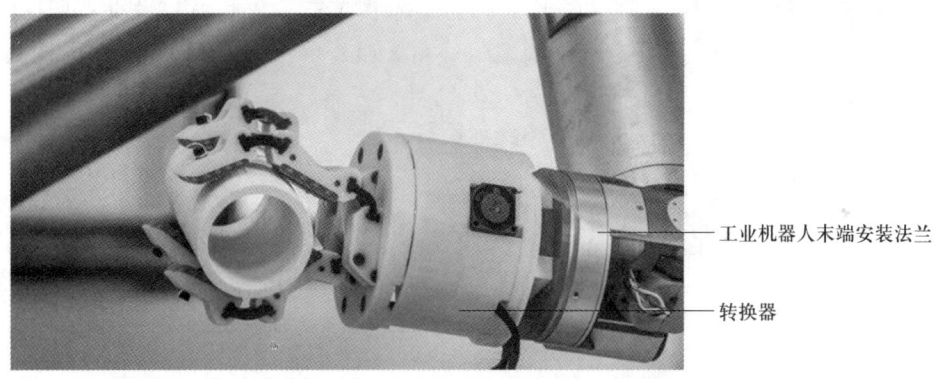

图4-29　工业机器人末端安装法兰和转换器

2. 工业机器人末端执行器的种类

工业机器人末端执行器的种类很多，用于满足工业机器人的不同作业及操作要求。工业机器人末端执行器可分为搬运用末端执行器、加工用末端执行器、测量用末端执行器等。搬运用末端执行器是指各种夹持装置，用来抓取或吸附被搬运的物体。加工用末端执行器是带有喷枪、焊枪、砂轮、铣刀等加工工具的工业机器人附加装置，用来进行相应的加工作业。测量用末端执行器是装有测量头或传感器的附加装置，用来完成测量或检验作业。

3. 末端执行器的气压驱动系统

以典型气压驱动系统为例，如图4-30所示。首先由空压机产生压缩空气，经过减压阀之后分成两路：①一路压缩空气经过单控电磁阀去往真空发生器，由真空发生器产生真空，一路真空去压力表，另一路真空去真空吸盘用于吸附工件；②另一路压缩空气由减压阀出来去往双控电磁阀，从双控电磁阀出来的压缩空气一路去手指气缸的活塞一侧，另一路去手指气缸的活塞另一侧。

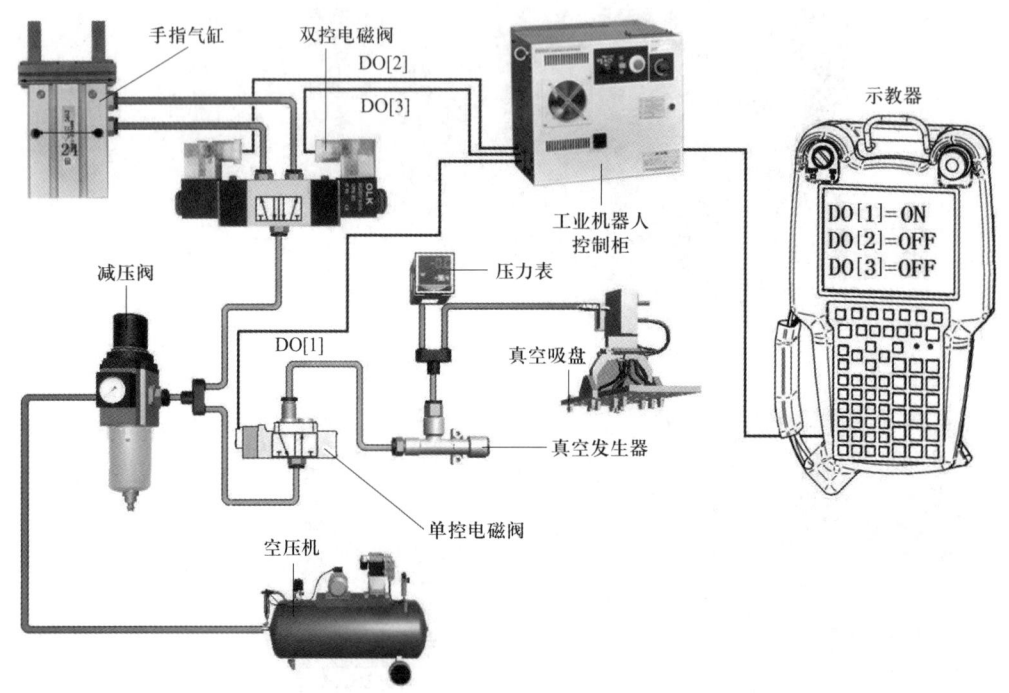

图 4-30　末端执行器气压驱动系统

单控电磁阀为两位三通阀：当线圈得电时压缩空气经过该阀去往真空发生器，由真空发生器产生真空；当线圈失电时真空发生器通过该阀通大气，不产生真空。

双控电磁阀为两位五通阀，两侧线圈必须一侧得电，同时另一侧失电。比如，当左侧线圈得电、右侧线圈失电时，压缩空气通往手指气缸的一侧，手指气缸另一侧通大气，双指张开为抓取工件做准备；反之，当右侧线圈得电、左侧线圈失电时，电磁阀换位，手指气缸两侧进、出气情况相反，气缸内活塞反向运动，双指收拢抓取工件。

单控、双控电磁阀线圈的得电、失电由工业机器人控制系统的 DO 数字输出信号控制，比如：①DO[1]=ON 时，单控电磁阀得电；②DO[2]=ON 时，双控电磁阀左侧得电；③DO[3]=ON 时，双控电磁阀右侧得电。

数字输出信号的状态可用两种方法控制：①当进行编程或调试时，由示教器手动控制输出信号的状态；②当工业机器人程序运行时，通过程序中的指令语句控制输出信号的状态。

第 5 章 数控机床与多轴加工技术

第 1 节 数控机床概论

一、数控机床的组成与工作原理

数控机床是一种装有数控系统的自动化机床，加工零件时先将数字化表示的机加工控制信息通过信息载体输入计算机数控（computer numerical control，CNC）系统，处理后由 CNC 装置发出各种控制信号，驱动机床各执行部件动作，自动地将零件加工出来。数控机床具有柔性高、精度高、生产率高、稳定性高、可靠性高、自动化程度高、适应小批量多品种复杂零件生产等突出优点，是现代机床控制技术的发展方向。

1. 数控机床的组成

数控机床一般由信息载体、计算机数控装置、伺服系统、辅助强电控制装置、检测反馈装置、机床本体等六大部分组成，其组成框图如图 5-1 所示。

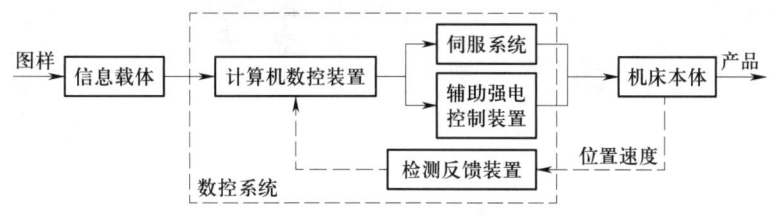

图 5-1　数控机床组成框图

（1）信息载体也称加工程序载体，是数控机床加工零件所需控制信息和数据的存储载体，是数控机床用来存放零件加工程序的媒介。

（2）计算机数控装置是数控机床的核心，也称数控系统。它将用户程序输入的指令电信号译码和寄存，进行数据的运算和处理，实现刀具运动轨迹的插补运算，输出机床动作的控制指令。数控系统是一种位置控制系统，它根据输入数据插补出理想的运动轨迹，输出到机床进给执行部件。

（3）伺服系统分为进给伺服控制和主轴伺服控制两部分，将 CNC 系统发来的指令信息经功率放大后转换成机床执行部件的直线位移或角位移运动。

（4）辅助强电控制装置接收 CNC 系统内置可编程控制器输出的辅助功能控制信号，实现如主轴启停、工件装夹、刀具更换、冷却液开关等辅助强电动作的控制。

（5）检测反馈装置由检测元件和反馈比较装置组成，检测元件将数控机床各坐标轴的实际位移值检测出来并经反馈系统输入到机床的数控装置中，比较后实现机床的闭环控制。

（6）机床本体包括床身、底座、立柱、横梁、滑座、工作台、主轴箱、进给机构、刀架、自动换刀装置等机械部件。

2. 数控机床的工作原理

数控机床工作时，通过人工或计算机将被加工零件的图样尺寸和工艺信息数字化，用规定的代码和程序格式编写零件加工程序，将程序输入到机床的 CNC 系统中，由 CNC 系统将程序代码进行处理运算后输出，向机床各个坐标的伺服机构和辅助控制装置发出信号，驱动机床各部件协调运动，自动地加工出合格零件，如图 5-2 所示。

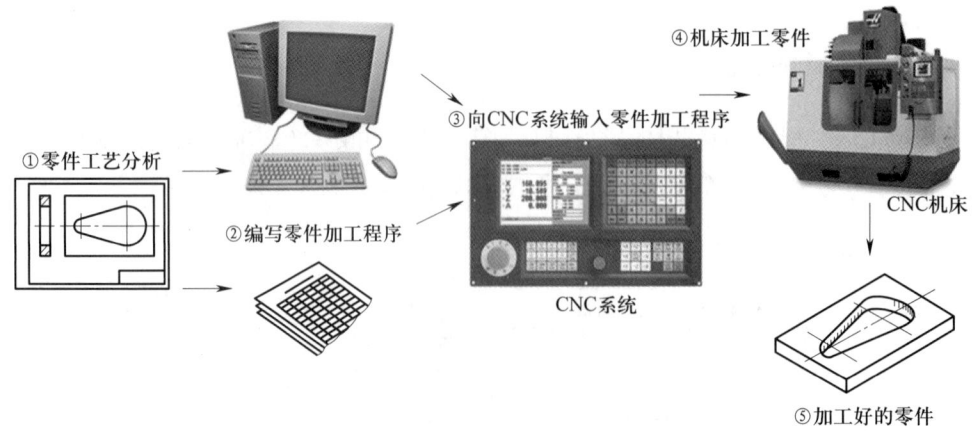

图 5-2　数控机床加工零件的一般过程

二、计算机数控系统

数控系统（numerical control system，NCS）是指利用数字化的代码构成的程序对机床工作过程实现自动控制的系统，由硬件与软件构成。在数控机床中，数控系统一般指数控装置、伺服系统、传感器检测与反馈装置、机床电气控制装置等，是典型的机电一体化系统。由于现代机床的数控装置都采用了计算机控制，因此数控系统也称计算机数控系统（CNC系统），而数控装置也称为计算机数控装置，即CNC装置，具有灵活、通用、可靠，以及功能强大、易于实现柔性制造的特性。

1. CNC系统的组成

CNC系统是以计算机为核心的控制系统，控制对象为机床各坐标轴的位置，控制指令来自数控加工程序。CNC系统输出位置控制信号，传送至伺服单元驱动机床协调运动，而将程序中的M（辅助功能）、S（主轴转速）、T（刀具功能）信号交由PLC处理后传送至机床强电控制系统，驱动机床相应的开关动作。

采用计算机数控装置构成的数控机床系统结构如图5-3所示。现代计算机数控装置一般将PLC做成内置或共用CPU结构。核心部件计算机数控装置结构上主要包括运算器、控制器、存储器等，实际上就是一台专用计算机。

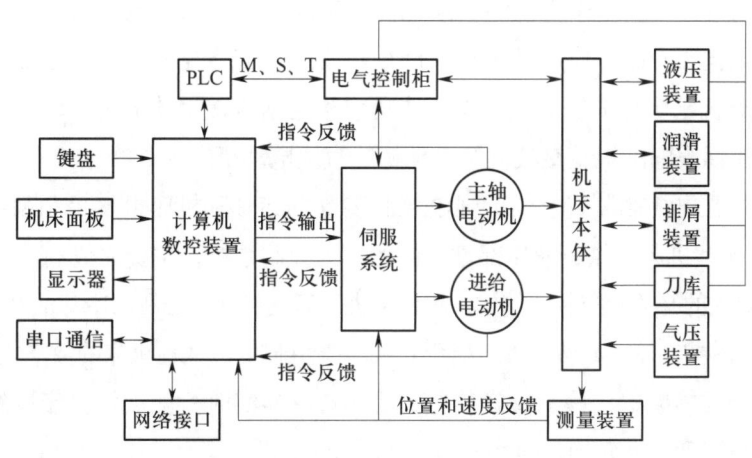

图5-3 采用计算机数控装置构成的数控机床结构

（1）输入/输出装置。机床面板和显示器是数控系统不可缺少的输入/输出装置，是机床数控系统和操作人员进行人机交互的基本设备。通过输入装置将零件加工程序、机床参数、刀具补偿参数等数据输入计算机数控装置。输入装置一般包括MDI（manual data input）键盘、操作面板、操作按钮、通信接口等。输出显示器常用液晶显示器

（liquid crystal display，LCD），主要用于机床工作状态、加工程序、机床故障等信息的输出显示。

（2）计算机数控装置（CNC装置）。CNC装置由计算机硬件和软件组成，是数控系统的核心。它将输入装置送来的数控加工程序由CNC装置系统软件译码寄存、插补运算和速度预处理，产生位置和速度指令及辅助控制功能信息等。单个CPU计算机数控装置结构如图5-4所示，信息载体早期使用穿孔纸带与纸带机，现已淘汰。

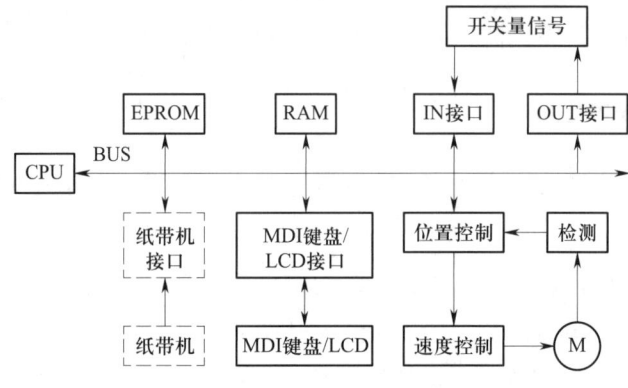

图5-4 单个CPU计算机数控装置结构

（3）伺服系统。伺服系统一般由伺服放大单元、伺服驱动执行元件（如伺服电动机或伺服阀等）、位置与速度检测反馈元件等组成。伺服系统包括数控机床的进给伺服控制和主轴伺服控制，作用是接收来自CNC装置的指令信息，经功率放大、整形处理后，转换成机床执行部件的直线位移或角位移运动。常用的伺服驱动电动机有步进电动机、直流伺服电动机、交流伺服电动机、直线电动机等。

（4）辅助强电控制装置。辅助强电控制装置由PLC和机床电气控制系统组成，是介于CNC装置和机床机械、液压部件之间的辅助控制系统，主要完成M、S、T等没有轨迹上具体要求的开关量控制。例如，工件装夹、刀具更换、润滑与冷却液开关、行程控制、主轴正反转控制等。显然，PLC配合CNC系统共同完成数控机床的数字化自动控制。

（5）检测反馈装置。检测反馈装置主要用传感器实时检测数控机床进给运动部件实际的位置与速度，并转换成电信号反馈给CNC装置和伺服系统，与指令信号进行比较以实现位置和速度的闭环控制。数控机床常用检测装置有光栅、光电编码器、感应同步器、旋转变压器等。

2. CNC系统的工作过程

CNC系统的工作过程实际上就是一台工业控制计算机执行数控软件的全过程。它包括零件程序的输入、译码、刀具补偿、进给速度处理、插补运算、位置控制、I/O 处理、信息显示、故障诊断等工作，如图 5-5 所示。

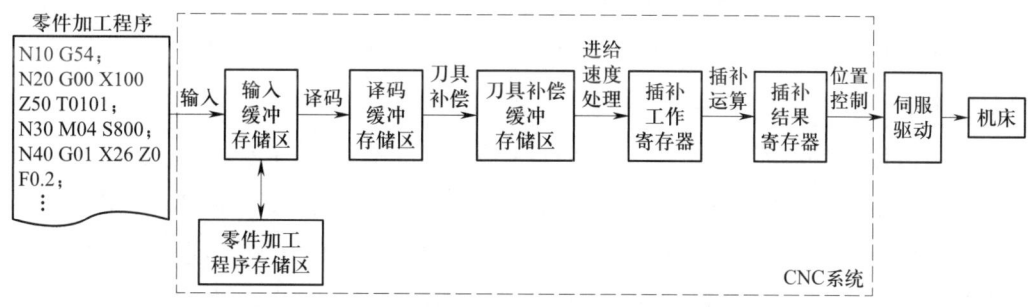

图 5-5 CNC 系统的工作过程

（1）零件加工程序的输入。CNC 装置的输入包括零件加工程序和参数两部分。参数一般通过 MDI 键盘面板输入或修改，如机床参数、CNC 系统参数、刀具补偿参数等。零件加工程序常用 MDI 键盘输入、计算机通信输入等。

（2）译码。译码是将零件加工程序以一个程序段为单位进行处理，把其中的各种零件轮廓信息、加工速度信息和其他辅助信息（M、S、T 代码等）按照一定的语法规则解释成计算机能够识别的数据形式，并以一定的数据格式存放在指定的内存专用区域。在译码过程中，还完成对程序段的语法检查。

（3）刀具补偿。刀具补偿包括长度补偿和半径补偿。通常 CNC 装置的零件加工程序以零件轮廓轨迹来编程，刀具补偿的作用是把零件轮廓轨迹转换成刀具中心轨迹及程序段之间的自动轮廓转接补偿。

（4）进给速度处理。编程给定的刀具移动速度是在各坐标的合成方向上的速度。进给速度处理是根据合成速度来计算各运动坐标方向的分速度以及进行自动加减速处理。

（5）插补运算。插补运算是 CNC 装置的核心任务，要求在一条已知起点和终点的曲线上进行"数据点的密化"工作。插补点在每个插补周期运行一次，在每个插补周期内根据指令进给速度计算出一个微小（足够小）的直线数据段，以保证轨迹的精度。一般的 CNC 装置仅能对直线、圆弧和螺旋进行插补运算。一些较专用或较高档的 CNC 装置还能对椭圆、抛物线、正弦线和一些专用曲线进行插补运算。

（6）位置控制。CNC 装置的工作目标是实现机床坐标轴的位置控制，具体任务是在每个采样周期内，将插补运算的理论位置与实际反馈位置相比较，用其差值去控制进给电动机，实现位置闭环或半闭环控制。位置控制通常还要完成位置回路的增益调整、各坐标方向的螺距误差补偿和反向间隙补偿，以提高机床的定位精度。

（7）I/O 处理。I/O 处理主要是处理 CNC 装置与机床之间的强电开关信号的输入、输出和控制（如换刀、换挡、冷却等），中间需要 PLC 中介完成。

（8）信息显示。CNC 装置的显示主要有零件加工程序显示、参数显示、刀具位置显示、机床状态显示、报警显示等。较先进的 CNC 装置中能显示刀具加工轨迹的静态和动态图形。

（9）故障诊断。现代 CNC 装置都具有联机和脱机诊断的能力。联机诊断通过 CNC 装置中的自诊断程序完成，这种自诊断程序融合在各个部分，在 CNC 装置运行过程中随时检查，一旦发现不正常事件立即报警。脱机诊断通过 CNC 装置运行特定的诊断程序完成，一般 CNC 装置配备各种脱机诊断程序，以检查存储器、外围设备、I/O 接口等，并进行故障的定位和修复。

三、数控机床的分类

1. 按加工工艺分类

数控机床按加工工艺分类，可以分为普通数控机床、数控加工中心、特种加工数控机床三大类。

普通数控机床指加工用途、加工工艺相对单一的数控机床，如数控车床、数控铣床、数控镗床、数控钻床等。

数控加工中心是在一般数控机床上加装刀库和自动换刀装置而构成的数控机床，又称多工序数控机床，习惯上简称为加工中心，由基础数控铣床发展而来，特点是工件经一次装夹后，CNC 装置就能控制机床自动地更换刀具，连续地对工件各加工面自动完成铣、车、镗、钻、铰、攻丝等多工序加工。加工中心通常有立式加工中心、卧式加工中心、龙门加工中心和复合加工中心。其中，车铣复合机床是复合加工中心的主要机型，能实现平面铣削、钻孔攻丝、铣槽等铣削加工工序，具有车削、铣削、镗削等复合功能，实现工件一次装夹、完成全部加工的强大先进制造理念，在航空航天、军事、科研、精密器械及高精医疗设备制造等行业得到广泛应用。

特种加工数控机床是指能完成某些特种工艺加工的数控机床。

现代典型数控机床外观结构如图 5-6 所示。

2. 按进给运动轨迹分类

数控机床按照能够控制的刀具与工件间相对运动的轨迹，可分为点位控制数控机床、连续控制数控机床两大类。

第 5 章 数控机床与多轴加工技术

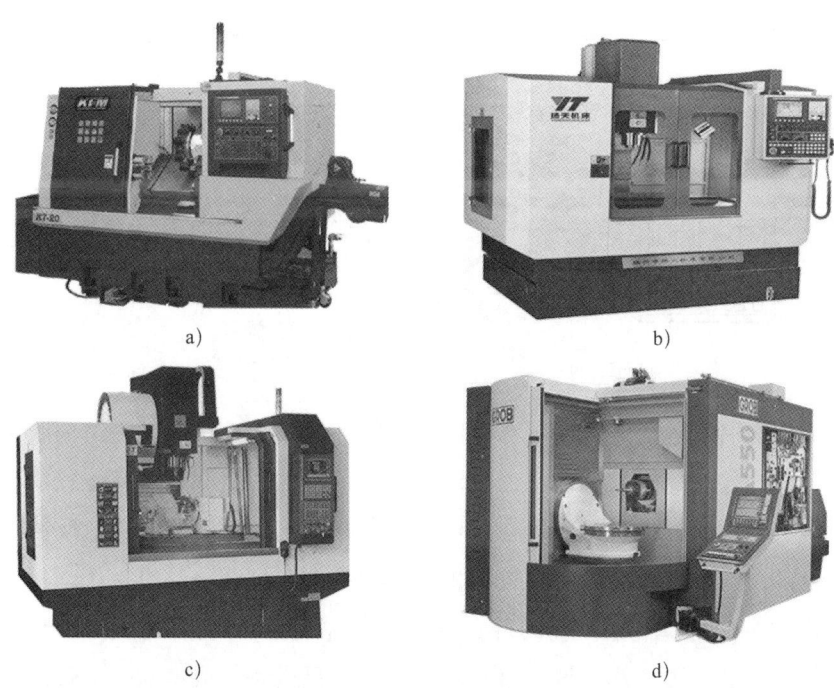

图 5-6 现代典型数控机床外观

a) 卧式数控车床 b) 立式数控铣床 c) 多轴联动加工中心 d) 车铣复合加工中心

（1）点位控制数控机床。这类机床的数控装置只能控制机床移动部件从一个位置（点）精确地移动到另一个位置（点），仅控制行程终点的坐标值，在移动过程中不进行任何切削加工。这类机床主要有数控钻床、数控镗床、数控冲床等，其相应的数控装置称为点位控制装置。

（2）连续控制数控机床（也称轮廓控制机床）。这类机床的控制装置能够同时对两个或两个以上的坐标轴进行连续控制。加工时不仅要控制起点和终点，还要控制整个加工过程中每点的速度和位置，使机床加工出符合图样要求的复杂形状零件。这类机床主要有数控车床、数控铣床、数控磨床、数控线切割机床、加工中心等，其辅助功能齐全。相应的数控装置称为轮廓控制装置或连续控制装置。

3. 按进给伺服控制方式分类

数控机床按进给伺服控制方式可分为以下三类。

（1）开环控制数控机床。如图 5-7 所示为开环控制数控机床的进给伺服系统。这种控制系统的数控机床进给运动采用步进电动机驱动，无位置检测元件。输入的数据经过数控系统运算，输出进给指令脉冲控制步进电动机工作。这种控制方式的特点是对执行机构的位置和速度不进行检测，无反馈控制信号，因此称为开环控制系统。开环控制系统的设备成本低、调试方便、操作简单，但控制精度低、工作速度受步进电动机限制，一般适用于中小型的经济型数控机床。

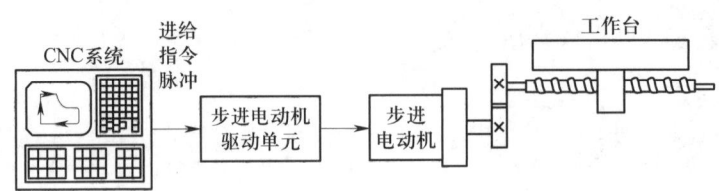

图 5-7　开环控制数控机床的进给伺服系统

（2）闭环控制数控机床。如图 5-8 所示为闭环控制数控机床的进给伺服系统。这种控制系统的数控机床进给运动采用直流或交流伺服电动机驱动，有位置检测元件和位置比较电路，检测元件直接安装在工作台上，检测工作台实际位移值反馈给数控装置，与指令的位移值相比较，用比较产生的误差值控制伺服电动机工作，直至误差值消除，因此称为闭环控制系统。闭环控制系统的控制精度高，但要求机床的刚性好，对机床的加工、装配要求高，调试过程较复杂，而且设备的成本高，一般适用于高精度的数控机床。

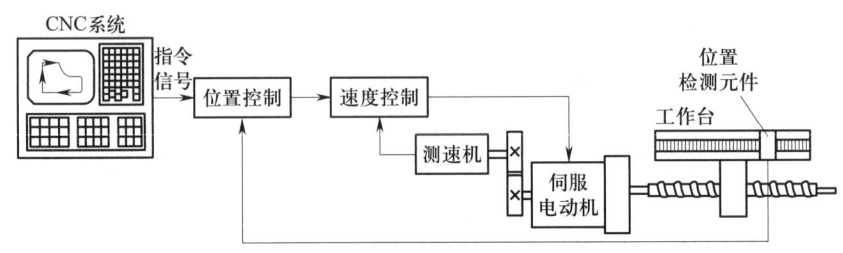

图 5-8　闭环控制数控机床的进给伺服系统

（3）半闭环控制数控机床。如图 5-9 所示为半闭环控制数控机床的进给伺服系统。这种控制系统的数控机床进给运动采用直流或交流伺服电动机驱动。位置检测元

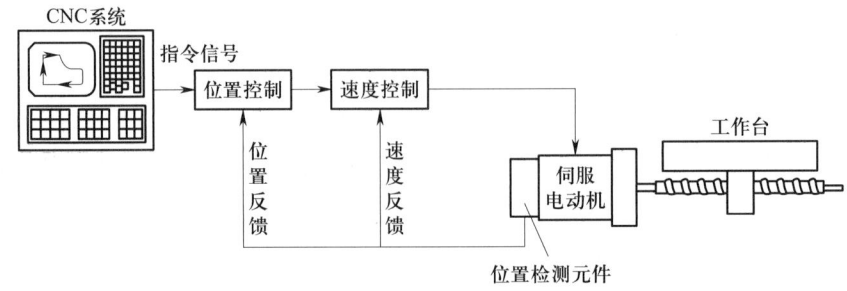

图 5-9　半闭环控制数控机床的进给伺服系统

件与丝杠轴或电动机同轴安装,不直接测量工作台的位置,而测量伺服电动机或丝杠的转角,经过推算得出工作台实际位移值,再与指令中的位移值相比较,同样用比较的误差值控制伺服电动机工作。这种系统用推算方法间接测量工作台位移,不能补偿数控机床传动链误差,因此称为半闭环控制系统。半闭环控制数控机床的移动部件不含在控制闭环内,因此稳定性好,控制精度介于开环控制数控机床与闭环控制数控机床之间,性价比高,适用于大多数机床用户。

4. 按可联动轴数分类

数控机床可联动轴数是指同时参加工件、刀具间相对运动和协调完成切削的坐标轴数,常见的有二轴、二轴半、三轴、四轴、五轴联动等。

(1)二轴联动(见图 5-10a)。主要用于数控车床加工旋转曲面或数控铣床加工曲线柱面。

(2)二轴半联动(见图 5-10b)。主要用于三轴以上机床的控制,其中两根轴可以联动,而另一根轴可以做周期性进给。

(3)三轴联动(见图 5-10c)。一般可分两类。一类是 X、Y、Z 三个直线坐标轴联动,主要用于数控铣床、加工中心等。另一类是不仅同时控制 X、Y、Z 中的两个直线坐标轴,还同时控制其中某一直线坐标轴的回转坐标轴,对应坐标轴为 A 轴、B 轴、C 轴,如车削加工中心 X、Z、C 三轴联动。

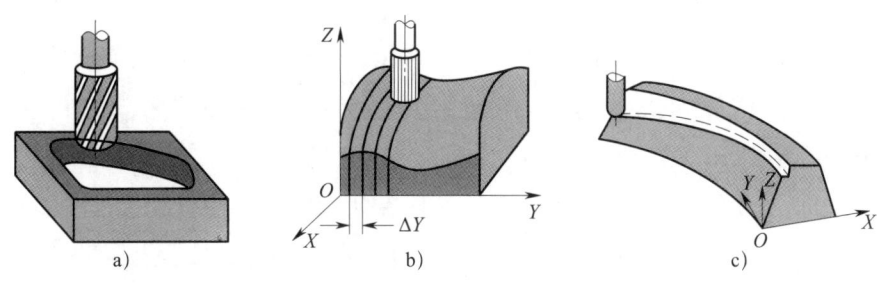

图 5-10 联动控制加工
a)二轴联动 b)二轴半联动 c)三轴联动

(4)四轴联动。同时控制 X、Y、Z 三个直线坐标轴与某一旋转坐标轴。如图 5-11a 所示为同时控制 X、Y、Z 三个直线坐标轴与一个工作台回转 B 轴联动。

(5)五轴联动。数控系统除能同时控制 X、Y、Z 三个直线坐标轴联动外,还同时控制围绕这些直线坐标轴旋转的 A、B、C 坐标轴中的两个坐标轴。这时机床主轴刀具可以被定在空间的任意方向,加工能力强大,一般用于加工中心机床,其结构示意如图 5-11b 所示。

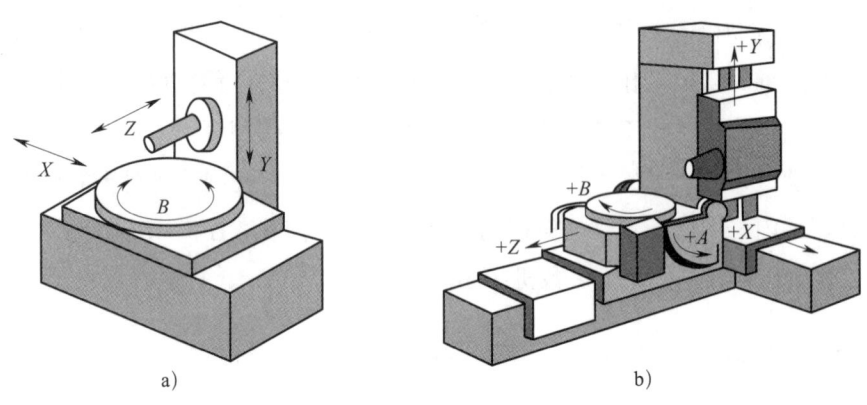

图 5-11 多轴联动控制加工
a）四轴联动 b）五轴联动

四、数控机床的发展

1. 国内外高档数控机床发展现状

美国、德国、日本三国是目前在数控机床科研、设计、制造和应用上技术先进、经验丰富的国家。

美国政府重视机床工业，美国国防部等部门不断提出机床的发展方向、科研任务并供给充分的经费、网罗世界人才。哈斯自动化公司是全球最大的数控机床制造商之一，在北美洲的市场占有率大约为40%，所有机床完全在美国加州工厂生产，拥有近百个型号的 CNC 立式和卧式加工中心、CNC 车床、转台和分度器。哈斯自动化公司致力于打造精确度更高、重复性更好、经久耐用，而且价格合理的机床产品。

德国的数控机床在传统设计制造技术和先进工艺基础上，不断采用先进电子信息技术，在加强科研的基础上自行创新开发。德国数控机床主机配套件，如机、电、液、气、光、刀具、测量、数控系统等各种功能部件在质量、性能上居世界前列。代表大型龙门加工中心最高水平的是德国瓦德里希科堡公司（Waldrich Coburg）的产品。

日本政府通过制定法规及提供充足研发经费，鼓励科研机构和企业大力发展数控机床。日本在机床部件配套方面学习德国，在数控技术和数控系统的开发研究方面学习美国，改进和发展了两国的成果并取得很大成效。日本机床也因为日本精密制造而闻名世界。

国内的机床产品与国外的机床产品在结构上的差别并不大，采用的新技术也相差无几，但在先进技术应用和制造工艺水平上与世界先进国家还有一定差距。新产品开发能力和制造周期还满足不了国内用户需要，零部件制造精度和整机精度保持性、可靠性还需提高，尤其是在与大型机床配套的数控系统、功能部件，如刀库、机械手、两坐标动力铣头和主轴等，还需要境外厂家配套才能满足市场需求。国内大型机床制造企业的制造能力很强，但大而不精，其主要原因还是加工设备落后，数控化率低，尤其是缺乏高端水平的加工设备。

2. 国内外数控系统发展现状

经过持久研发和创新，德国、美国、日本等国已基本掌握了数控系统的领先技术。目前，在数控技术研究应用领域主要有两大阵营，一个是以发那科（FANUC）、西门子（Siemens）为代表的专业数控系统厂商，另一个是以山崎马扎克（MAZAK）、德玛吉（DMG）为代表自主开发数控系统的大型机床制造商。虽然国产高端数控系统与国外相比在功能、性能和可靠性方面仍存在一定差距，但近年来华中数控、航天数控、北京机电院、北京精雕等单位在多轴联动控制、复合化、网络化、智能化、开放性等方面也取得了一定成绩。

3. 国内外高档数控机床发展趋势

目前，数控机床及系统的发展日新月异，作为智能制造领域的重要装备，除了实现数控机床的智能化、网络化、柔性化外，高速化、高精度化、复合化、开放化、并联驱动化、绿色化等也已成为高档数控机床未来重点发展的技术方向。

第 2 节　数控机床伺服系统

一、概述

数控机床伺服系统是指以机床移动部件的位置和速度作为控制量的自动控制系统，又称位置随动系统。伺服系统接收来自 CNC 插补器生成的进给脉冲信号，变换和放大后驱动伺服电动机，再经传动机构带动执行部件运动，并要求保持动作的快速性和准确性。数控机床伺服系统按其用途和功能分为进给伺服系统和主轴伺服系统。进给伺服驱动系统按控制原理和有无位置检测反馈环节分为开环伺服系统和闭环伺服系统，按驱动执行元件类型分为步进电动机伺服系统、直流电动机伺服系统和交流电动机伺服系统。

1. 进给伺服系统和主轴伺服系统

进给伺服系统是以运动部件的位置和速度作为控制量的自动控制系统,用于数控机床工作台或刀架坐标的控制,控制机床各坐标轴的切削进给运动,并提供切削过程所需的转矩。主轴伺服系统控制机床主轴的旋转运动,为机床主轴提供驱动功率和所需的切削力。一般对于进给伺服系统,主要关心其转矩大小、调节范围大小和调节精度高低,以及动态响应速度快慢。对于主轴伺服系统,主要关心其是否具有足够的功率、恒功率调节范围及速度调节范围。

2. 开环伺服系统和闭环伺服系统

数控机床进给伺服系统按控制原理和有无位置检测反馈环节分为两种基本的控制结构,即开环控制结构和闭环控制结构。开环伺服系统的特点是没有位置检测反馈装置,即不检测工作台的实际位移,信号流单向。闭环伺服系统根据位置检测装置在机床上安装位置的不同,进一步分为半闭环伺服系统与全闭环伺服系统。现代数控机床的伺服系统多采用闭环或半闭环伺服系统。

3. 直流伺服系统与交流伺服系统

直流伺服系统以直流伺服电动机作为执行元件。直流伺服电动机具有良好的调速性能,输出转矩大,过载能力强,构成闭环后易于调整。直流伺服系统采用脉宽调制驱动装置,比较适应数控机床对频繁启动、制动,以及快速定位、切削的要求。但直流电动机需要电刷和换向器,不能向大容量、高电压、高速度方向发展,使其应用受到限制。20 世纪 80 年代,交流电动机调速技术取得了突破性进展,交流伺服系统迅速进入电气传动调速控制的各个领域。交流伺服系统的最大优点是交流电动机容易维修、制造简单,易于向大容量、高速度方向发展,适合在较恶劣的环境中使用。从减少伺服系统外形尺寸和提高可靠性角度来看,交流驱动比直流驱动更合理。

二、位置检测装置

1. 光栅

高精度数控机床使用光栅作为工作台位移的光电检测元件。光栅作为检测装置将 CNC 机床的机械位移量转换为数字脉冲反馈给 CNC 装置,实现进给系统的闭环控制。光栅传感器为动态检测元件,根据光线在光栅中的运动路径分为透射光栅和反射光栅。从形状看,光栅又分为长光栅和圆光栅。长光栅用来测量直线位移,圆光栅用来测量角度位移。一般光栅传感器都做成增量式的,但也可以做成绝对值式的。

直线光栅的普通外形及其在数控机床进给导轨上的安装如图5-12所示。

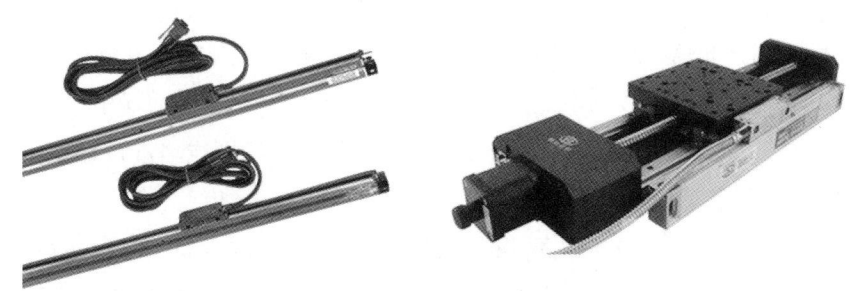

图5-12 直线光栅的普通外形及其在数控机床进给导轨上的安装

(1)光栅检测装置的结构。光栅由光源、聚光镜、标尺光栅、指示光栅、光敏元件等构成。反射光栅的标尺光栅安装在机床固定部件上,长度相当于工作台的全行程,而指示光栅比较短,安装在机床的移动部件上。透射光栅正好相反,标尺光栅固定在机床运动部件(如工作台)上,指示光栅安装在机床固定部件上。标尺光栅和指示光栅两者相互平行,它们之间保持0.05~0.1 mm的间隙,通过相对移动来检测运动部件的位移量。两者的光栅刻线错开一定的角度以得到莫尔条纹。透射光栅如图5-13所示。

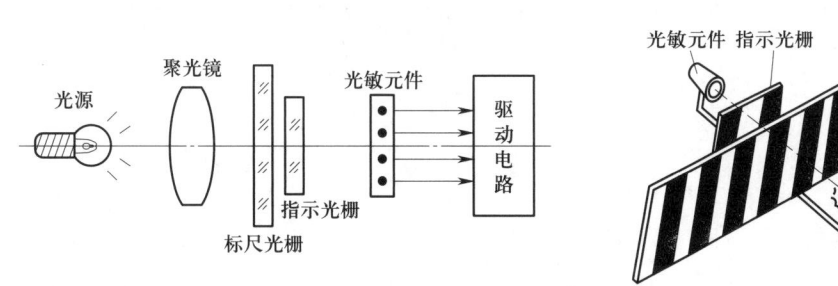

图5-13 透射光栅

1)光栅尺。一般标尺光栅和指示光栅统称光栅尺,其在真空镀膜的玻璃片或长条形金属镜面上光刻出均匀密集的线纹。对于长光栅,这些线纹相互平行,线纹之间的距离称为栅距。对于圆光栅,这些线纹是圆心角相等的向心条纹,两条向心条纹之间的夹角称为栅距角。栅距和栅距角是光栅的重要参数。

2)光栅读数头。光栅读数头又称光电转换器,它把莫尔条纹变成电信号。透射式光栅读数头包含光源、透光镜、指示光栅、光敏元件、驱动线路等元件。标尺光栅穿过光栅读数头,并且要保证与指示光栅有准确的相互位置关系。

（2）透射光栅工作原理。透射光栅通过光栅尺的相对移动产生光线明暗变化，光敏元件将这种明暗变化转变为电流信号的变化，标尺光栅移动，指示光栅固定在读数头上。当指示光栅的线纹与标尺光栅的线纹完全重合时，光通量最大，光敏元件发出的电流信号也最大。当指示光栅的线纹与标尺光栅的线纹间隔重合时，光通量等于零，光敏元件接收到的光信号最小，输出的电流信号也最小。光敏元件接收到的光通量忽大忽小，产生了近似正弦波的电流，由电子线路转变为数字信号而显示位移量。为了判别移动方向，指示光栅的线纹错开 1/4 栅距，从而通过鉴别线路进行移动方向判别。透射光栅由于脉冲信号不强，一般用于线纹较粗的场合。

（3）莫尔条纹原理。栅距相同的标尺光栅和指示光栅刻线面相对重叠在一起，中间留有适当的小间隙，并且两者刻线错开一定的角度 θ，两块光栅的刻线就会相交。在光线的照射下，由于光的干涉效应就会产生和栅线接近于垂直的明暗相间的条纹，这些条纹就是莫尔条纹，如图 5-14 所示。

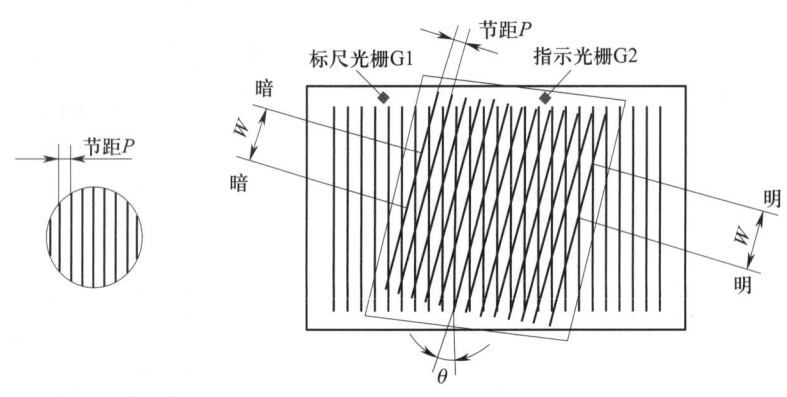

图 5-14　莫尔条纹

设光栅尺的线纹栅距（简称节距）为 P，莫尔条纹中相邻两条亮纹或两条暗纹之间的距离（莫尔条纹宽度）W 是相等的，则可得到莫尔条纹宽度 W 的理论公式：

$$W=P/\sin\theta$$

由于 θ 角很小，可知 $\sin\theta \approx \theta$，于是有：

$$W=P/\theta$$

若 $P=0.01$ mm、$\theta=0.01$ rad，则可得到莫尔条纹的宽度 $W=1$ mm，即光线的莫尔干涉现象把光栅转换成了放大 100 倍的莫尔条纹，提高了检测精度。

2. 光电脉冲编码器

（1）光电脉冲编码器是一种旋转式脉冲发生器，它把机械角转变成电脉冲，可作为位移和速度的检测装置。在数控机床上光电脉冲编码器检测属于间接测量,光电脉冲编码器通常与驱动电动机同轴安装,作为伺服电动机的一个部件,当它随电动机同步旋转时,就能连续地发出脉冲信号,每转发出的脉冲数由其分辨率决定,经反馈处理,通过 CNC 系统统计脉冲的个数和频率就能知道电动机的相对角位移和转速,从而间接获得机床运动部件的位移和速度。如图 5-15 所示为光电脉冲编码器。

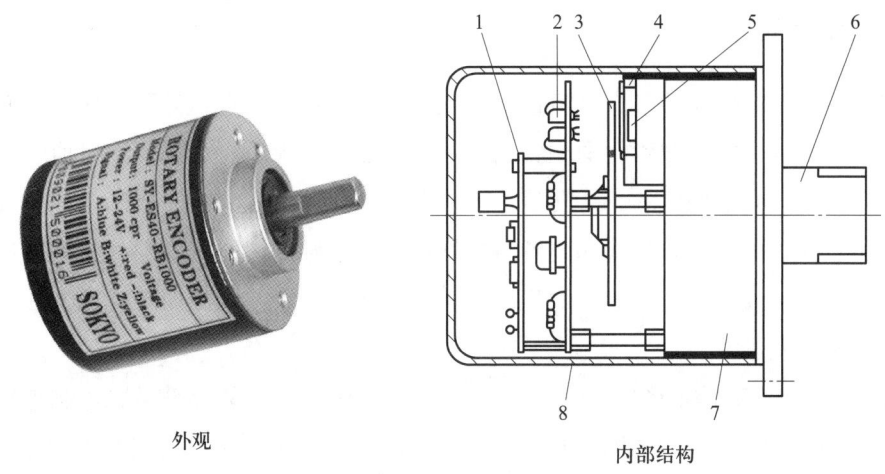

图 5-15 光电脉冲编码器
1—印制电路板 2—光源 3—圆光栅 4—指示光栅 5—光敏元件 6—轴 7—底座 8—护罩

（2）增量式光电脉冲编码器的工作原理。增量式光电脉冲编码器也称光电码盘,结构如图 5-16 所示。增量式光电脉冲编码器主要由光源、透镜、圆光栅、光栏板、光敏元件、信号处理装置等组成。

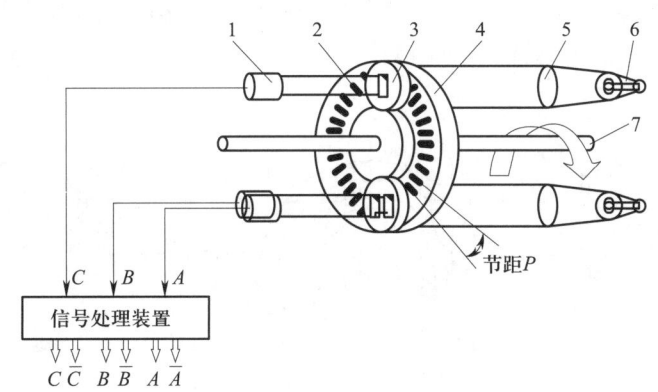

图 5-16 增量式光电脉冲编码器结构
1—光敏元件 2—透光狭缝 3—光栏板（指示光栅） 4—光电盘（圆光栅）
5—透镜 6—光源 7—转轴

增量式光电脉冲编码器在光电盘的圆周上等分制成透光狭缝,实际上已成为圆光栅线纹。圆光栅与工作轴一起旋转。与圆光栅相对的,平行放置两个光栏板,相当于指示光栅,一个上面有一条透光狭缝,用来产生脉冲信号,另一个上面有两条透光狭缝,节距和圆光栅一致,但彼此错开 1/4 节距,在同一圆周上,称为辨向狭缝。在光栏板后面对应安装光敏元件进行光电转换。

3. 绝对值编码器

(1)绝对值编码器的特点。增量式光电脉冲编码器的缺点是易受外界干扰而产生计数错误,另外在机床故障时的位置信息不能在故障排除后再找到。绝对值编码器能克服这些缺点,它在码盘的每一转角位置都刻有表示该位置的唯一代码。绝对值编码器是一种直接编码、测量的检测装置。与增量式光电脉冲编码器不同,它是通过读取绝对值编码盘、编码尺(码盘)的代码信号指示绝对位置。电源切除后,位置信息不丢失,也没有积累差。

(2)绝对值编码器的结构及工作原理。绝对值编码器一般都采用二进制编码,检测信息通过读取编码盘上的同心圆环(码道)图案组合来获得。如图 5-17a 所示为接触式绝对值编码器结构。码盘的图案由若干同心圆环(码道)组成,码道图案组合表示数值。码道的数量与二进制的倍数相同,靠近圆心的码道代表高位数码,外侧为低位数码,最外圈是最低位。每个码道上有一个电刷与之接触,电刷最里面有一个公共区,与各码道导电部分相连,与绝缘部分分开,接电源的正极。当被测对象带动码盘一起转动时,与电刷串联的电阻上将有电流流过或者没有电流,实际上就表示了二进制的 1 和 0。若码盘顺时针转动,就依次得到按自然码规律编码的数字信号输出,在某个位置停下来就得到该区的二进制编码。

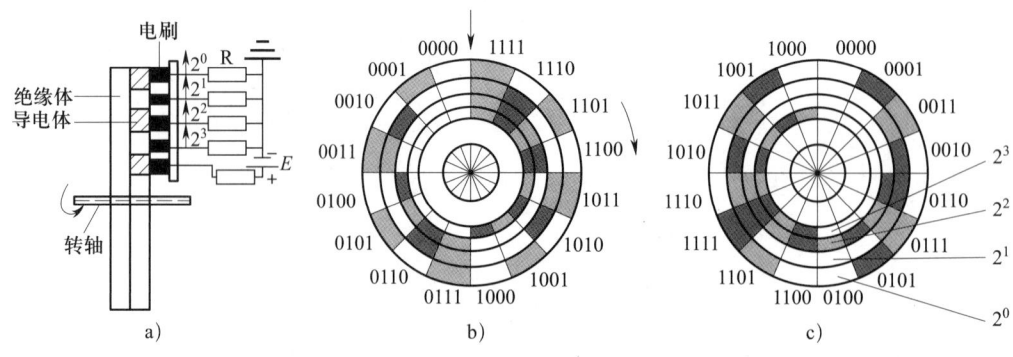

图 5-17 接触式绝对值编码器
a)结构 b)二进制码盘 c)格雷码码盘

在图 5-17b 和图 5-17c 中，码盘白色部分表示 0，涂黑部分表示 1。自然二进制码盘的缺点是图案转移点不明确，在使用中易产生误差。格雷码的码盘特点是相邻两个十进制数之间只有一位二进制码不同，因此图案切换只用一位二进制数变化，将误读控制在一个二进制位的单位之内，提高了可靠性。

三、步进电动机伺服系统

步进电动机伺服系统是典型的开环控制系统，执行元件为步进电动机，没有检测反馈装置。开环伺服系统一般结构如图 5-18 所示。由于驱动系统结构简单经济，在微型数控设备和经济型数控机床上得到广泛应用。

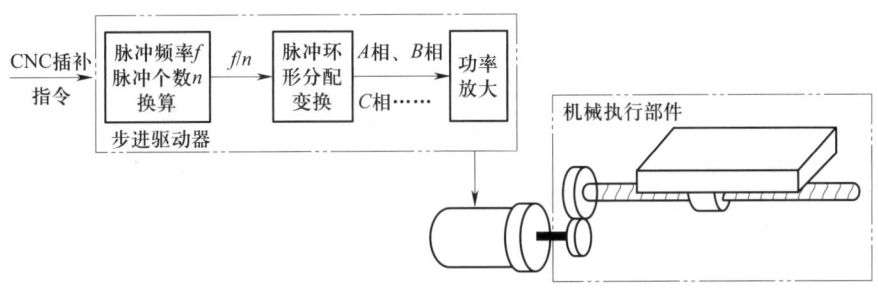

图 5-18 开环伺服系统一般结构

1. 步进电动机的结构

步进电动机是一种将数字脉冲控制信号转换成相应角位移的伺服执行元件。给步进电动机输入一个脉冲信号，步进电动机就回转一个固定的角度，这称为一步。步进电动机的一般结构如图 5-19 所示。

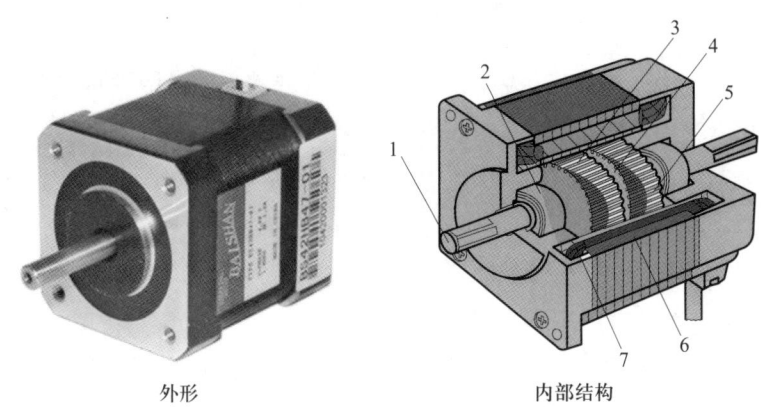

外形　　　　　　　　内部结构

图 5-19 步进电动机的一般结构

1—转轴　2—滚珠轴承　3、4—转子铁芯　5—永久磁钢　6—定子铁芯　7—定子绕组

2. 步进电动机的工作原理

步进电动机是按电磁感应的原理工作的。下面以定子六极、转子40齿的三相反应式步进电动机为例，介绍工作原理。

在图5-20a中，当开关KA合上时，A相励磁绕组通电，AA'磁极产生N-S磁场，吸引转子对齐。从图5-20b所示的转子齿周向展开图中可知，转子齿与A相齿对齐。此时，若KA断开、KB合上，则A相断电、B相通电，在电磁吸引力产生的转矩作用下，转子顺时针方向旋转3°，使转子齿与B相齿对齐，电磁转矩为零，转子处于新的受力平衡位置；若KB断开、KC合上，则B相断电、C相通电，此时转子又顺时针方向旋转3°，使转子齿与C相齿对齐。

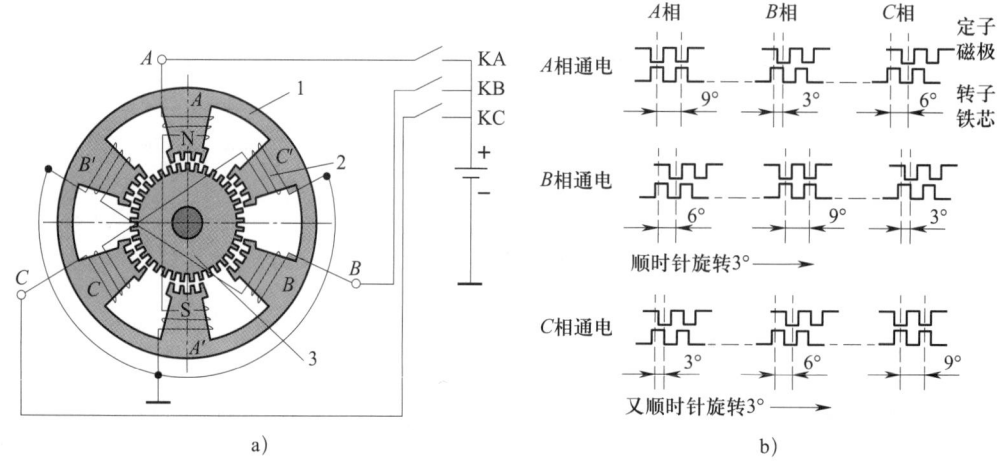

图 5-20 三相反应式步进电动机工作原理
a）定子绕组原理图　b）转子齿周向展开图
1—定子铁芯　2—定子绕组　3—转子铁芯

如此，定子绕组通电状态每改变一次，转子就向确定的方向旋转一个固定的角度。循环不断地按$A \to B \to C \to A \to \cdots\cdots$的顺序改变定子绕组通电状态，转子就顺时针连续旋转起来。若按$A \to C \to B \to A \to \cdots\cdots$的顺序改变定子绕组通电状态，转子就逆时针旋转。上述两种通电方式称为三相单三拍方式。由于每次只有一相绕组通电，在切换瞬间失去自锁，转矩容易失步。通常情况下，步进电动机绕组的通断电状态每改变一次，其转子转过的角度称为步距角。

因此，图5-20所示步进电动机称为三相单三拍工作，步距角为3°。三相单三拍运行时，转子容易在平衡位置附近产生振荡，因此实际不采用，而采用三相双三拍工作方式，即通电顺序按$AB \to BC \to CA \to AB \to \cdots\cdots$（顺时针）或

$AC \rightarrow CB \rightarrow BA \rightarrow AC \rightarrow \cdots$（逆时针），步距角不变，依然为 3°。三相双三拍运行时，每次切换总有一相保持通电状态，因此工作稳定。另外，还可以按三相六拍的通电方式运行，即顺时针通电顺序为 $A \rightarrow AB \rightarrow B \rightarrow BC \rightarrow C \rightarrow CA \rightarrow A \rightarrow \cdots$，逆时针通电顺序为 $A \rightarrow AC \rightarrow C \rightarrow CB \rightarrow B \rightarrow BA \rightarrow A \rightarrow \cdots$，则步距角变为 1.5°，但每次切换也有一相保持通电，而步距角缩小一半，且工作稳定。

四、直流电动机伺服系统

1. 永磁直流伺服电动机

直流伺服电动机是机床伺服系统中使用较广泛的一种执行元件，始于 20 世纪 70 年代。直流伺服电动机的励磁方式分为永磁式和电磁式。在数控机床进给伺服系统中，主要使用永磁直流伺服电动机，又称为大惯量宽调速直流伺服电动机或直流力矩电动机，其采用提高转矩的方法来改善动态性能。永磁直流伺服电动机采用永久磁铁励磁，电枢控制调速，结构如图 5-21 所示，由定子、转子、换向器、电刷、低纹波测速机等组成。定子采用高性能永磁材料以产生强磁场。转子又称电枢，由铁芯和电枢绕组组成，转子铁芯槽数多，槽截面积较大，磁极对数多。电刷与换向器用于电枢绕组与外电路连接。

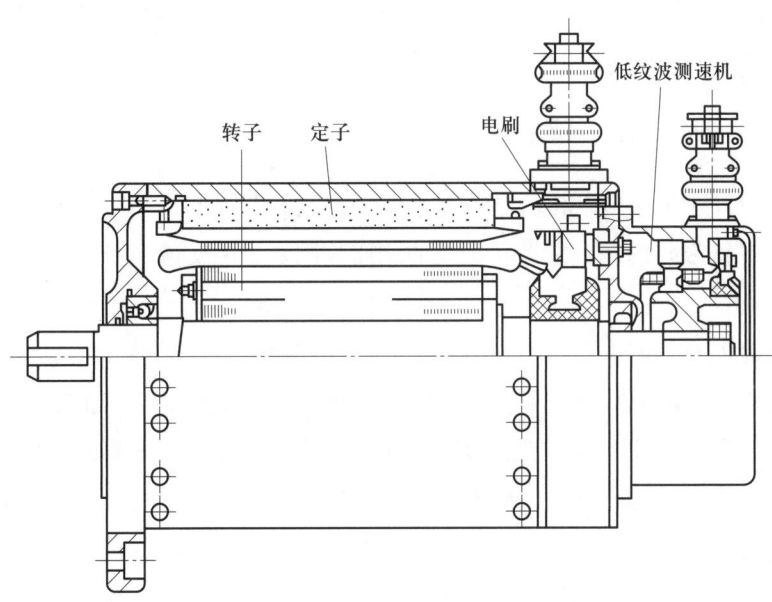

图 5-21 永磁直流伺服电动机的结构

永磁直流伺服电动机具有调速范围宽、体积小、转矩大、转矩与电流成正比、伺服性能好、反应迅速、功率体积比大、功率质量比大、稳定性好等优点，能在较大过载转矩下长时间工作。其转子惯量较大,可以直接连接进给丝杠。缺点是结构上需要电刷,容易产生火花并易磨损,限制了其转速的提高,一般额定转速为1 000～1 500 r/min。直流伺服电动机可内置测速机,位置检测一般采用旋转变压器或脉冲编码器。

2. 直流伺服电动机的脉宽调速原理

直流伺服电动机转速调整主要通过调整电枢电压实现。目前常用晶体管脉宽调速,简称PWM（pulse width modulation）直流调速,具有响应快、效率高、调速范围宽、噪声小、简单可靠等优点。PWM直流调速的基本工作原理是利用大功率晶体管的开关作用,将直流电压转换成某一频率的方波电压,加到直流电动机的电枢上,通过对方波脉冲宽度的控制,改变直流电动机电枢上的平均电压,达到调速的目的。

五、交流电动机伺服系统

交流伺服电动机主要有两大类,一类是感应异步交流伺服电动机,另一类是永磁交流同步伺服电动机。其中,永磁交流同步伺服电动机因为其优良的伺服性能,目前已成为CNC机床进给伺服系统的主流。三相感应异步电动机由于其结构坚固、制造容易、价格低廉、过载能力强,采用复杂的矢量控制系统,常用于CNC机床主轴驱动。

1. 永磁交流同步伺服电动机的结构

永磁交流同步伺服电动机的转速与电源频率之间存在严格的对应关系。使用变频调速时可以获得很好的机械特性和较大的调速范围。永磁交流同步伺服电动机的结构如图5-22所示。

永磁交流同步伺服电动机主要由定子、转子和检测元件三部分组成。定子铁芯由硅钢片叠压而成,内圆周开定子槽,用于嵌装定子三相绕组,通三相交流电流时产生旋转磁场。转子由多块永久磁铁和硅钢片铁芯冲片组成,转子永久磁铁采用高性能钕铁硼合金,为多极结构。转子结构也不同于交流感应异步电动机的感应转子。检测元件一般为脉冲编码器、旋转变压器、测速发电机组合,用来检测转子的角位移和角速度。永磁交流同步伺服电动机外形多呈正多边形,且无外壳,以利于散热。这种电动机的特点是气隙磁密性高、结构简单、运行可靠、效率高,缺点是体积较大、启动特性欠佳,常用于中等功率数控机床进给伺服系统。

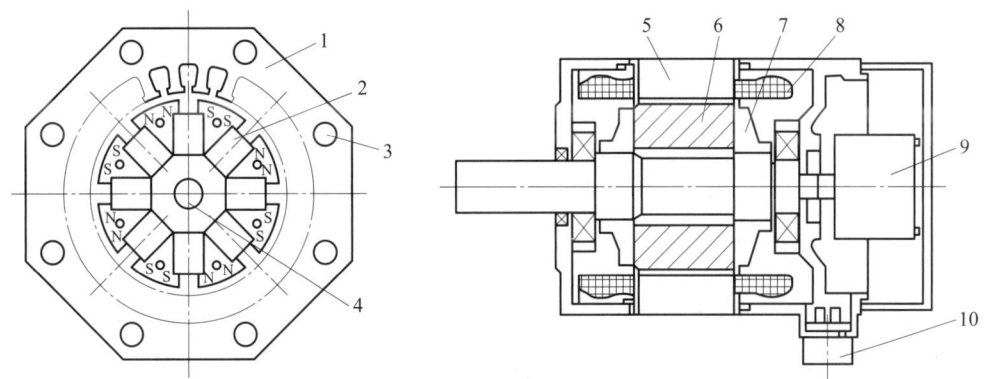

图 5-22 永磁交流同步伺服电动机的结构
1、5—定子　2、6—转子永久磁铁　3—轴向通风口　4—转轴　7—压板　8—定子三相绕组
9—脉冲编码器　10—接线端口

2. 永磁交流同步伺服电动机的工作原理

永磁交流同步伺服电动机的工作原理与交流同步电动机的工作原理相同，当定子三相绕组通对称三相交流电后，在定子铁芯中产生一个旋转磁场。该旋转磁场以同步转速旋转，与转子磁场相互吸引，并带动转子磁铁的磁场同步旋转。转子转速与定子旋转磁场的转速相同。当电动机转子轴上加负载转矩后，将使定子磁场 N-S 轴线与转子磁场 S-N 轴线偏差一个 θ 角度；负载转矩增加，θ 角也增大，但只要不超过一定上限，转子仍然随着定子旋转磁场一起旋转。

六、主轴伺服系统

1. 数控机床主轴伺服系统组成

CNC 机床主轴伺服系统一般由主轴伺服驱动器、交流主轴伺服电动机、主传动机构、交流主轴检测反馈装置等组成。主轴伺服驱动器接收来自 CNC 系统的主轴速度和位置信号驱动交流主轴伺服电动机，交流主轴伺服系统一般使用主轴变频器或专用伺服放大器。如图 5-23 所示为 CNC 机床典型主轴伺服驱动系统组成框图。

（1）主轴伺服驱动器（又称主轴伺服放大器、主轴驱动装置）。主轴伺服驱动器根据 CNC 系统轮廓插补指令中的主轴速度指令，可以输出两种信号。一是输出速度模拟量（0~±10）V 的电压信号，作为主轴通用变频器的速度给定信号，经 U/f 转换与功率放大后控制三相鼠笼式交流异步电动机的伺服驱动，电动机速度由外置编码器检测

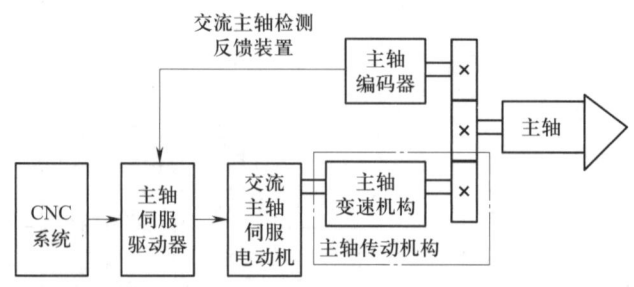

图 5-23 CNC 机床典型主轴伺服驱动系统组成框图

并反馈至 CNC 系统,构成主轴位移和速度的闭环伺服控制,故而把主轴称为模拟主轴。二是由串行异步通信总线输出数字量控制信号,传输给主轴专用矢量变频器,即主轴伺服放大器,驱动由制造商专门设计制造的高性能交流主轴伺服电动机,其速度与位置仍由编码器检测反馈,并通过数字通信总线反馈传输至 CNC 系统,构成主轴位置与速度的闭环伺服控制,这种用数字串行通信总线传输控制信号的主轴,称为数字串行主轴。

(2) 交流主轴伺服电动机。数控机床根据主轴伺服放大器形式,采用两种形式的交流主轴伺服电动机,一种是三相鼠笼式交流异步电动机,另一种是高性能交流主轴伺服电动机。它们都属于交流感应异步电动机,有类似的结构,即定子安装有三相绕组,转子是鼠笼式的,区别是高性能交流主轴伺服电动机采用矢量变频的数字串行控制,定子外壳直接就是多边形硅钢片压制的铁芯,定子上增加了通风孔,有利于散热。

(3) 交流主轴检测反馈装置。通常用光电编码器或旋转变压器来检测主轴速度与位置。根据电动机的驱动方式不同,交流主轴检测反馈装置分为两种安装形式。采用模拟主轴时,检测反馈装置一般单独装于外部,用齿轮或同步带 1∶1 传动比连接于主轴。采用数字串行主轴时,检测反馈装置与伺服电动机同轴内装于主轴电动机尾部。主轴编码器可以是增量式或绝对式编码器。

2. 数控机床典型交流主轴驱动系统

(1) 模拟主轴。如图 5-24 所示为西门子 SINUMERIK 808D 数控系统模拟主轴驱动系统的信号连接。

(2) 数字串行主轴。如图 5-25 所示为 FANUC-0iD 数控系统的数字串行主轴驱动连接。系统通过串行异步通信总线接口 JA41,将 CNC 的主轴速度指令信号通过该总线传输至数字串行主轴驱动放大器,进行功率放大后再驱动三相交流异步主轴电动机。电动机内置光电编码器,将位置或速度信号由串行异步总线传回 CNC 系统的接口 JA41。

第5章 数控机床与多轴加工技术

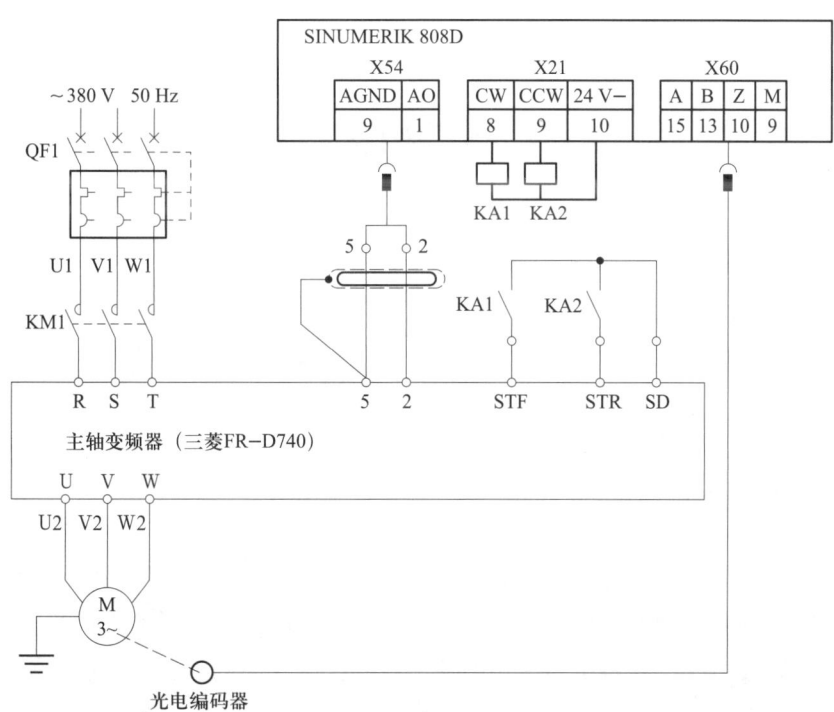

图 5-24 SINUMERIK 808D 数控系统模拟主轴驱动系统的信号连接

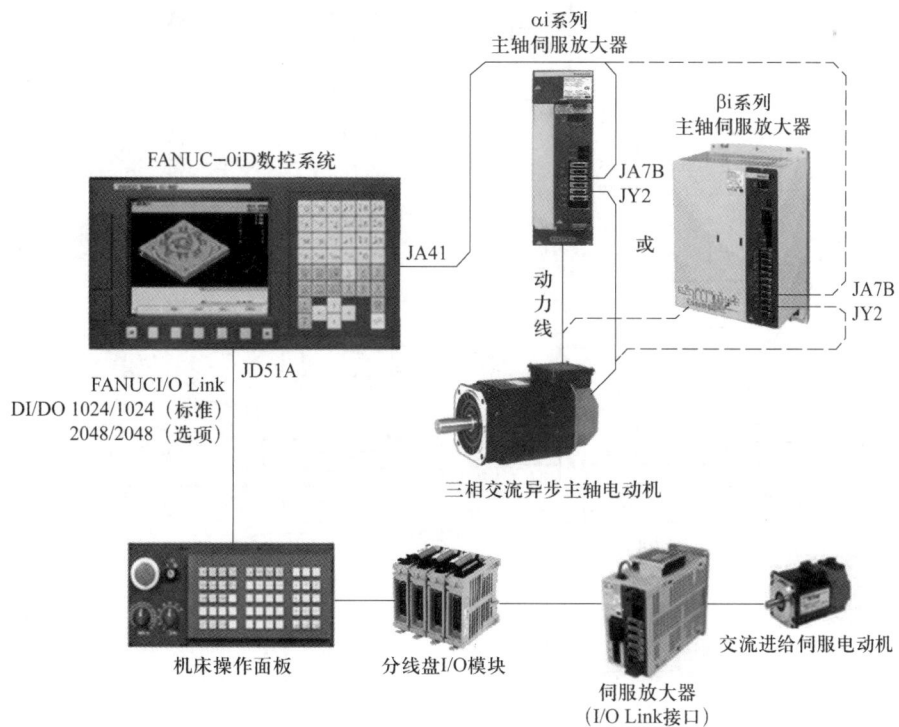

图 5-25 FANUC-0iD 数控系统的数字串行主轴驱动连接

第3节 数控机床机械结构

一、主传动系统

数控机床的主传动系统是用来实现机床主运动的传动系统,主要包括主轴电动机、主传动部件、主轴及其部件。

1. 数控机床的主传动变速系统

(1)带有齿轮变速的主传动。如图5-26a所示,主轴电动机经过二级齿轮变速,使主轴获得低速和高速两种转速系列。带有齿轮变速的主传动是大中型数控机床采用较多的一种配置方式。这种分段无级变速,可确保低速时的大转矩,满足机床对功率转矩特性的要求。

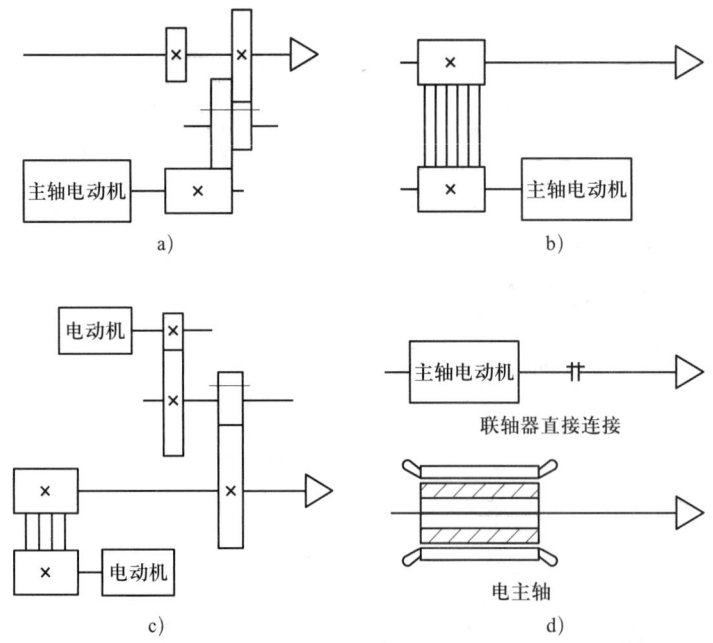

图5-26 主传动变速系统的四种基本形式
a)带有齿轮变速的主传动 b)通过带传动的主传动
c)由两个电动机分时驱动的主传动 d)由主轴电动机直接驱动的主传动

（2）通过带传动的主传动。通过带传动的主传动如图 5-26b 所示，主要应用于转速较高、变速范围不大的机床。电动机本身的调速就能够满足要求，不用齿轮变速，可以避免齿轮传动引起的振动与噪声，适用于高速、低转矩特性要求的主轴。

（3）由两个电动机分时驱动的主传动。如图 5-26c 所示，这是齿轮分段和带传动驱动方式的组合传动，兼具两种方式的优点。高速时由高速电动机通过带传动直接驱动主轴，低速时由另外一台电动机通过齿轮分段驱动主轴，具有降速和扩大变速范围的功能。

（4）由主轴电动机直接驱动的主传动。如图 5-26d 所示，电动机轴通过联轴器直接驱动主轴旋转，主轴转速变化通过电动机无级调速来实现。这种主传动方式大大简化了主轴箱体与主轴的结构，紧凑、占用空间少、主轴刚度高。但输出扭矩小，电动机发热对主轴的精度影响较大。当取消联轴器直接使用电动机轴作为机床主轴驱动时，称为电主轴驱动，它将机床主轴与主轴电动机融为一体。目前，电主轴已成为高速加工中心主轴的首选。

2. 数控机床的主轴支承

数控机床主轴部件既要保证精加工时的高精度，又要保证粗加工时的高效切削能力，因此主轴对旋转精度、刚度、抗震性、热变形等方面都有很高的要求。数控机床主轴轴承配置是加工精度的基本保证，通常主轴支承有以下三种形式，如图 5-27 所示。

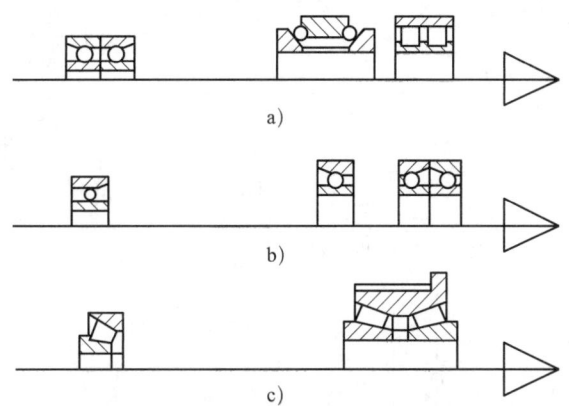

图 5-27 数控机床的主轴支承配置
a）前后支承采用不同轴承 b）高精度向心推力角接触球轴承
c）双列和单列圆锥滚子轴承

（1）前后支承采用不同轴承。如图 5-27a 所示，前支承采用双列短圆柱滚子轴承和 60°角接触双列向心推力球轴承组合，后支承采用成对向心推力球轴承。此配置形式使主轴的综合刚度大幅度提高，回转精度高，能满足强力切屑的要求，普遍应用于各类数控机床主轴支撑。

（2）高精度向心推力角接触球轴承。如图 5-27b 所示，前后轴承采用高精度多列向心推力角接触球轴承。向心推力角接触球轴承高速性能良好，可支承主轴最高转速达 10 000 r/min，但承载能力小，因而适用于高速、轻载和精密的数控车床主轴。

（3）双列和单列圆锥滚子轴承。如图 5-27c 所示，这种轴承径向和轴向刚度高，能承受重载荷，尤其能承受较强的动载荷，安装与调整性能也好，但轴承限制了主轴的最高转速和精度，因此适用于中等精度、低速重载的数控机床主轴支承。

3. 数控机床的主轴准停装置

主轴定位功能是指每当主轴停止时都能停于圆周上固定的位置，即准停于特定角度的功能，用于主轴定位和换刀。加工中心主轴的定位控制通常采用机械式准停装置、磁性传感器准停装置、编码器准停装置三种。

（1）机械式准停装置。机械式准停装置常见结构如图 5-28 所示。采用机械控制的主轴准停装置定位比较可靠、精确，但结构复杂。主轴准停装置设在主轴尾端，当主轴需要停车换刀时，数控系统发出准停指令，主轴电控系统自动调整主轴至准停转速，然后定位液压缸 4 接通压力油，活塞杆 5 压缩弹簧并使定位滚轮 1 与定位凸轮 3

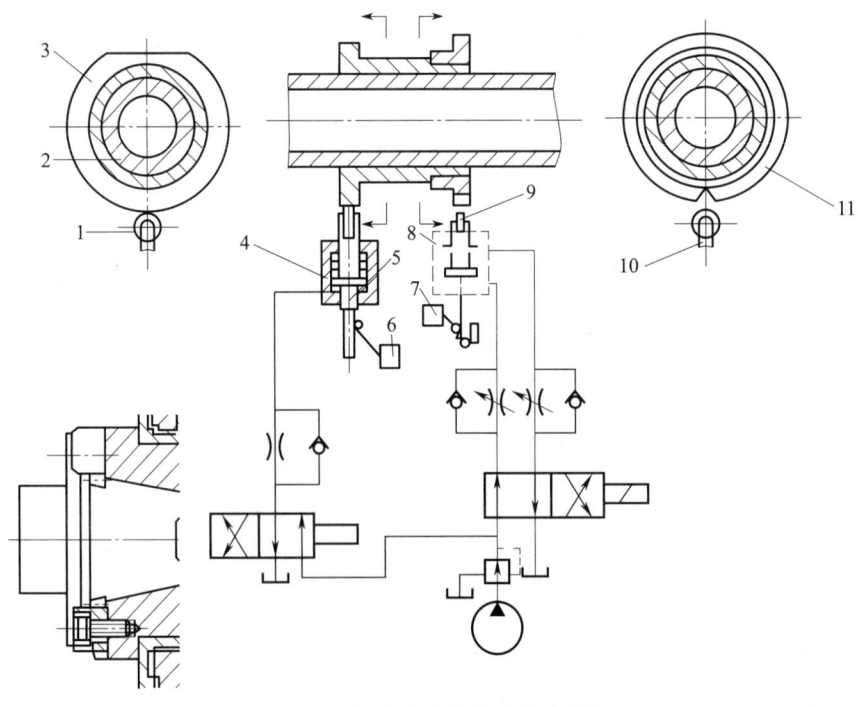

图 5-28 机械式准停装置常见结构
1、9—定位滚轮　2—主轴　3—定位凸轮　4、8—定位液压缸　5、10—活塞杆
6、7—微动开关　11—定位盘

的外圆接触。当主轴旋转使定位滚轮 1 位于定位凸轮 3 的直线部分时，活塞杆 5 移动，挡块使微动开关 6 动作，通过控制回路一方面使主轴通过电磁离合器脱开主传动而惯性慢慢转动，另一方面定位液压缸 4 和活塞杆 5 退回，而定位液压缸 8 下腔接通压力油，活塞杆 10 带动定位滚轮 9 移动，使定位滚轮 9 与定位盘 11 的外圆接触，并随主轴惯性转动而滚入定位盘 11 的 V 形槽中，即将主轴准确定位，同时微动开关 7 动作，发出主轴定向准停完毕信号。当主轴端面键插入刀柄键槽换刀完成后发出信号控制换向阀，使定位液压缸 8 的油路变换，将定位滚轮 9 从定位盘 11 的 V 形槽中退出，微动开关 7 恢复，发出准换刀完成信号。

（2）磁性传感器准停装置。磁性传感器准停装置是利用磁性传感器检测定位的，如图 5-29 所示。在主轴上安装一个发磁体，在距离发磁体旋转外轨迹 1～2 mm 处固定一个磁性传感器，其信号经过放大器与主轴控制单元连接。当主轴需要准停时，主轴驱动装置接收到数控系统发出的准停信号，主轴降速至设定的准停速度。当主轴低速到达准停位时，磁性传感器与发磁体对准发出信号使主轴驱动装置进入以磁性传感器作为反馈元件的位置闭环控制系统中，制动主轴电动机，达到定向准停的目标位置。准停后，主轴驱动装置输出准停完成信号给数控系统。

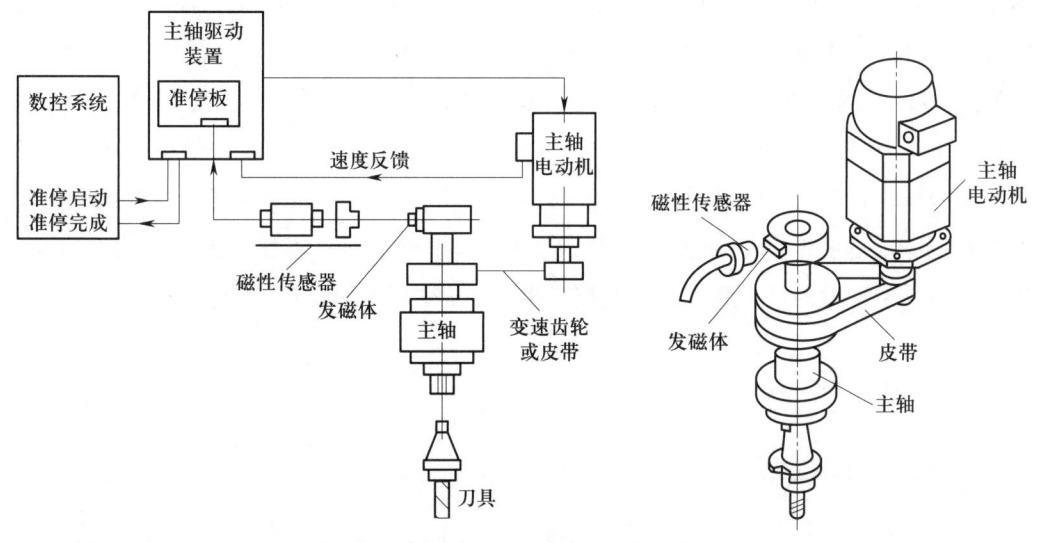

图 5-29 磁性传感器准停装置

（3）编码器准停装置。通过主轴电动机内置的位置编码器或机床主轴箱上安装的与主轴 1∶1 同步旋转的位置编码器来实现准停控制。准停角度可任意设定，通过主轴驱动装置使主轴电动机驱动处于速度控制或位置控制状态。当主轴需要准停时，主轴驱动装置接收数控系统发出的准停指令信号，驱动主轴降速至设定的准停速度。主轴低速运行并寻找主轴编码器零位脉冲 C 信号，然后进入位置闭环控制状态，当 C 信号出现时，主轴驱动装置制动主轴电动机，使主轴准停于指令位置，一般为零位脉冲 C 信号设定的角度处。

4. 数控铣床的主传动

（1）主轴结构。如图 5-30 所示为立式数控铣床的主轴结构。在图 5-30 中，主轴前支承配置三列组合式高精度角接触球轴承，前面两个大口指向主轴前端，后面一个大口指向主轴后端；后支承采用双列角接触球轴承背靠背安装。主轴轴向为前端三列轴承定位，后支承浮动，主轴受热膨胀向上伸长。主轴前端锥孔用于装夹锥柄刀具。端面键 13 既用于刀具定位，又可通过它传递转矩。为了实现刀具的自动装卸，主轴内设刀具自动夹紧装置。主轴尾部装松刀液压缸。

（2）主轴的刀具自动夹紧机构。在图 5-30 中，主轴刀具自动夹紧机构由松刀液压缸 7、碟形弹簧 5、拉刀杆 4 和拉刀杆头部的四个钢球等部件组成。拉刀夹紧时，松刀液压缸 7 上腔接回油箱，活塞 6 在弹簧 11 作用下向上退回，当活塞撞块压合行程开关 8 时，活塞 6 退回结束。此时，主轴内部碟形弹簧 5 张开，从而拉起拉刀杆 4、钢球 12 以及刀柄上的拉刀螺钉 2，使刀柄被拉紧并准确定位。松刀时，松刀液压缸 7 上腔注压力油，活塞 6 在压力油作用下向下顶出拉刀杆 4，碟形弹簧 5 被压缩。当钢球 12 随拉刀杆一起下移落入主轴前端孔直径较大的 d_1 位置处时，卡紧力释放，拉刀杆继续往下，其顶端将拉刀螺钉连同刀柄推离锥孔而松开刀具。此时，油缸活塞 6 右侧撞块压合行程开关 10 发出信号，可将刀夹取下。与此同时，压缩空气管接头 9 经活塞和拉杆的中心通孔吹入主轴装刀孔内，把切屑等清除干净，以保证刀具的装夹精度。等新刀装上主轴后，松刀液压缸 7 上腔接回油箱，碟形弹簧又拉紧刀夹。

二、电主轴

1. 电主轴基本原理

在高速数控机床上，大多使用电动机转子和主轴一体的电主轴，可以使主轴的转速高达每分钟数万转，甚至每分钟几十万转，主传动结构简单、刚性高。

随着电动机控制技术、变频调速技术、矢量控制技术的迅速发展和日趋完善，高速数控机床主传动系统的机械结构得到了极大的简化，基本上取消了带传动和齿轮传动。机床主轴由内装式电动机直接驱动，从而把机床主传动链的长度缩短为零，实现了机床主轴的"零传动"。这种主轴电动机与机床主轴"合二为一"的传动结构，使主

第 5 章 数控机床与多轴加工技术

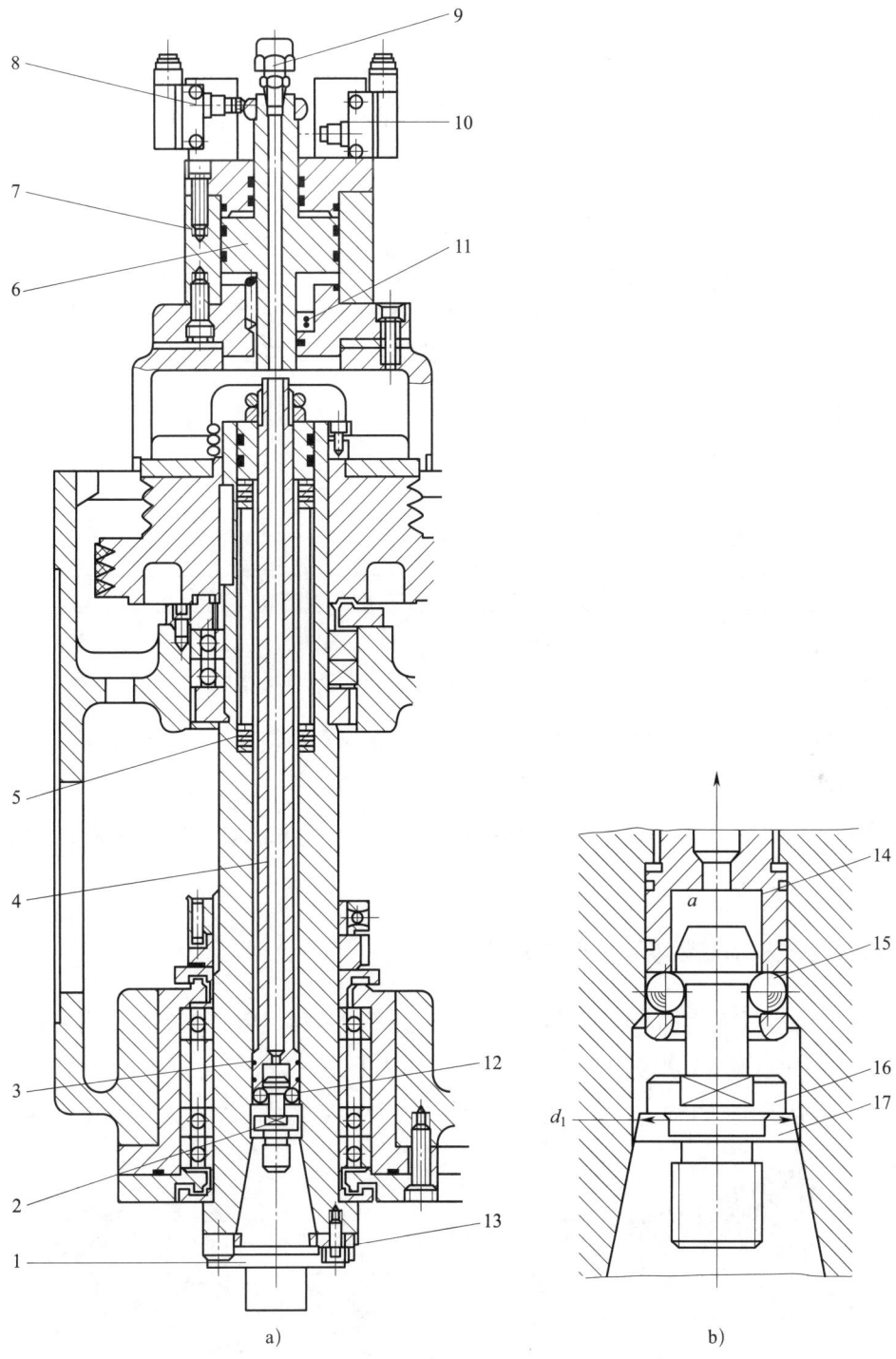

图 5-30 立式数控铣床的主轴结构
a) 主轴部件　b) 主轴拉刀放大
1、17—刀架　2、16—拉刀螺钉　3—主轴　4、14—拉刀杆　5—碟形弹簧　6—活塞　7—松刀液压缸
8、10—行程开关　9—压缩空气管接头　11—弹簧　12、15—钢球　13—端面键

轴部件从机床的传动系统和整体结构中相对独立出来，做成主轴单元，又称电主轴。如图 5-31 所示为电主轴空心电动机结构，当定子通入高频交流电形成高速旋转磁场，带动转子铁芯 3 旋转时，转子铁芯 3 直接带动主轴 4 高速旋转，实现主轴的零传动。

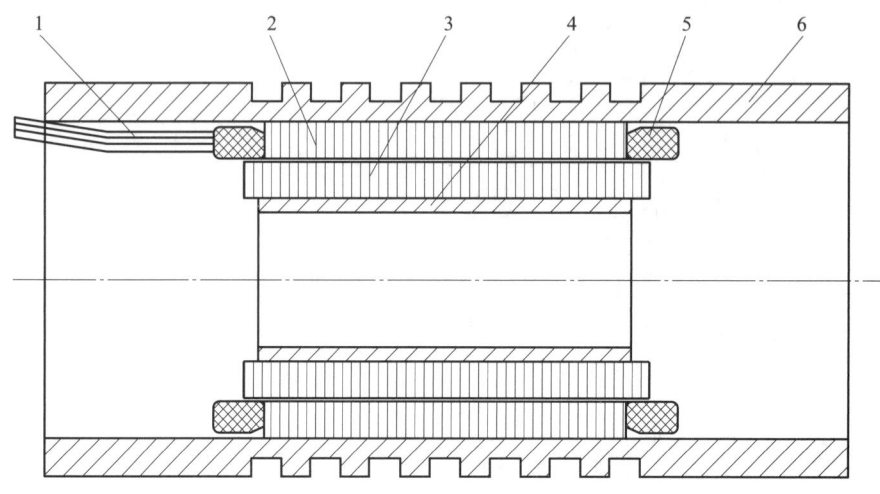

图 5-31　电主轴空心电动机结构

1—定子交流输入　2—定子铁芯　3—转子铁芯　4—主轴　5—定子绕组　6—电动机外壳

电主轴是一套主轴组件，包括电主轴本体、高频变频装置、油雾润滑器、冷却装置、内置编码器、换刀装置等部件。电主轴技术是机床三大高新技术之一，电主轴已经成为高性能数控机床的核心部件，其技术水平直接决定和影响着机床的品质、性能、效率和运行稳定性。

2. 内装式交流变频电动机电主轴

电主轴结构主要有两种，一种是内装式交流变频电动机电主轴（简称内装式电主轴），另一种是内埋式永磁同步电动机电主轴。如图 5-32 所示为内装式电主轴结构。内装式电主轴的主要参数包括主轴的最高转速、恒功率转速范围、额定功率、最大转

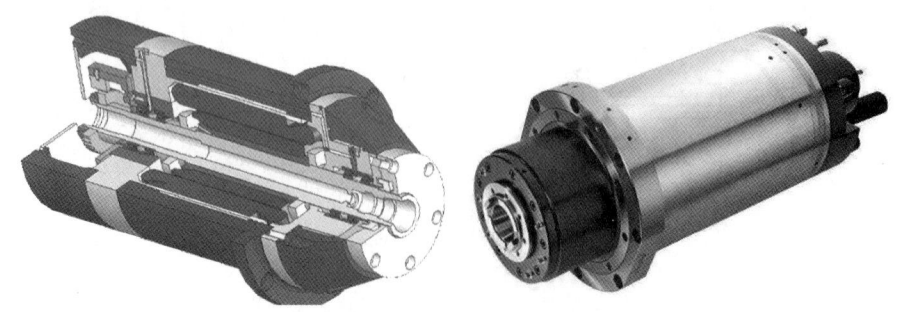

图 5-32　内装式电主轴结构

矩、前轴颈直径、前后轴承间跨距等。

内装式电主轴的结构布局根据电动机和主轴轴承相对位置的不同分为以下两种。

第一种是电动机置于主轴前后两轴承之间的电主轴单元，结构如图 5-33 所示。此种布局的优点是电主轴单元的轴向尺寸较小、主轴刚度高、出力大，适用于大中型加工中心。

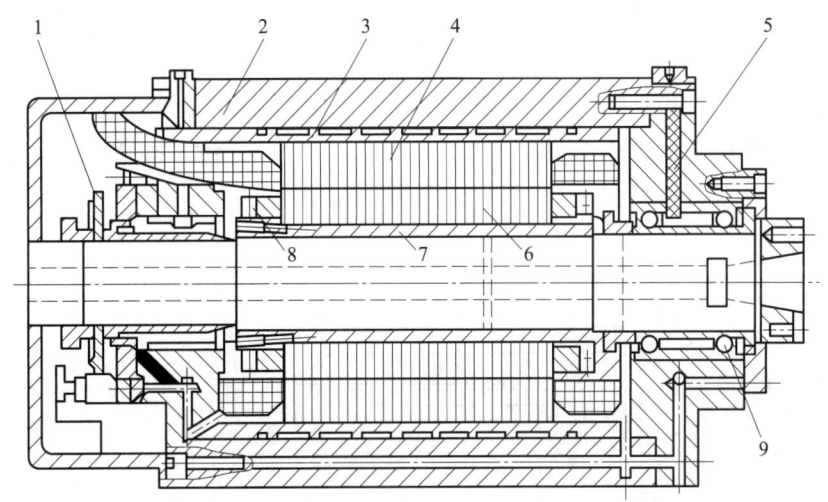

图 5-33　电动机置于主轴前后两轴承之间的电主轴单元结构
1—编码盘　2—电主轴壳体　3—冷却水套　4—电动机定子　5—油气喷嘴　6—电动机转子
7—阶梯过盈套　8—平衡盘　9—角接触球轴承

第二种是电动机置于后轴承之后的电主轴单元，结构如图 5-34 所示。此时，主轴箱与电动机轴向同轴布置。其优点是前端的径向尺寸可减小，电动机的散热条件较好，但整个电主轴单元的轴向尺寸较大，与主轴的同轴度不易调整，适用于小型高速数控机床，如加工模具型腔的高速精密机床。

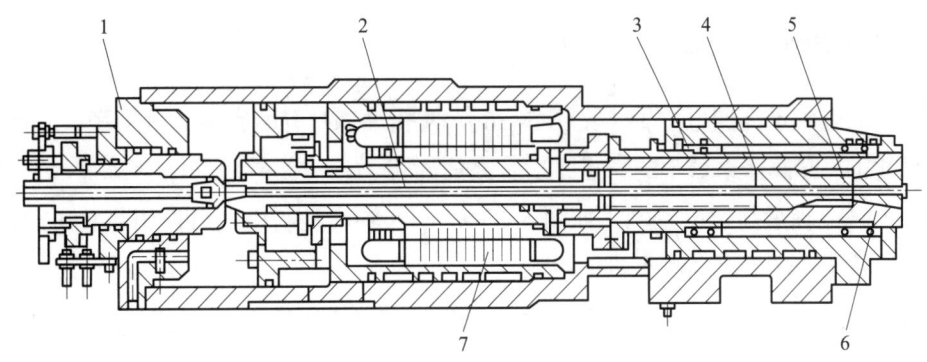

图 5-34　电动机置于后轴承之后的电主轴单元结构
1—液压缸　2—拉刀杆　3—主轴轴承　4—碟形弹簧　5—夹头　6—主轴　7—内置电动机

3. 内埋式永磁同步电动机电主轴

如图 5-35 所示为内埋式永磁同步电动机电主轴单元结构。内埋式永磁同步电动机电主轴有如下优点：

（1）体积小、重量轻、效率高，有利于实现主轴单元位置与姿态的高速控制。

（2）用新型永久磁铁代替感应电动机的鼠笼式转子，转子发热少，有利于保证主轴的精度。

（3）有较高的刚度和良好的抗震性，提高了主轴高速切削性能。

（4）可方便地实现恒功率弱磁调速，从而扩大了电主轴的调速范围，有效地满足了大范围高速切削的要求。

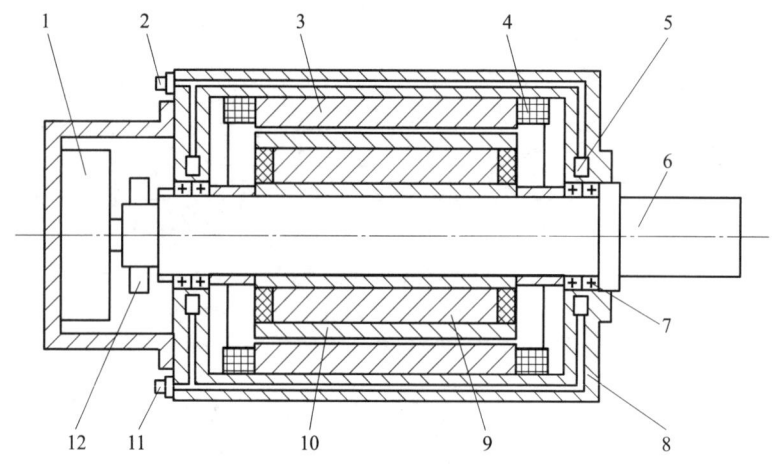

图 5-35 内埋式永磁同步电动机电主轴单元结构

1—松刀气缸　2—冷却液入口　3—定子铁芯　4—定子绕组　5—冷却管路　6—主轴　7—轴承　8—电动机壳体　9—永久磁铁　10—转子铁芯　11—冷却液出口　12—脉冲编码器

4. 新材料轴承电主轴

（1）陶瓷轴承高速电主轴（见图 5-36）。陶瓷轴承具有耐腐蚀、重量轻、寿命长、摩擦系数小、热膨胀系数小的特点，适宜高速旋转。

（2）磁浮轴承高速电主轴（如图 5-37）。磁浮轴承是利用磁力作用将转子悬浮于空中，使转子与定子之间没有机械接触。

电主轴技术是最近几年在数控机床领域出现的将机床主轴与主轴电动机融为一体的新技术，它与直线电动机技术、高速刀具技术一起，将把数控高速加工推向一个新时代。

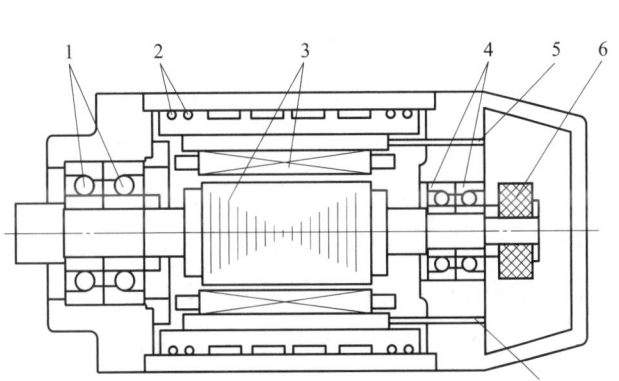

图 5-36 陶瓷轴承高速电主轴结构
1、4—前后陶瓷轴承 2—密封圈 3—定子、转子 5、7—绕组引线 6—锁紧装置

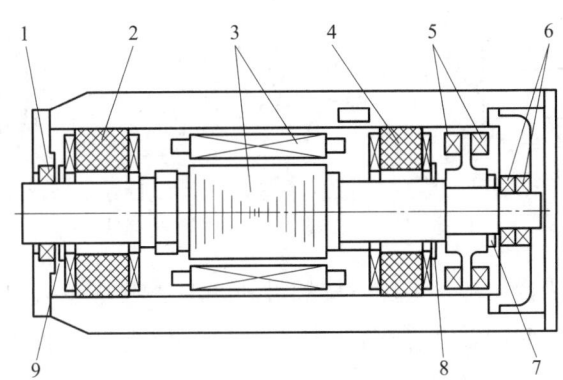

图 5-37 磁浮轴承高速电主轴结构
1、6—前后辅助轴承 2、4—径向磁浮轴承 3—定子、转子
5—双向轴向推力轴承 7—挡圈 8、9—传感器

三、进给传动机构

1. 滚珠丝杠螺母副

在数控机床上将回转运动与直线运动相互转换的传动装置一般采用滚珠丝杠螺母副。滚珠丝杠螺母副的特点是传动效率高,一般为 0.92~0.98;传动灵敏,摩擦力小,不易产生爬行;使用寿命长;具有可逆性,不仅可以将旋转运动转变为直线运动,也可将直线运动转变为旋转运动;轴向运动精度高,施加预紧力后可消除轴向间隙。但滚珠丝杠螺母副制造成本高,不能自锁,垂直安装时需要有平衡装置。

(1)滚珠丝杠螺母副的结构和工作原理。滚珠丝杠螺母副的结构有内循环式与外循环式两种。

如图 5-38 所示为外循环式滚珠丝杠螺母副，它由丝杠 1、滚珠 2、回珠管 3 和螺母 4 组成。外循环式是指滚珠有部分时间是脱离丝杠运行的。滚珠丝杠螺母副在丝杠 1 和螺母 4 上各加工有圆弧形螺旋槽，将它们套装起来便形成螺旋形滚道，在滚道内装满滚珠 2。当丝杠相对于螺母旋转时，丝杠的旋转面经滚珠推动螺母轴向移动，同时滚珠沿螺旋形滚道滚动，使丝杠和螺母之间的滑动摩擦转变为滚珠与丝杠、螺母之间的滚动摩擦。螺母螺旋槽的两端用回珠管 3 连接起来，使滚珠能够从一端重新回到另一端，构成一个闭合的循环回路。外循环式滚珠布置特点是单列多圈，布置单列。每列有 2.5 圈、3.5 圈等。如图 5-38 中所示为 2.5 圈，有 0.5 圈脱离丝杠回珠。

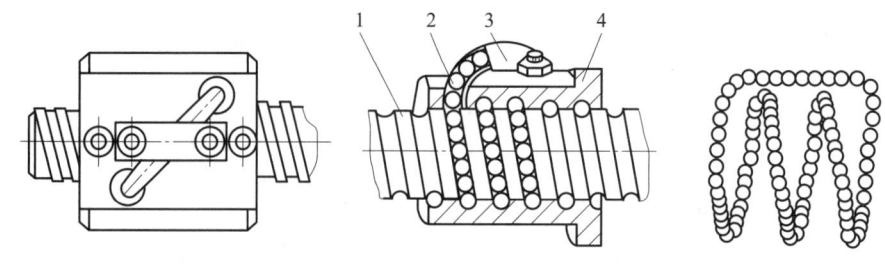

图 5-38 外循环式滚珠丝杠螺母副
1—丝杠 2—滚珠 3—回珠管 4—螺母

如图 5-39 所示为内循环式滚珠丝杠螺母副。内循环式是指滚珠始终与丝杠接触。在螺母的侧孔中装有圆柱凸轮式反向器，反向器上铣有 S 形回珠槽，将相邻两螺纹滚道联结起来。滚珠从螺纹滚道进入反向器，借助反向器迫使滚珠越过丝杠牙顶进入相邻滚道实现循环。内循环式滚珠布置特点是单列单圈，布置多列。每个螺母可以有 2 列、3 列、4 列、5 列等。

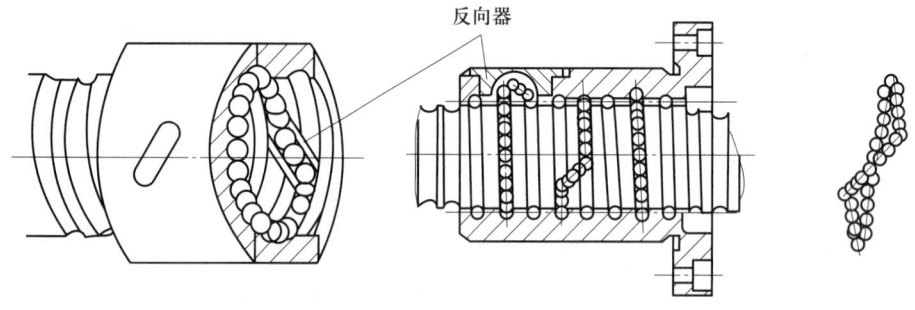

图 5-39 内循环式滚珠丝杠螺母副

（2）滚珠丝杠螺母副轴向间隙的调整。为保证滚珠丝杠螺母副的反向传动精度和轴向刚度，必须消除轴向间隙。轴向间隙通常是指丝杠和螺母无相对转动时，丝杠和螺母之间的最大轴向窜动量。调整轴向间隙常采用双螺母预紧方法，其结构形式有三种，基本原理都是使两个螺母产生轴向位移，以消除它们之间的间隙和施加预紧力。

1）垫片调整间隙（见图5-40a）。调整垫片的厚度使左右两螺母产生轴向位移，从而消除间隙和产生预紧力。这种方法简单、可靠，但调整费时，故适用于一般精度的机床。

2）螺纹调整间隙（见图5-40b）。结构上，用键限制两个丝杠螺母在螺母座内的转动。右螺母外缘为普通螺纹，用两个圆螺母固定。当转动调整螺母时，即可调整轴向间隙，最后用锁紧螺母锁紧。螺纹调整间隙的特点是结构紧凑、工作可靠，滚道磨损后可随时调整，但预紧量不准确。

3）齿差调整间隙（见图5-40c）。左右两个单螺母的凸缘为圆柱外齿轮，而且齿数差为1，即$z_2-z_1=1$。两个内齿圈用螺钉、定位销紧固在螺母座上。调整时先将内齿圈取出，根据间隙大小使两个螺母分别向相同方向转过1个或几个齿，然后再插入内齿圈，使螺母在轴向彼此移近相应的距离，从而消除两个螺母的轴向间隙。齿差调整间隙的特点是结构复杂、尺寸较大，适应于高精度传动。

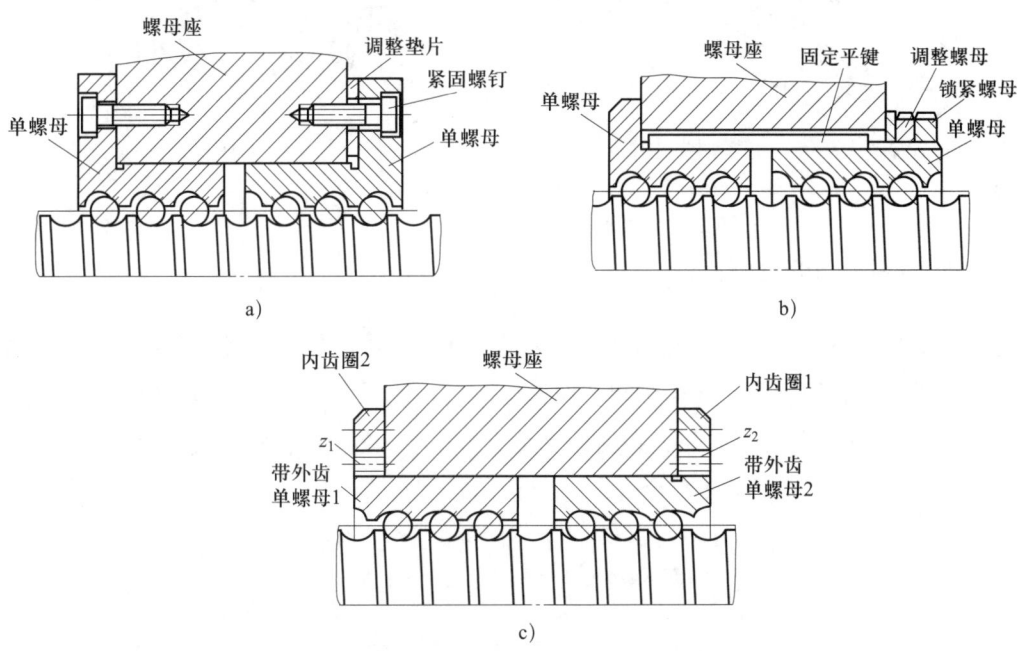

图5-40 滚珠丝杠螺母副轴向间隙的调整
a）垫片调整间隙 b）螺纹调整间隙 c）齿差调整间隙

2. 导轨

导轨是进给传动系统的重要环节，是机床结构要素之一。机床的加工精度和使用寿命很大程度上取决于导轨的质量。机床导轨要求具有较高的导向精度、良好的精度保持性、足够的刚度、良好的摩擦特性，以及灵敏度高、寿命长等特点。

数控机床导轨按运动轨迹分为直线运动导轨（见图5-41）和圆周运动导轨，按摩擦特性分为滑动导轨、滚动导轨和静压导轨。滑动导轨具有摩擦特性好、耐磨性好、运动平稳、工艺性好、速度较低等特点，适用于大多数的普通数控机床。滚动导轨是在导轨工作面之间安排滚动体，使两导轨面之间形成滚动摩擦，因此具有定位精度高、摩擦系数小、运动轻便、低速不爬行、耐磨性好等优点，但具有抗震性较差、结构复杂、防护要求较高等缺点。

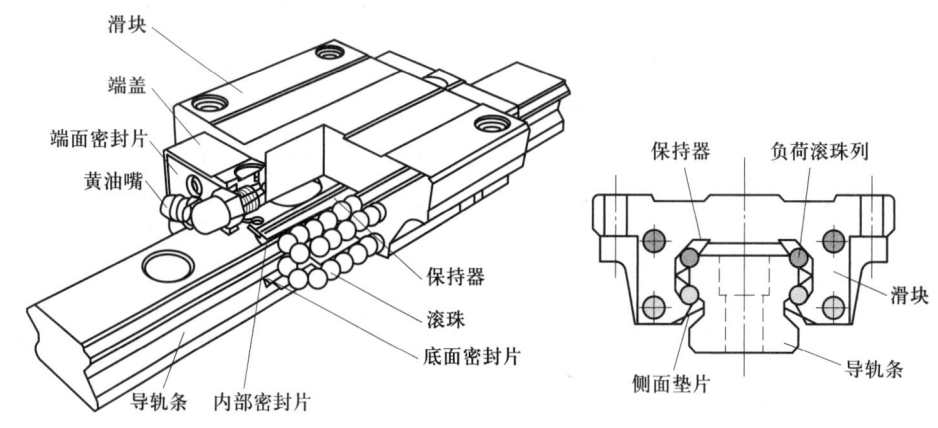

图5-41 直线运动导轨

3. 直线电动机进给装置

（1）直线电动机结构。直线电动机又称线性电动机，是一种将电能直接转换成直线运动机械能，而不需要任何中间转换机构的传动装置。直线电动机结构可以看成是一台旋转电动机按径向剖开，并展成平面，如图5-42所示，将旋转电动机的定子、转子变为直线电动机的初级、次级。

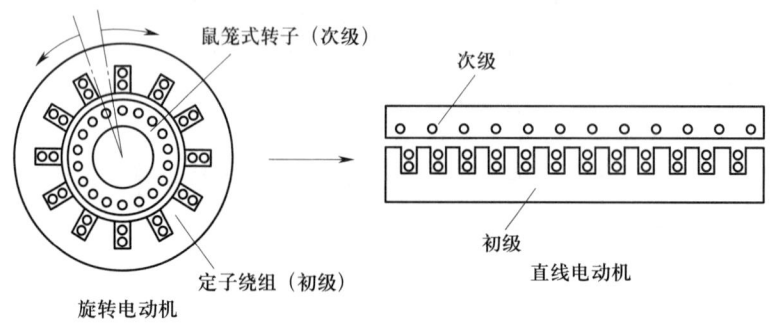

图5-42 直线电动机结构

由于长初级成本高,直线电动机一般制成短初级并运动、长次级并固定。当初级绕组通交流电源时,形成行波磁场,并与次级感应形成推力,推动初级做直线运动,因此称为动初级直线电动机。如图5-43a所示为次级固定的圆导轨交流直线电动机进给装置,如图5-43b所示为平板型动初级交流永磁直线电动机进给装置。

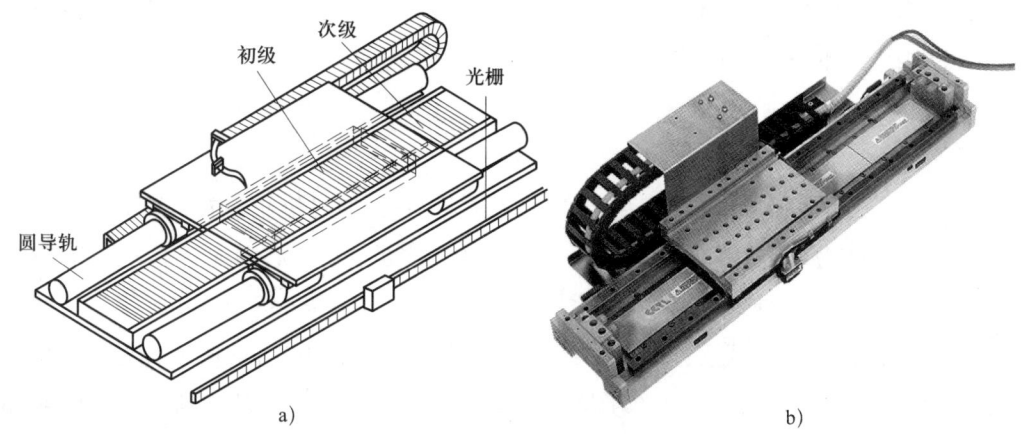

图5-43 电动机进给装置
a) 圆导轨交流直线电动机进给装置 b) 平板型动初级交流永磁直线电动机进给装置

(2) 直线电动机进给系统特点。一般滚珠丝杠螺母副进给系统的最高进给速度低,传动链长,从电动机轴到工作台存在联轴节、丝杠、螺母、轴承、支架等部件,响应慢,加工精度低,而直线电动机构成的进给系统具有如下特点。

1) 优点

①完全去除了旋转运动转变为直线运动的机械转换机构。

②机械传动机构大大简化,实现"零传动"。

③进给速度可达 200 m/min。

④进给系统精度高、刚度高、响应快、稳定性好。

⑤行程长度可不受限制,适应性强,灵敏度高,随动性好,不存在反向间隙。

⑥可利用直线光栅尺作为检测反馈元件,实现全闭环控制,具有更高的定位精度和跟踪精度。

2) 缺点

①电动机效率低于同等容量的旋转电动机,功耗大,结构尺寸和自重也相对较大。

②电动机的抗干扰要求高,需要防磁和散热。

③适用于运动部件载荷恒定或变化量不大的场合。

④直线电动机不具备自锁能力,需要外加制动措施,在垂直进给布置时尤其重要。

当代高速线性电动机驱动已广泛应用于数控车床、数控铣床、数控磨床、复合加工中心、激光加工机床等设备,特别在高速高精数控机床领域具有广阔的应用前景。

四、自动换刀装置

数控加工中心的自动换刀装置通常由刀库和换刀机械手组成。刀库的功能是储存加工工序所需要的各种刀具并按程序指令把即将要用的刀具迅速、准确地送到换刀位置,以及接受主轴送回的已用刀具。

1. 刀库类型

数控加工中心的刀库要求有一定数量的刀具储备,通过机械手或无机械手实现与主轴上刀具的交换。刀库的形式和容量主要是为了满足加工中心的加工工艺范围要求,常见的有链式刀库、盘式刀库等。

(1)链式刀库。链式刀库的基本结构为单链结构,如图5-44a所示,刀具容量比盘式的大,结构比较灵活。链式刀库还有回转式链带结构、多链结构等,如图5-44b和图5-44c所示。

(2)盘式刀库。典型的圆盘结构的刀库如图5-44d所示。能容纳40把刀具的盘式刀库的圆盘上有40个刀座,相应有40个刀座编码板,读取装置在刀库的下方,圆盘转动时读取装置依次读出所经过刀座编码板上的代码,找到所需要的刀座时圆盘停止转动。

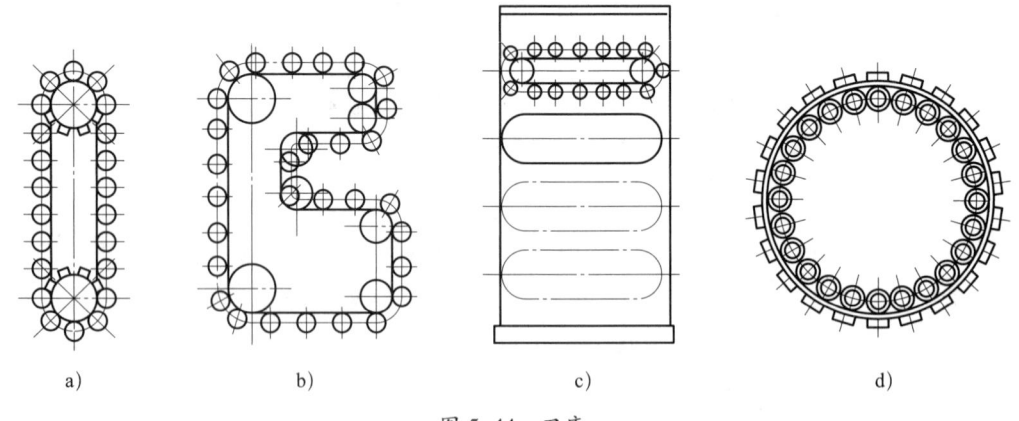

图5-44 刀库
a)单链结构 b)回转式链带结构 c)多链结构 d)圆盘结构

2. 自动换刀方式

数控加工中心实现刀库与机床主轴之间传递和装卸刀具的装置称为自动换刀装置,可分为机械手换刀方式和无机械手换刀方式两类。

（1）机械手换刀方式。如图5-45a所示为机械手换刀立式加工中心，采用侧挂式圆盘刀库，刀库中心线与主轴中心线相互垂直，换刀时刀具需要旋转90°，然后通过机械手抓取换刀。

（2）无机械手换刀方式。如图5-45b为主轴移动换刀卧式加工中心，采用置顶式圆盘刀库，刀库中心线与主轴中心线相互平行，换刀时主轴垂直向上移动到刀库换刀的刀位，由刀库拔刀，然后转位换刀。无机械手换刀常见的有刀库移动式换刀和主轴移动式换刀，同时要求刀库中刀具的存放方向一般与主轴上的装刀方向一致。

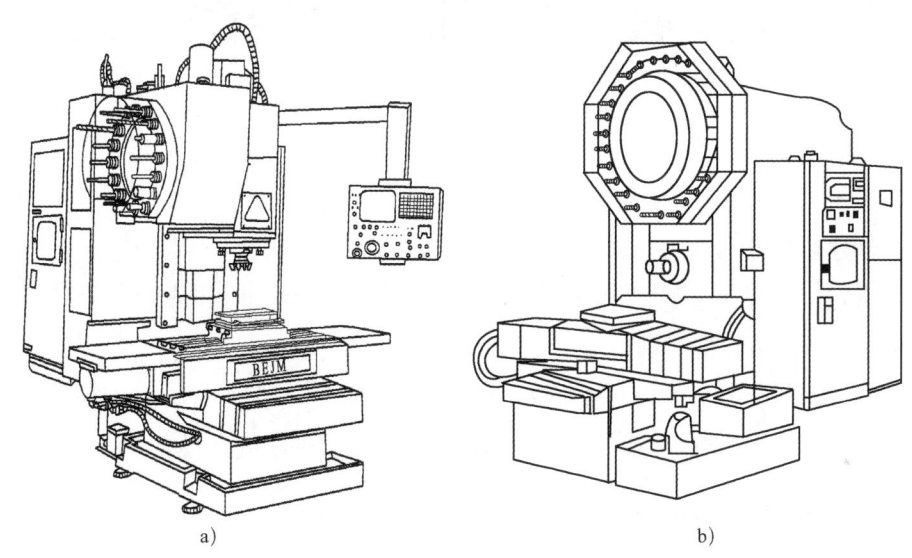

图 5-45 数控加工中心换刀方式
a）机械手换刀立式加工中心　b）主轴移动换刀卧式加工中心

第4节　多轴铣削加工基础

Siemens NX 软件支持产品开发中从概念设计到工程制造的各个方面，提供了一套集成的工具集，用于协调不同学科、保持数据完整性及简化整个流程。加工应用模块可用交互方式编写车、铣、钻、线切割等加工刀轨程序。铣削模块中包括用来创建铣削的工序和参数，可以为平面铣或轮廓铣的刀轨创建铣削工序。铣加工（见图5-46）中存在几种工序，如平面铣、面铣、型腔铣、深度轮廓铣工序等。创建的工序类型取决于想执行的加工类型和加工的几何体。

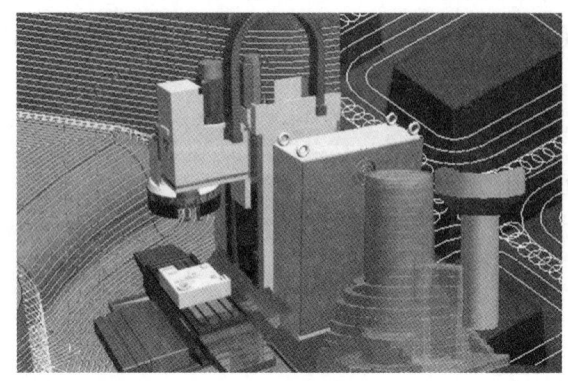

图 5-46 铣加工

在铣削模块中可以：
➢ 为粗加工和精加工工序生成刀轨。
➢ 创建切削刀具。
➢ 指定进给率和速度。
➢ 指定固定或可变刀轴。
➢ 设置不同铣削工序的公共参数。

基本的加工逻辑为：只要定义明确的加工范围，软件就可以生成刀轨。

一、普通铣削加工技术

1. 平面铣加工技术

使用平面铣工序可加工带竖直壁或刀轴平行壁的部件。边界可包含很多刀轨，刀轨可能沿单刀路、多刀路或腔的整个内部进行切削。

如图 5-47 所示，毛坯边界定义要去除的材料，部件边界定义完成后，底面定义刀轨的最终深度。检查和修剪边界还可用于进一步包含刀轨，边界与选定的几何体关联。

在平面铣工序中可以：
➢ 从面、边、曲线和点创建边界以包含刀轨。
➢ 选择底面作为刀轨的最终深度。
➢ 使用平面铣工序的各种独特方法选择切削层。
➢ 使用腔加工方法或通过沿部件边界创建轮廓切削。
➢ 平面铣工序为型腔铣工序生成基于层的过程工件。

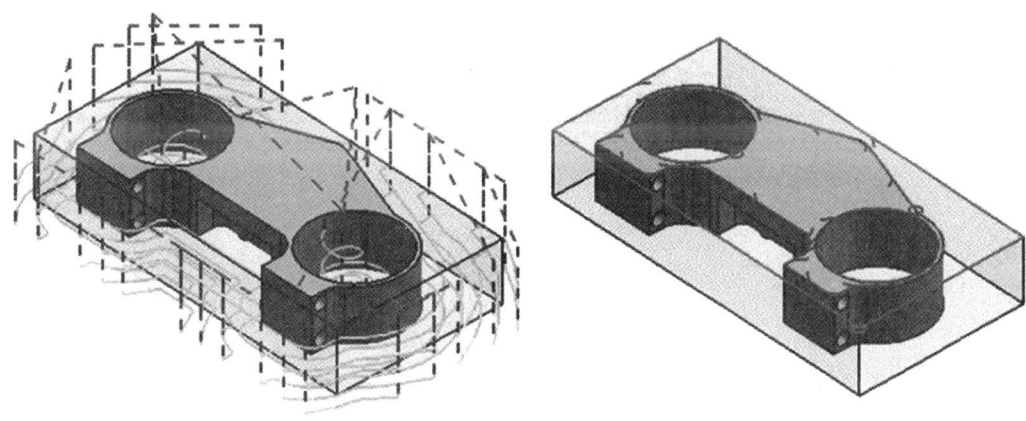

图 5-47 平面铣

平面铣只能加工垂直于刀轴的平面和直壁，因此要选择与刀轴垂直的面作为底面确定加工深度。

所有几何体都由边界来定义，与三维实体无关。

毛坯边界定义去除材料的范围和初始下刀高度。

部件边界定义保留材料的范围，注意刀具侧的内侧与外侧（12.0 版本以后）。如果选择刀具侧为内侧，则选择的边界内侧向下材料全部去除，只保留边界外侧材料；如果选择刀具侧为外侧，则选择的边界外侧向下材料全部去除，只保留边界内侧材料。

修剪边界定义的范围参考毛坯边界，检查边界定义的范围参考部件边界。

平面铣的缺点是需要定义多个边界，而且只能加工平面；优点是平面铣可以精确跟随轮廓，不会产生过切或者欠切，具有更高的精度，适用于轮廓的精加工。

2. 面铣加工技术

使用面铣（见图 5-48）工序加工平的面，创建面铣工序时，必须选择面、曲线或点来定义垂直于待切削层处刀轴的平面边界。由于面铣在相对于刀轴的平面层去除材料，因此不平的面以及垂直于刀轴的面被忽略。对于每个指定的要加工的切削区域，都将创建几何体，然后在不过切部件的情况下标识区域并切削。

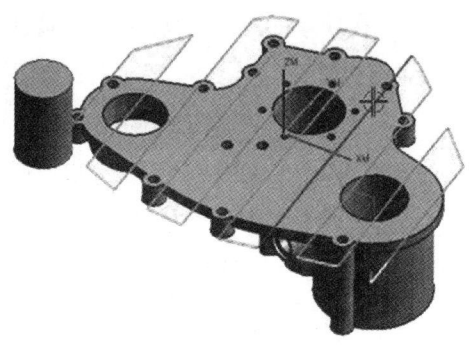

图 5-48 面铣

在所有面铣工序中，都可以执行以下操作：
> 简化切削模型的形状。
> 使用混合切削模式选项对多个面使用不同的切削模式。
> 使用手动切削模式选项创建定制切削模式。
> 控制刀具切削到部件边缘的深度。
> 应用独立于部件余量的壁余量。
> 延伸刀轨到部件轮廓。
> 光顺刀轨。
> 合并两个刀轨。

面铣在特定的限制内可用于腔加工。

面铣定义的几何体是三维实体模型，而不是二维边界线。

三维实体模型作为部件时，选择面所在的实体识别为部件几何体，加工时会自动检查与其相邻的几何体而不发生过切。

面铣是一种先指定一个面边界确定加工范围，再指定毛坯距离确定去除材料量的快捷方法。

3. 型腔铣加工技术

使用型腔铣（见图5-49）工序可大量去除材料。型腔铣对于粗切部件（如冲模、铸造件和锻造件）加工是理想的选择。型腔铣工序在垂直于固定刀轴的平面层去除材料，部件几何体可以是平的或带轮廓的。

在型腔铣工序中，首先指定部件和毛坯几何体，然后执行以下操作：
> 在最高和最低切削层设置毛坯几何体的顶部和底部。
> 在定义的切削层创建一个或多个垂直于刀轴的平面。
> 在切削层平面和几何体之间创建相交曲线或轨迹。
> 在各切削层设定切削模式。
> 合并不同切削层的进刀和退刀。

单个或一系列型腔铣工序可以使用过程工件，使用过程工件时会：
> 保留已切削或未切削的对象。
> 提供用于刀具夹持器碰撞检查的

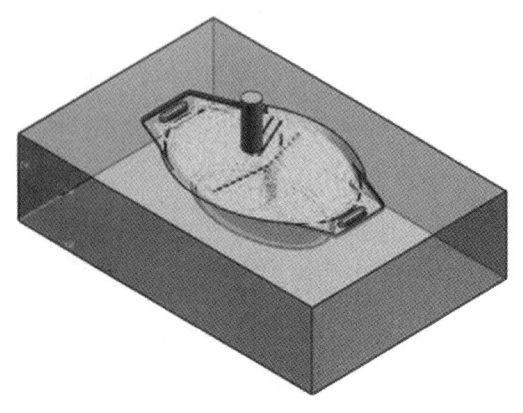

图 5-49 型腔铣

高级功能。

> 允许查看当前工序所去除的材料。

型腔铣不仅可以用实体定义加工的几何体，还可以用片体、小平面体表面、曲线等进行定义。

部件几何体是必须定义的几何体。

对于上表面平行于 XY 平面的型腔凹件，可以只定义部件几何体，不指定毛坯几何体，即可进行型腔件的粗加工。

在使用轮廓加工切削模式时，可以只定义部件几何体，不指定毛坯几何体，即可进行轮廓的精加工。

定义部件几何体后，进一步定义指定加工区域时可以不指定毛坯几何体，即可对零件进行整体或部分区域的粗加工。

4．深度轮廓铣加工技术

深度轮廓铣（见图 5-50）去除垂直于固定刀轴的平面层中的材料。切削在刀具移到下一深度前完成，且切削深度固定。部件几何体可以是平的或带轮廓的。

深度轮廓铣与型腔铣加工刀轨的生成方面几乎没有区别，但在进退刀设置方面有较大的简化，并且更加灵活。

深度轮廓铣适合陡峭面加工，对于非陡峭面的加工也设有补救加工参数。

图 5-50 深度轮廓铣

二、高级曲面轮廓铣加工技术

曲面轮廓铣中固定轴曲面轮廓铣工序和可变轴曲面轮廓铣工序是沿部件轮廓去除材料，从而对轮廓已加工的曲面区域进行精加工。其中，可变轴曲面轮廓铣工序专用于旋转部件，如整体叶盘和叶轮。

曲面轮廓铣可以控制刀轴和投影矢量选项以生成跟随复杂曲面轮廓的刀轨。

要创建曲面轮廓铣工序，需要指定以下内容：

> 部件几何体：对于部件几何体的指定是可选的。

> 驱动几何体：可以包含部件几何体或没有与部件关联的几何体。Siemens NX 根据指定的驱动几何体创建驱动点，以控制刀具位置。如果未指定部件几何体，Siemens

NX 会将刀具直接放在驱动点上。如果指定了部件几何体，Siemens NX 会将刀具放在驱动点投影到部件几何体上的位置。选定的驱动方法决定如何定义生成刀轨所需要的驱动点，一些驱动方法是沿曲线创建一串驱动点，另一些驱动方法则是在一个区域内创建驱动点的阵列。

➢ 投影矢量：如果指定了部件几何体，则必须指定投影矢量。选定的驱动方法决定哪些投影矢量是可用的。投影矢量定义如何将驱动点投影到部件面及刀具接触部件面。

➢ 刀轴：使用刀轴选项可指定切削刀具的方位。可以通过多种方式定义刀轴方位：接受默认刀轴为隐式刀轴，+ZM 轴为默认刀轴（固定刀轴如图 5-51 所示）；将刀轴指定为垂直于底面或垂直于第一个面；指定带矢量的刀轴。

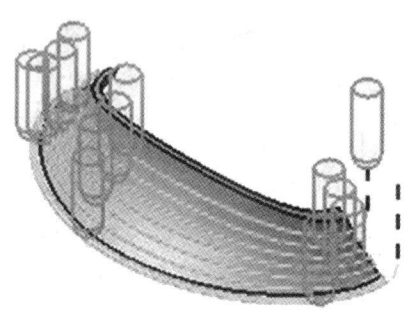

图 5-51　固定刀轴

1. 投影法原理

先选择驱动方法（驱动方法决定选择使用的驱动几何体），再由驱动几何体生成一次刀轨，并将一次刀轨沿投影矢量方向（刀具接近工件的方向）进行投影，同时考虑刀具的真实形状，在零件几何体的表面产生二次刀轨。

系统将在所选驱动曲面上创建一个驱动点阵列，将此阵列沿指定的投影矢量投影到部件表面，刀具定位到部件表面上的接触点，此时创建的各刀尖处的输出刀具位置点的轨迹就是刀轨。曲面区域驱动方法如图 5-52 所示。

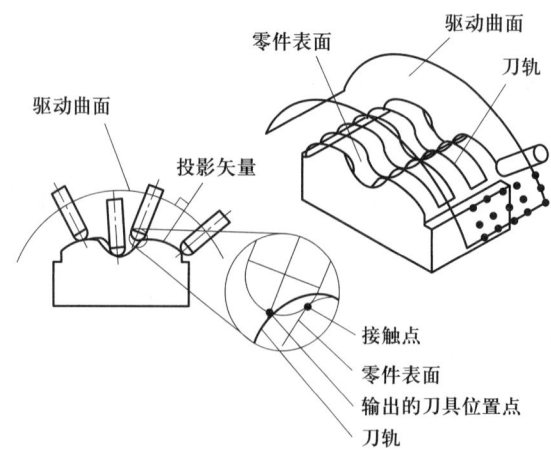

图 5-52　曲面区域驱动方法

刀轨的生成分为两步：第 1 步是在驱动几何体上生成驱动点；第 2 步是将驱动点沿投影矢量方向投射到零件几何体的表面。

2. 驱动方法

驱动方法定义生成刀轨所需要的驱动点。某些驱动方法允许沿一条曲线生成一串驱动点，而另一些驱动方法允许在边界内或在所选曲面上创建驱动点阵列。驱动点一旦定义，就可用于生成刀轨，如果没有选择部件几何体，则刀轨直接根据驱动点生成，否则驱动点投影到部件表面以生成刀轨。

驱动方法应该由加工表面的形状和复杂性，以及刀轴和投影矢量要求决定，所选的驱动方法决定可以选择的驱动几何体的类型，以及可用的投影矢量、刀轴和切削类型。驱动方法选项及其功能见表 5-1。

表 5-1　　　　　　　　　　　驱动方法选项及其功能

驱动方法选项	功能
未定义	未定义的驱动方式允许创建曲面轮廓铣模板工序，而不必指定初始驱动方法。每个用户都可用模板创建工序时指定相应的驱动方法
曲线/点	通过指定点和选择曲线来定义驱动几何体
螺旋式	定义从指定的中心点向外螺旋生成驱动点
边界	通过指定边界和环定义切削区域
区域铣削	通过指定切削区域几何体来定义切削区域，不需要驱动几何体
曲面区域	定义位于驱动曲面栅格中的驱动点阵列
刀轨	沿着现有的刀位轨迹源文件的刀轨定义驱动点，以在当前工序中创建类似的曲面轮廓铣刀轨
径向切削	使用指定的步距、带宽和切削类型，生成沿给定边界和垂直于给定边界的驱动轨迹
外形轮廓铣	利用刀的侧刃加工倾斜壁
清根	沿部件表面形成的凹角和凹部生成驱动点
文本	选择注释，并指定部件上雕刻文本的深度
用户函数	通过临时退出 Siemens NX 并执行内部用户函数程序来生成驱动轨迹

3. 投影矢量及常用加工参数

投影矢量是大多数驱动方法的公共选项，它确定驱动点投影到部件表面的方式，以及刀具接触部件表面的哪一侧。可用的投影矢量选项将根据使用的驱动方法而变化。

投影矢量选项确定允许定义驱动点投影到部件表面的方式，以及刀具接触的部件表面侧。曲面区域驱动方法提供一个附加选项，即垂直于驱动体，其他驱动方法不提供该选项。

驱动点投影到部件表面如图 5-53 所示,驱动点移动时以投影矢量的相反方向(但仍沿矢量轴)从驱动曲面投影到部件表面。

投影矢量的方向决定刀具要接触的部件表面侧。刀具总是从投影矢量逼近的一侧定位到部件表面上。驱动点 p_1 以投影矢量的相反方向投影到部件表面上以创建 p_2。

可用的投影矢量类型取决于驱动方法。投影矢量选项是除清根之外的所有驱动方法选项都有的。

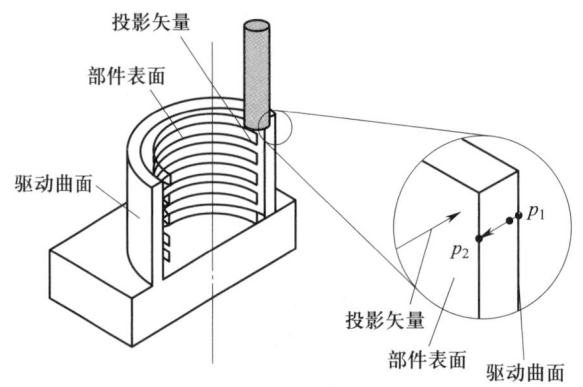

图 5-53 驱动点投影到部件表面

4. 刀轴

刀轴可以定义固定刀轴和可变刀轴,如图 5-54 所示。固定刀轴将保持与指定矢量平行。可变刀轴在沿刀轨移动时将不断改变方向。

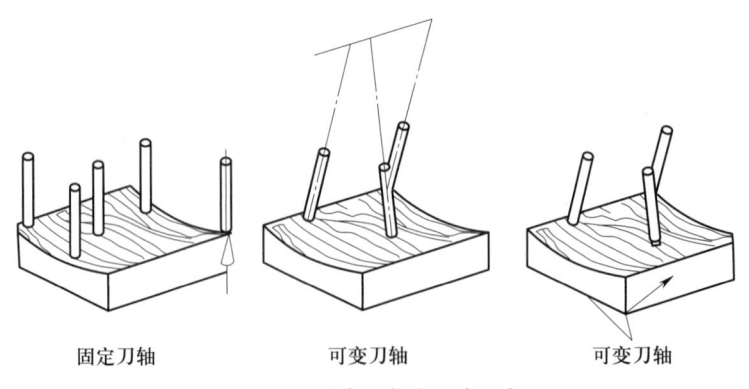

图 5-54 固定刀轴和可变刀轴

如果将工序类型指定为固定轮廓铣,则只有固定刀轴选项可以使用。如果将工序类型指定为可变轮廓铣,则全部刀轴选项均可使用。

可将刀轴定义为从刀尖方向指向刀具夹持器方向的矢量,如图 5-55 所示。刀轴定义的方法是:输入坐标值、选择几何体、指定相对于或垂直于部件表面的轴、指定相对于或垂直于驱动曲面的轴。

5. 固定轴曲面轮廓铣

固定轴曲面轮廓铣(见图 5-56)时,刀轴保持与指定矢量平行。固定轴曲面轮廓铣属于三轴联动加工,主要用于曲面的半精加工和精加工,它可以精确地沿着几何体的轮廓进行切削,在多轴定向加工中比较常用。固定轴曲面轮廓铣工序见表 5-2。

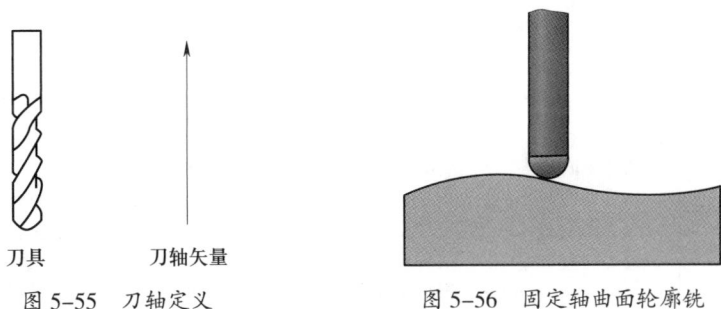

图 5-55 刀轴定义　　　　图 5-56 固定轴曲面轮廓铣

表 5-2　固定轴曲面轮廓铣工序

工序	说明
固定轮廓铣	这是主要的固定轴曲面轮廓铣工序子类型
区域轮廓铣	使用区域铣削驱动方法定制此工序子类型以切削选定的面或区域。此工序子类型常用于半精加工和精加工
曲面区域轮廓铣	使用曲面区域驱动方法定制此工序子类型以切削单个驱动曲面或驱动曲面排列有序的矩形栅格
流线铣	使用流线驱动方法定制此工序子类型以切削曲线集定义的驱动曲面。可从部件几何体自动生成曲线集,或选择点、曲线、边或曲面以定义曲线集。不需要驱动曲面排列有序的栅格

续表

工序	说明
陡峭区域轮廓铣	使用区域铣削驱动方法定制此工序子类型以仅切削陡峭区域
非陡峭区域轮廓铣	使用区域铣削驱动方法定制此工序子类型以仅切削非陡峭区域
单刀路清根	使用清根驱动方法定制此工序子类型以精加工或去除拐角和凹部
多刀路清根	使用清根驱动方法定制此工序子类型以切削多条刀路
清根参考刀具	使用清根驱动方法,根据先前参考刀具直径定制此工序子类型以切削多条刀路。此工序子类型用于移除拐角和凹部的剩余材料
轮廓文本	定制此工序子类型以切削制图注释中的文本。此工序子类型用于3D雕刻

6. 可变轴曲面轮廓铣

可变轴曲面轮廓铣如图 5-57 所示,工序沿部件轮廓去除材料,从而对轮廓铣曲面区域进行精加工。使用可变轴曲面轮廓铣工序子类型对部件或切削区域进行轮廓加工,刀轴控制有多个选项。可变轴曲面轮廓铣工序见表 5-3。

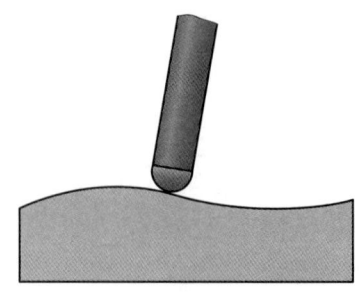

图 5-57 可变轴曲面轮廓铣

表 5-3　　　　　　　　　　　　可变轴曲面轮廓铣工序

工序	说明
可变轮廓铣	这是主要的可变轴曲面轮廓铣工序子类型
可变流线铣	使用流线驱动方法定制此工序子类型可切削曲线集定义的驱动曲面。可根据部件几何体自动生成曲线集，或选择点、曲线、边或曲面以定义曲线集。驱动曲面的栅格不必排列有序
外形轮廓铣	此工序子类型通过外形轮廓铣驱动方法定制，可使用刀刃侧面对斜交壁进行轮廓加工

第 6 章
智能制造与智能工厂

第 1 节　智能制造基础知识

一、智能制造的基本概念

1. 智能制造的概况

制造业是立国之本，兴国之器，强国之基。自从中华人民共和国成立尤其是改革开放以来，我国制造业持续快速发展，目前我国已经成为世界制造大国。但是，我国制造业大而不强，转型升级和跨越式发展的任务紧迫而艰巨。当前，新一轮科技革命与我国加快转变经济发展方式形成历史性交汇，中国制造站在了新的历史转折关头。

2015 年 5 月 8 日，国务院正式印发《中国制造 2025》，部署全面推进实施制造强国战略。《中国制造 2025》行动纲领以体现信息技术与制造技术深度融合的数字化网络化智能化制造为主线，主要包括八项战略对策：①推行数字化网络化智能化制造；②提升产品设计能力；③完善制造业技术创新体系；④强化制造基础；⑤提升产品质量；⑥推行绿色制造；⑦培养具有全球竞争力的企业群体和优势产业；⑧发展现代制造服务业。《中国制造 2025》行动纲领将实行五大工程，包括制造业创新中心建设工程、工业强基工程、智能制造工程、绿色制造工程和高端装备创新工程。由此可见，智能制造将成为《中国制造 2025》行动纲领的制高点、突破口和主攻方向。

智能制造的概念由来已久，它源于人工智能的研究及其在制造领域的应用。1988 年，美国学者赖特（P. K. Wright）和布恩（D. A. Bourne）在其著作《制造智能》（*Manufacturing*

Intelligence）一书中首次提出了智能制造的概念。他们指出，智能制造是指通过集成知识工程、制造软件系统、机器人视觉和机器人控制来对制造技工们的技能与专家知识进行建模，以使智能机器能够在没有人工干预的情况下进行小批量生产。1991年，日本、美国以及欧洲的"智能制造国际合作研究计划"明确提出了智能制造系统的概念，即它是一种在整个制造过程中贯穿智能活动，并将这种智能活动与智能机器有机融合，将整个制造过程从订货、产品设计、生产到市场销售等各个环节以柔性方式集成起来的能发挥最大生产力的先进生产系统。随着新一代信息技术的发展及其在制造领域的不断深入，智能制造被赋予了新的内涵，进入了一个崭新的发展阶段。在大数据、物联网等新技术条件下，智能制造已经不再局限于生产过程，而是拓展到了整个价值链的各个环节。

由此可见，智能制造是中国制造业实现转型升级、由大到强的必由之路。

2. 智能制造技术的发展趋势

新一代信息技术条件下的智能制造实质上是互联网+数字化制造，也可称为数字化网络化制造，就是在数字化制造的基础上，将人、机器和数据连接到网络上，将网络空间的高级计算能力有效运用于现实物理世界中，从而实现虚拟网络世界与现实物理世界的融合，形成可自动操作的生产系统。美国、德国、日本等主要工业国家正在探索和推行的智能制造基本上都属于互联网+数字化制造。我国工业和信息化部、财政部联合发布的《智能制造发展规划（2016—2020年）》中，将智能制造定义为：基于新一代信息技术与先进制造技术深度融合，贯穿于设计、生产、管理、服务等制造活动的各个环节，具有自感知、自学习、自决策、自执行、自适应等功能的新型生产方式。智能制造的内涵如图6-1所示。

近年来，人工智能技术加速发展并不断取得突破，同时随着先进制造技术与新一

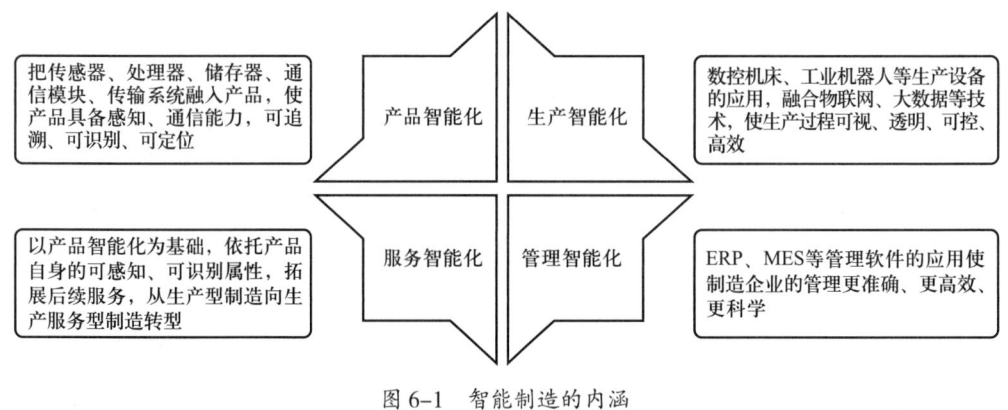

图6-1 智能制造的内涵

代人工智能技术的深度融合,逐步形成了基于人工智能的智能制造概念,进而智能制造的发展又被推向了一个新的高度。基于人工智能的智能制造系统具有认知学习能力,通过深度学习、增强学习、迁移学习等技术的应用,制造数据和信息自动被加工成知识,从而使制造知识的生成、积累、应用和传承效率发生革命性变化,极大地释放人类智慧的潜能。基于人工智能的智能制造本质上是人工智能+互联网+数字化制造,也可称为数字化网络化智能化制造。

智能制造是一种可以让企业在研发、生产、管理、服务等方面变得更加聪明的方法。人们可以把制造智能化理解为企业在引入数控机床、工业机器人等生产设备并实现生产自动化的基础上,再搭建一套精密的神经系统。智能神经系统以 ERP、MES 等管理软件组成中枢神经,以传感器、嵌入式芯片、RFID(射频识别)标签、条码等组件为神经元,以 PLC 为链接控制神经元的突触,以现场总线、工业以太网、NB-IoT(窄带物联网)等通信技术为神经纤维。企业能够借助完善的智能神经系统感知环境、获取信息、传递指令,以此实现科学决策、智能设计、合理排产,提升设备使用率,监控设备状态,指导设备运行,让自动化生产设备如臂使指。智能神经系统和典型智能制造系统的构架如图 6-2 所示。

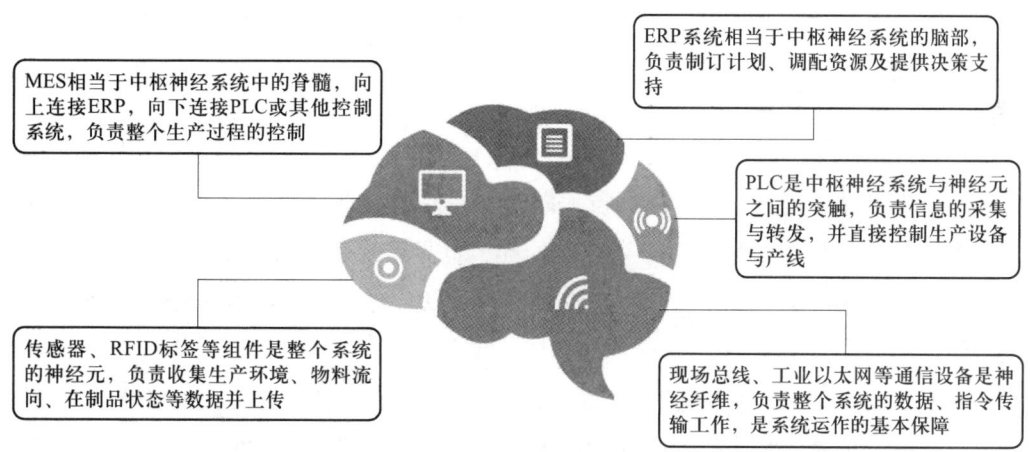

图 6-2 智能神经系统和典型智能制造系统的架构

二、智能制造的关键技术

1. 数字孪生技术

从根本上讲,数字孪生技术以数字化的形式对某一物理实体过去和目前的行为或流程进行动态呈现,有助于提升企业绩效。数字孪生技术以针对众多层面持续、实时开展的大量物理世界数据检测为基础。该检测可通过数字化的形式对某一物理实体或流程进行动态呈现,从而有效反映系统运行情况。企业可根据所获得的信息采取实际行动,如调整产品设计或生产流程等。

数字孪生技术的功能是在物理世界和数字世界之间全面建立准实时联系,这也是该技术的价值所在。基于产品或流程现实情况与虚拟情况之间的交互,数字孪生技术能够创造更加丰富的模型。随着通信技术发展、计算能力提升和成本降低,如今可采用大量的处理架构和先进的算法分析交互式检测结果,进而获得实时预测反馈,并开展离线分析。数字孪生技术的上述功能将引发设计和流程的根本性变革,这是其他方法几乎无法实现的。

数字孪生技术主要用于复杂资产或流程建模。复杂资产或流程会与周围的环境发生不同形式的交互作用,因此很难在整个产品生命周期内开展结果预测。数字孪生技术可结合各种不同的实际情况以实现不同目的。例如,数字孪生技术有时会用于模拟喷气式发动机和大型矿用卡车等复杂部署资产,以监测和评估资产使用过程中的磨损和压力承受情况。该类数字孪生应用所产生的重要信息将影响未来的资产设计。风电场可通过数字孪生技术了解运营效率低下的原因。除此之外还存在大量其他与部署资产相关的数字孪生应用情况。

2. 虚拟现实技术

虚拟现实也称灵境技术或人工环境技术。该概念是在20世纪80年代初提出来的,具体是指借助计算机及最新传感器技术创造的一种崭新的人机交互手段。虚拟现实技术是利用计算机模拟产生一个三维空间的虚拟世界,给使用者提供关于视觉、听觉、触觉等感官的模拟,让使用者如同身临其境,可以及时、没有限制地观察三维空间内的事物。

在生产制造领域中利用虚拟现实技术建成的汽车虚拟开发工程,可以在汽车开发的整个过程中全面采用计算机辅助技术来缩短设计周期。例如,福特公司官方公布过一项汽车研发技术——3D CAVE 虚拟技术。设计师戴上3D眼镜坐在"车里",就能模拟操控汽车的状态,并在模拟的车流、人流、街道中感受操控行为,从而在车辆未被生产出来之前及时、高效地分析车型状况,了解实际情况中的驾驶员视野、中控台设计、按键位置、后视镜调节等,并进行改进。这套系统能够有效地控制汽车开发成本。

3. 图像识别技术

图像识别技术是信息时代的一种重要技术,其产生目的是让计算机代替人类去处理大量的物理信息。随着计算机技术的发展，人类对图像识别技术的认识越来越深刻。图像识别是人工智能的一个重要领域。图像识别技术的发展经历了三个阶段，即文字识别阶段、数字图像处理与识别阶段、物体识别阶段。图像识别，顾名思义，就是对图像做出各种处理、分析，最终识别所要研究的目标。今天所指的图像识别并不仅仅是用人类的肉眼，而是借助计算机技术进行识别。虽然人类肉眼的识别能力很强大，但是对于高速发展的社会，人类自身识别能力已经满足不了需求，于是就产生了基于计算机的图像识别技术。这就像人类研究生物细胞，完全靠肉眼观察细胞是不现实的，这样自然就产生了显微镜等用于精确观测的仪器。通常一个领域有固有技术无法满足的需求时，就会产生相应的新技术。图像识别技术也是如此，此技术的产生就是为了让计算机代替人类去处理大量的物理信息，解决人类无法识别或者识别率特别低的信息。

计算机图像识别技术就是模拟人类的图像识别过程。在图像识别的过程中进行模式识别是必不可少的。模式识别原本是人类的一项基本智能，但随着计算机技术的发展和人工智能技术的兴起，人类本身的模式识别已经满足不了生活的需要，于是人类就希望用计算机来代替或扩展人类的部分脑力劳动，因此计算机的模式识别就产生了。

第2节　智能工厂基础知识

一、智能制造加工单元与智能装配单元

1. 智能制造加工单元

智能制造加工单元是实现数字化工厂的基本工作单元。它针对装备制造业的离散加工现场，把一组能力相近的加工设备和辅助设备进行模块化、集成化、一体化，实现数字化工厂各项能力的相互衔接，具备多品种小批量（包括单件）产品生产能力。智能制造加工单元是设计与实施智能工厂的有效组线模式，作为一个最小的数字化工厂，提供了一个完整的多品种小批量生产的解决方案，甚至可以在不影响产线运转的情况下，实现多种设备在线入列和出列切换。

智能制造加工单元包括现场自动化模块、信息化模块和智能化模块，如图6-3所示。

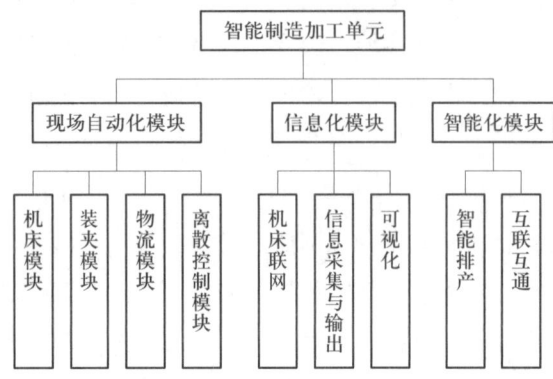

图 6-3 智能制造加工单元示意图

智能制造加工单元最重要的就是将人、机、网一体化，人、机、物与信息流、物流紧密地融合在一起。与传统的智能制造过于强调"智能"的自决策性不同，智能制造加工单元一开始就将人纳入闭环之中，成为人机协作的典范。

2022年1月，国内某公司推出了智能制造加工单元（见图6-4），由SMU50加工中心和智能上下料模块组成。

图 6-4 智能制造加工单元

SMU50加工中心是一款紧凑机型的加工中心，采用十字滑鞍结构，全部轴都采用数字驱动，具有成熟的床身结构和机电液一体化布局，动静特性、热稳定性和长期精度稳定性良好，加工效率高。其配置回转摆动工作台，可以实现联动加工。SMU50加工中心可用于不锈钢、合金钢、有色金属等材料的各种壳体盘类、箱体类等精密复杂零件的多品种、中小批量生产的半精加工和精加工。智能上下料模块由工业机器人、智能抽屉料仓、激光打标系统、底座、外防护部件等组成。操作人员仅需要将装夹后的毛坯零件放入抽屉中，上下料模块就会协调各机构配合机床完成零件的加工和打标，并将成品零件放回抽屉中的料位。操作人员仅需要从抽屉中取出成品零件即可。智能制造加工单元可广泛应用于机床工具、汽车、船舶、兵器、模具等生产领域。

数控机床作为当前机械加工产业的主要设备，其技术发展水平已经成为机械加工产业的发展标志。数控机床是制造装备业的工作母机，具有高速、精密、智能、复合、多轴联动、网络通信等功能。

奥地利某机床公司的 M100、M120、M150 和 M175 系列车铣复合加工中心是车铣复合加工技术的优秀代表，通过一次装夹就可以解决车、钻、镗、滚齿、插齿、磨削等复合加工工艺，允许一次装夹的复杂工件可以长达 8 m。除各种加工主轴具备强大的功率和扭矩优势外，其动态性和高效生产率也备受业界称道。如图 6-5 所示为 M 系列复合加工中心及典型加工零件。

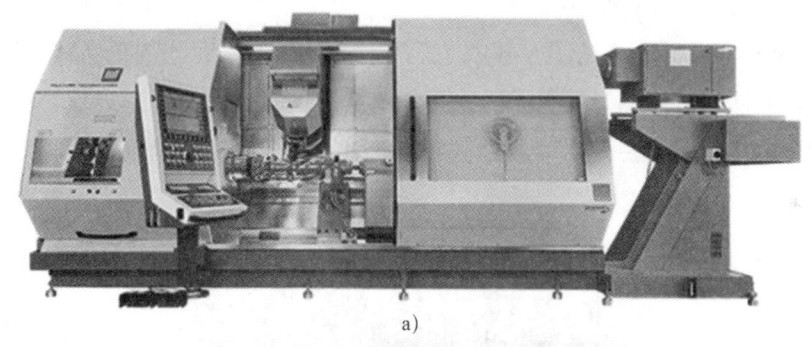

a)

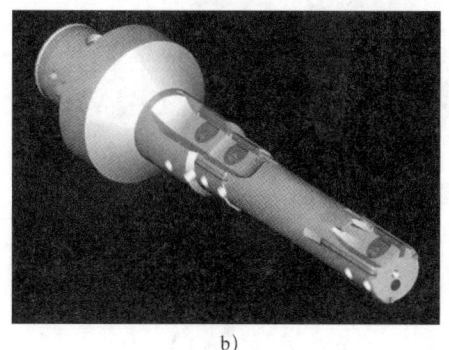

b)

图 6-5　M 系列复合加工中心及典型加工零件
a) M 系列复合加工中心　b) 典型加工零件

在重点产品上，我国将重点针对航空航天装备、汽车、电子信息设备等重点产业发展的需要，开发高档数控机床、先进成形装备及成组工艺生产线。

未来我国将重点攻克数字化协同设计及 3D/4D 全制造流程仿真技术、精密及超精密机床的可靠性及精度保持技术、复杂型面和难加工材料高效加工及成形技术、100%在线检测技术等。

2. 智能装配单元

传统的装配工艺规划是一台设备对应一个工位零件的安装,生产线跨度长,设备耗能高、故障点多,尤其是当产品升级时需要进行新的设备投入,使用成本较高。智能装配单元可以实现多套工业机器人的智能联动和分工协作,同时在工业机器人工作站完成多种装配任务,根据不同的排产工艺需求、生产组成情况,提供具有针对性的系统实施方案,满足差异化的柔性需求,实现量身定制。因此,智能装配单元具有装配制造柔性化、制造平台化、精度高、互换性好、柔性制造能力强、工作范围小、系统兼容性佳等特点。

装配机器人及其末端夹紧装置、装配连接工具(数字拧紧枪)是智能装配单元的核心设备。

(1)装配机器人的基本概况

1)直角坐标机器人(见图6-6)。它有三个移动关节,可使末端操作器发生三个方向的独立位移。该种类型的工业机器人定位精度较高,空间轨迹规划与求解相对较容易,计算机控制相对较简单。它的不足是空间尺寸较大,运动灵活性较差,运动的速度较低。

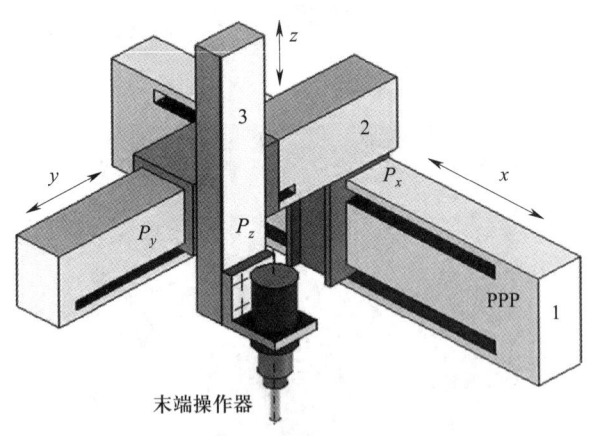

图6-6 直角坐标机器人

2)圆柱坐标机器人(见图6-7)。它有两个移动关节和一个转动关节,末端操作器安装轴线的位姿用(z, r, θ)坐标表示。该种类型的工业机器人空间尺寸较小,工作范围较大,末端操作器可达到较高的运动速度。它的缺点是末端操作器离z轴愈远,其切向线位移的分辨精度愈低。

3）平面关节机器人（见图 6-8）。它是圆柱坐标机器人中的特殊类型工业机器人，适合于将一个圆头针插入一个圆孔这样的装配工作。

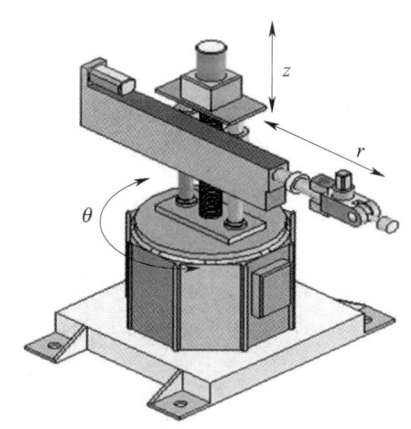

图 6-7　圆柱坐标机器人　　　　　图 6-8　平面关节机器人

（2）末端夹紧装置。对于装配机器人来说，装配和搬运物料工序是其抓取作业方式中较重要的应用之一。装配机器人作为一种具有较强通用性的作业设备，其作业任务能否顺利完成直接取决于夹紧装置。因此，工业机器人的末端夹紧装置要结合实际的作业任务及工作环境的要求来设计，这导致夹紧装置结构形式的多样化。装配机器人末端执行器要素、物件特征、操作参数的联系如图 6-9 所示。

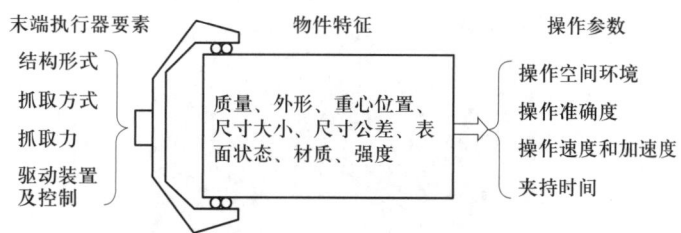

图 6-9　装配机器人末端执行器要素、物件特征、操作参数的联系

大多数机械式夹紧装置为双指头爪式，根据手指的运动方式可分为回转型、平移型，根据夹紧方式可分为内撑式、外夹式，根据结构特性可分为气动式、电动式、液压式及组合式。工业机器人的末端夹紧装置如图 6-10 所示。

（3）装配连接工具（数字拧紧枪）。数字拧紧枪在机械制造业中的应用非常广泛，机械制造中零部件的连接与装配、机械整体装配等，可以说几乎都离不开螺栓拧紧。数字拧紧枪在汽车生产装配线中的应用如图 6-11 所示。

数字拧紧枪的分类方式有几种，按拧紧的控制方式可分为扭矩控制法、拧紧 - 转角控制法、屈服点控制法拧紧枪，按人工参与程度可分为手动和自动拧紧枪，按拧紧执行部件的能源性质可分为气动和电动拧紧枪。其中，电动拧紧枪按其执行部件电源的性质又可分为直流拧紧枪和交流拧紧枪，它们的执行部件分别是直流伺服电动机和交流伺服电动机。扭矩控制法拧紧枪的构成原理如图 6-12 所示。

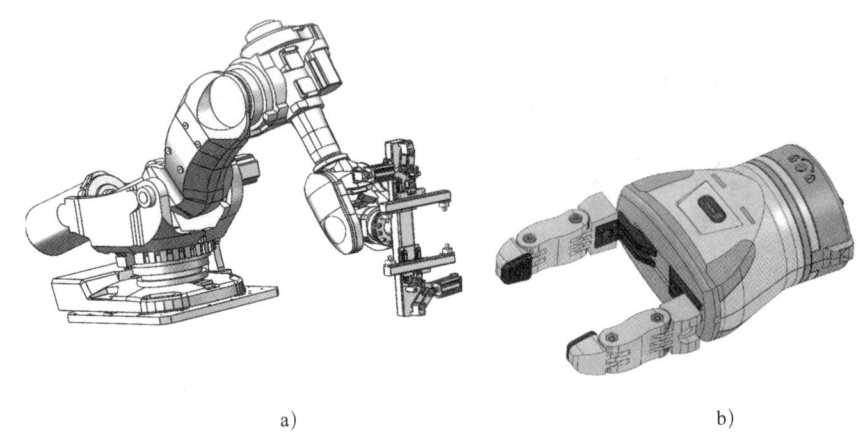

a)　　　　　　　　　　　　　　b)

图 6-10　工业机器人的末端夹紧装置

a）带有末端夹紧装置的工业机器人　b）工业机器人末端手指外形

图 6-11　数字拧紧枪在汽车生产装配线上的应用

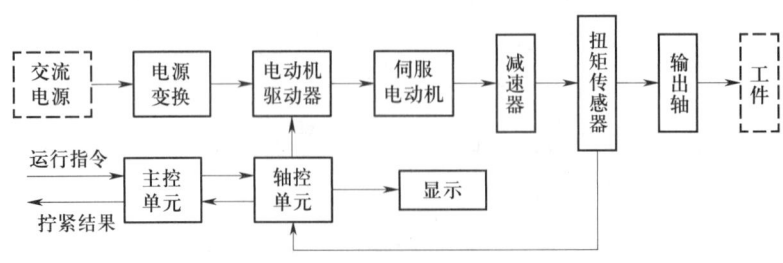

图 6-12　扭矩控制法拧紧枪的构成原理

二、数字化车间、智能生产线、智能仓储与物流

1. 数字化车间

智能生产是智能制造的主线,而智能工厂是智能生产的主要载体。随着新一代人工智能的应用,今后一段时间中国企业将要向自学习、自适应、自控制的新一代智能工厂进军。新一代人工智能和先进制造技术的融合,将使工厂、车间和生产线发生大变革,提升到历史性的新高度,并将从根本上提高制造业质量、效率和企业竞争力。在今后相当一段时间里面,工厂、车间和生产线的智能化升级将成为推进智能制造的一个主要战场。

数字化车间主要具备自动化、数字化、模型化、可视化、集成化等主要特征和功能。数字化车间实现自动化生产,建立覆盖全厂的基于产品全生命周期的智能化信息生产管理系统,使工厂能够对整个生产工艺进行实时检测和规划。要使生产过程实现数字化,就必须借助全厂互联网平台实现机器之间、人员之间的互联互通,实现生产数据与人员无缝对接,生产管理人员可以借助系统采集的数据进行现场感知和管控。数字化车间及智能制造系统模型如图 6-13 所示。

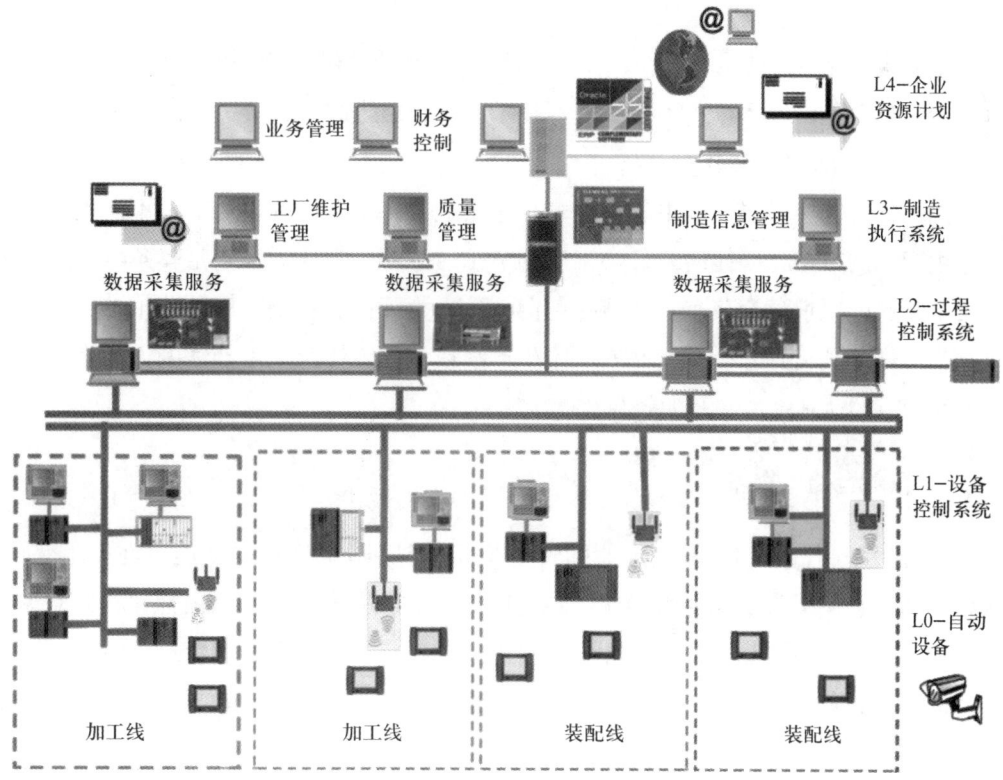

图 6-13 数字化车间及智能制造系统模型

2. 智能生产线

在目前国内外制造业中，手工流水线装配是最基本的生产方式，相当多产品的装配都在手工流水线上完成。这种装配作业方式仍在制造企业中发挥重要作用。由于产品由许多零件和部件组成，需要许多工作岗位完成多道装配工序，每一个人从事某一工序或多个工序操作，即可以达到一定的操作水平和技能。但是目前，用户和商家要求产品的质量更高、品种更多，新产品研发生产周期更短，产品价格更低。企业的最终目标是供货时间更短，供货质量更高，供货成本更低，因此降低成本是企业竞争手段之一。如果采用手工流水线和柔性化智能生产线融合作业模式就可以满足上述要求，同时也是基于中国国情来实现智能化装配的基础，有利于自动化和智能化的快速健康发展。

装配流水线有许多形式，如皮带输送线、滚筒输送线、悬挂链输送线等。输送的方式可以是连续的，也可以是间歇式的。智能工厂的柔性化智能生产线必须根据不同客户个性化订单的要求，通过物料清单（BOM）下发生产计划和排产方式，实施柔性化的智能装配模式，从而快速响应市场的个性化定制需求和零库存的全新生产模式。

柔性化智能生产线是一种技术复杂、高度自动化智能化信息化的系统，它将通信、微电子、自动化、计算机、系统工程等技术有机地结合起来，圆满地解决了机械制造高自动化与高柔性化之间的矛盾。

柔性化智能生产线一般由若干生产工序组成，各个工序的生产节拍不同也会影响整条生产线的节拍，因此需要各个工序的节拍通过调整和优化来满足整条生产线的节拍需求，这就要求各个节点上的节拍趋向一致。为了控制各个工序的节拍，一般采用复杂零部件单独组建子生产线并嵌入主生产线或采用模块化子生产线的方法来使整个生产线的节拍达到基本平衡的效果。

3. 智能仓储与物流

随着传统制造业向智能制造业的转型升级，企业仓储物流的功能也在发生变化，从单一物资仓储、收发等人力操作，转化成机械化、电子化、系统化管理和自动控制相集成，实现订单拉动、仓储管理到物料配送一体化，以及在仓储管理中对物料进行必要的加工（如落料、预拆装等），提升物流现场管理与服务功能，改变陈旧的仓储（仓库储存）意识，适应和满足智能制造对物（零件）的需求及时间和空间间隔的要求，利用系统输入人、财、物、信息等资源，通过物资运输、保管、编/扫码、搬运、包装、流通加工等的有机结合,使零件的质量、信息、成本都达到最优状态。

智能仓储系统是基于智能管理系统和智能硬件工具建立起来的,其常用的数字化管理系统有 WMS、MES 等软件,其智能化硬件工具有立体高位料架、堆垛机、叉车、拣货机器人、扫码枪、RFID 读写机等。智能仓储与物流系统模型如图 6-14 所示。

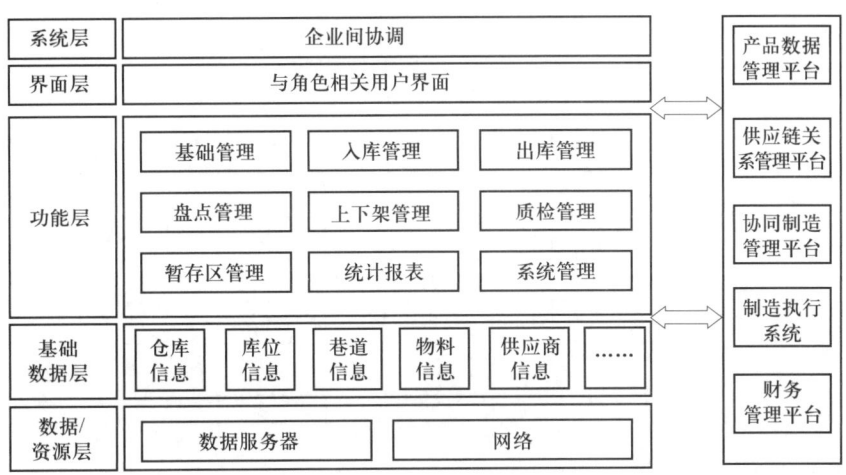

图 6-14 智能仓储与物流系统模型

物料配送装备的 AGV,是指装备电磁或光学等自动导引装置,能够沿规定的导引路径行驶,具有安全保护及各种移载功能的运输车。AGV 属于轮式移动机器人(wheeled mobile robot,WMR)的范畴,更直接一点说,AGV 就是无人驾驶(driverless)的运输车。AGV 一般采用电池供电,目前也有采用非接触能量传输系统(contactless power system,CPS)供电的。AGV 装有非接触导航(导引)装置,可实现无人驾驶的运输作业。它的主要功能表现为能在计算机监控下按路径规划和作业要求,精确地行进并停靠到指定地点,完成一系列作业功能。

AGV 在数字化车间的应用场景如图 6-15 所示。

图 6-15 AGV 在数字化车间的应用场景

三、智能工厂基本构架

1. 制造企业业务流程分析

(1)制造企业一般业务流程如图 6-16 所示。

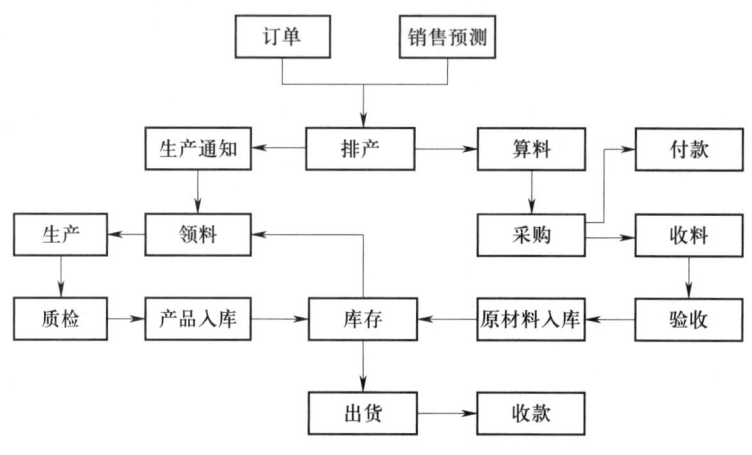

图 6-16　制造企业一般业务流程

(2)一般制造企业的组织结构如图 6-17 所示。

(3)智能工厂最终可以实现互联互通状态的 5 个情境(见图 6-18)

1)实现车间设备层到业务层的互联互通。

2)实现设备之间的互联互通。

3)消费者可以通过电子商务平台直接在业务层下单。

4)所有设备的供应商可以通过设备管理平台与业务网络互联互通。

5)所有设备运行状态信息可以集成在设备云端,供设备服务供应商和质检员实时调用。

(4)智能工厂的建设模式。由于各个行业生产流程不同,加上各个行业智能化的情况不同,智能工厂有以下几个不同的建设模式。

1)第一种建设模式是从生产过程数字化到智能工厂。在石化、钢铁、冶金、建材、纺织、造纸、医药、食品等流程性制造领域(流程制造业),企业发展智能制造的内在动力在于产品品质可控,侧重从生产数字化建设起步,主要基于产品质量控制的需求,从产品末端控制向全流程控制转变。

2)第二种建设模式是从智能制造加工单元(装备和产品)到智能工厂。在机械、汽车、船舶、家用电器等离散性制造领域(离散制造业),企业发展智能制造的核心

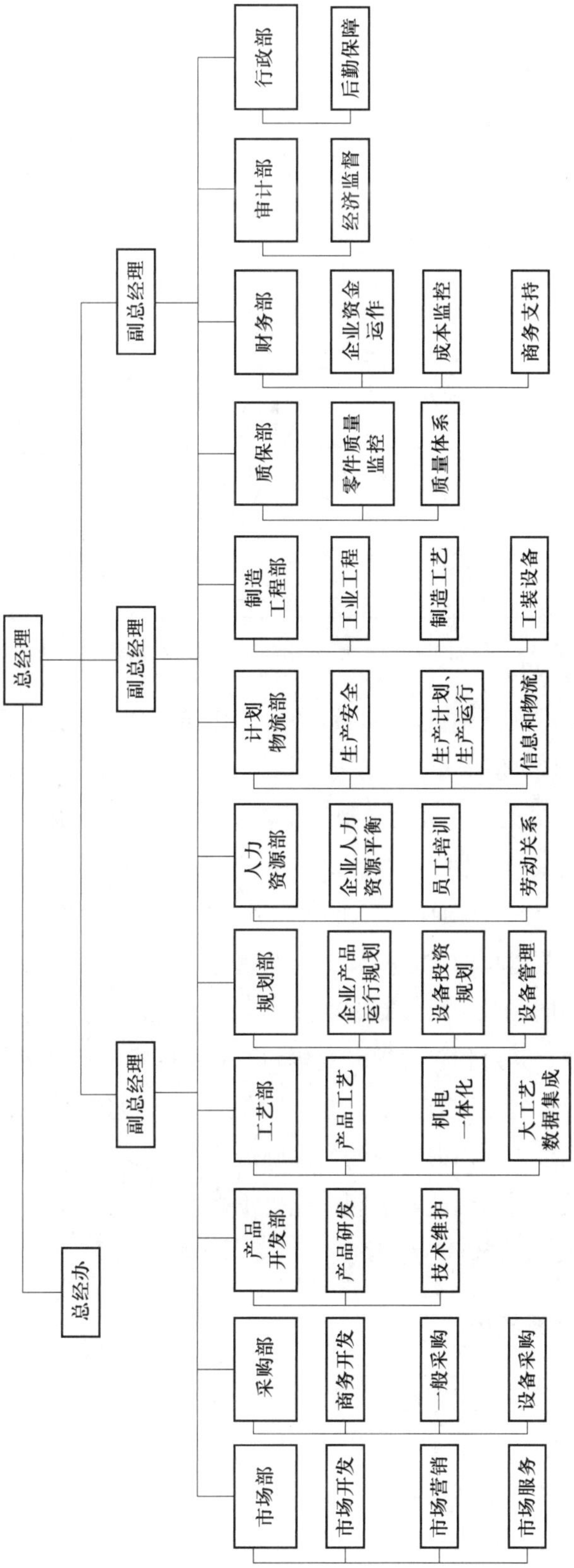

第6章 智能制造与智能工厂

图 6-17 一般制造企业的组织结构

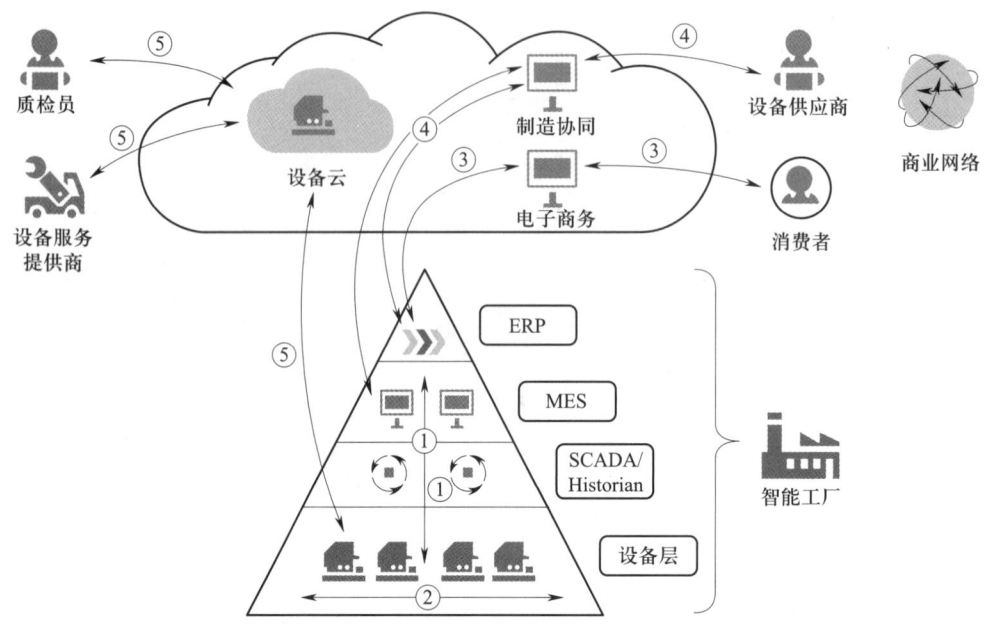

图 6-18 智能工厂最终可以实现互联互通状态的 5 个情境

目的是拓展产品价值空间，侧重从单台设备自动化和产品智能化入手，基于生产效率和产品效能的提升实现价值增长。

3）第三种建设模式是从个性化定制到互联工厂。在家电、服装、家居等距离用户最近的消费品制造领域，企业发展智能制造的重点在于充分满足消费者多元化需求的同时实现规模经济生产，侧重通过互联网平台开展大规模个性化定制模式创新。

由于产品制造工艺过程的明显差异，离散制造业和流程制造业在智能工厂建设方面的重点内容有所不同。对于离散制造业而言，产品往往由多个零部件经过一系列不连续的工序装配而成，其过程包含很多变化和不确定因素，在一定程度上增加了离散制造生产组织的难度和配套复杂性。企业常按照主要的工艺流程安排生产设备的位置，以使物料的传输距离最小。面向订单的离散制造业具有多品种、小批量的特点，其工艺路线和设备使用较灵活，因此离散制造业更重视生产的柔性化，其智能工厂建设的重点是智能制造车间或智能制造生产线。

2. 智能工厂的体系架构

（1）智能工厂体系。智能制造是一种基于工业互联网的现代制造模式，它不仅采用先进制造技术和智能装备，而且将新一代信息技术渗透到实体工厂，在制造领域构建虚实合一的生产系统，从而彻底改变制造业传统生产组织方式。智能制造的宗旨是实现优质、高效、低耗、清洁、定制化的生产和制造。因此，智能工厂的实质和重点是借助智能手段来实现生产和制造。没有强大的生产制造实体和制造工艺作为核心，形式上的智能化只是空中楼阁。

智能制造的基石是精益生产（lean production，LP）。它是一种能够快速响应客户个性化的需求变化，生产过程中的一切无用和多余的东西都会被精简的新生产体系和管理方式。它以数字化作为根基，能为生产提供各种量化的方法和工具，使工厂变成可量化、可视化和透明化的工厂。它能在需要的时候按需要的量生产所需的产品，即所谓的准时生产方式（just in time，JIT）。它能达到零库存、零缺陷、零浪费、零事故、零不良、零停滞和零灾害的终极目标。

智能工厂是实现智能制造的重要载体，主要通过构建智能化生产系统、网络化分布生产设施，实现生产过程的智能化。智能工厂已经具有自主能力，可采集、分析、判断、规划，通过整体可视化技术进行推理预测，利用仿真及多媒体技术扩增展示设计与制造过程。系统中各组成部分可自行组成最佳生产制造系统结构，具备协调、重组及扩充特性。该系统具备了自我学习、自行维护的能力。因此，智能工厂实现了人与机器的相互协调合作，其本质是人机交互。智能工厂与数字化车间的层级关系如图6-19所示。

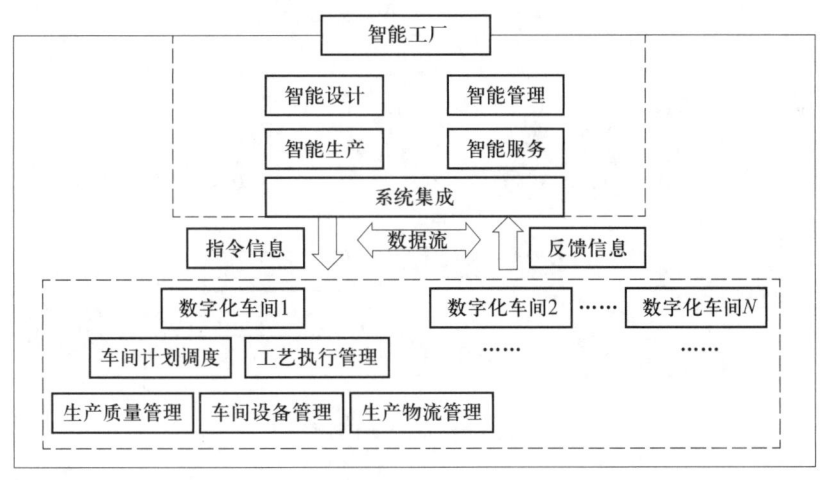

图6-19　智能工厂与数字化车间的层级关系

（2）智能工厂质量管理。智能工厂质量管理中的人、机、料、法、环是对全面质量管理理论中5个影响产品质量的主要因素的简称。人——制造产品的人员，机——制造产品所用的设备，料——制造产品所用的原材料，法——制造产品所用的方法，环——产品制造过程中的环境。智能生产就是以智能工厂为核心，将人、机、料、法、环连接起来多维度融合的过程。智能工厂体系架构中的产品质量管理方法如图6-20所示。

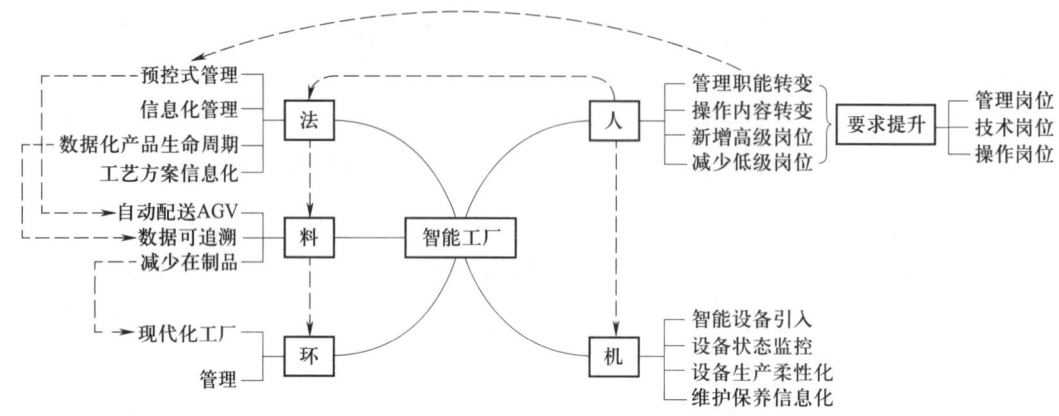

图 6-20　智能工厂体系架构中的产品质量管理方法

在未来智能工厂中，人、机器和资源能够互相通信，智能产品"知道"它们如何被制造出来，也知道它们的用途。智能工厂的运作过程如图 6-21 所示。

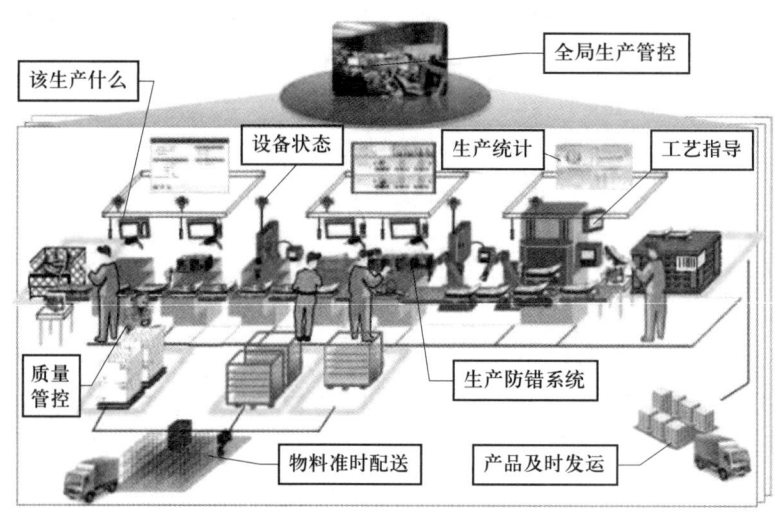

图 6-21　智能工厂的运作过程

（3）智能工厂体系构建案例。某高校智能工厂实验室以智能自行车（校园共享单车）产品为主要生产制造对象，通过跨专业、多学科的融合，提供了一个基于智能制造技术和贯彻《中国制造 2025》理念的工程实践教学和科研技术开发的综合性平台。通过产品的个性化需求来驱动和演绎工程（产品）项目的智能化设计、制造及运维（产品全生命周期过程），从而实现从传统制造业向智能制造业的转型升级。

智能工厂实验室将以打通企业生产经营全部流程为着眼点，充分利用自动化技术和信息技术等带来的解决方案，通过数据互通、柔性生产、智能装配制造、人机交互、复杂系统及信息分析等手段,实现从产品设计到销售,从设备控制到企业资源管理所有环节信息快速交换、传递、存储、处理的智能化集成。

智能工厂实验室主要由管理层、硬件层、软件层、功能层、目标层,以及数据交换管理和采集任务监控等环节组成,其总体架构如图 6-22 所示。

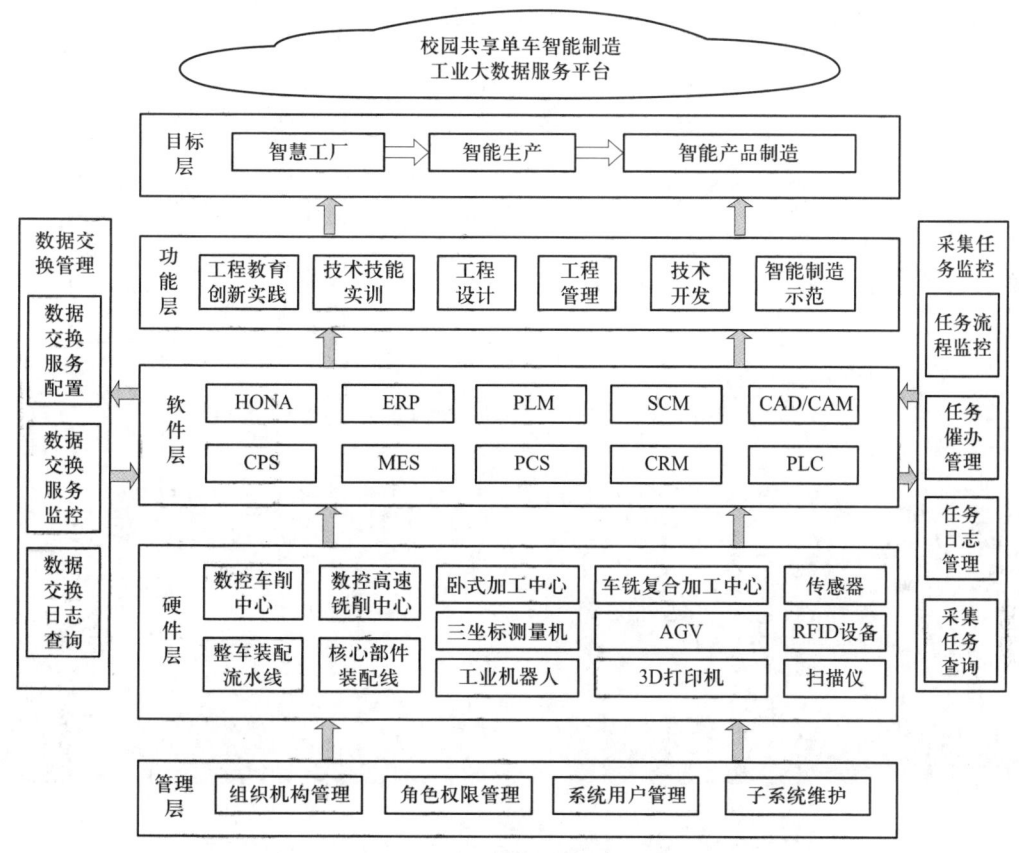

图 6-22 智能工厂实验室的总体架构

3. 数字孪生工厂

工业互联网是智能工厂的重要支撑。实现智能制造需要一个虚实合一的生产系统,需要铺设数字基础设施。工业互联网的网络基础设施为工业服务而生,经过不断丰富和完善,可以营造一个信息物理系统(cyber-physical system,CPS)的环境,成为实现智能制造的必要条件和手段,但是它本身远不是智能制造的全部内容。基于工业互联网的智能工厂模型如图 6-23 所示。

智能工厂实验室的现实与虚拟环境设计主要基于信息物理系统。信息物理系统作为计算进程和物理进程的统一体,是集计算、通信与控制于一体的智能系统。信息物理系统通过人机交互接口实现和物理进程的交互,使用网络化空间以远程的、可靠的、实时的、安全的、协作的方式操控一个物理实体。例如,某高校智能制造数字孪生工厂的若干场景如图6-24所示。

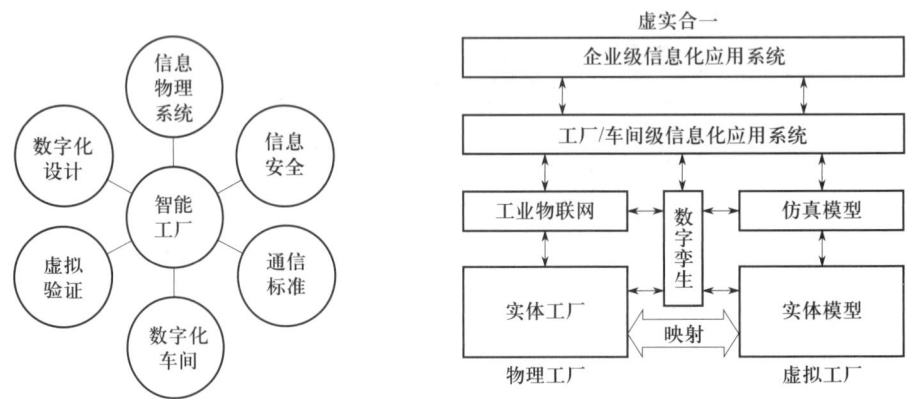

图6-23 基于工业互联网的智能工厂模型

图6-24 某高校智能制造数字孪生工厂的若干场景
a) 基于数字孪生技术的数字化车间一角 b) 基于数字孪生技术的虚拟操作面板
c) 基于数字孪生技术的工业机器人装配工位

第3节 智能工厂案例分析

一、产品及智能制造工艺分析

1. 产品的数字化设计

(1) 工业软件及其应用。工业软件是制造业推进数字化转型和智能制造的核心支撑技术,其应用水平、集成能力和应用成效,直接关系到制造企业的核心竞争力。当前,随着我国制造业数字化转型步伐日益加快,社会各界对工业软件的关注度持续提升,工业软件逐步成为制造业高质量发展的关键支撑。

按照工业软件应用的业务环节,工业软件可以分为研发设计类工业软件、生产制造类工业软件、运维服务类工业软件、经营管理类工业软件及其他类工业软件,分类及其应用领域如图6-25所示。

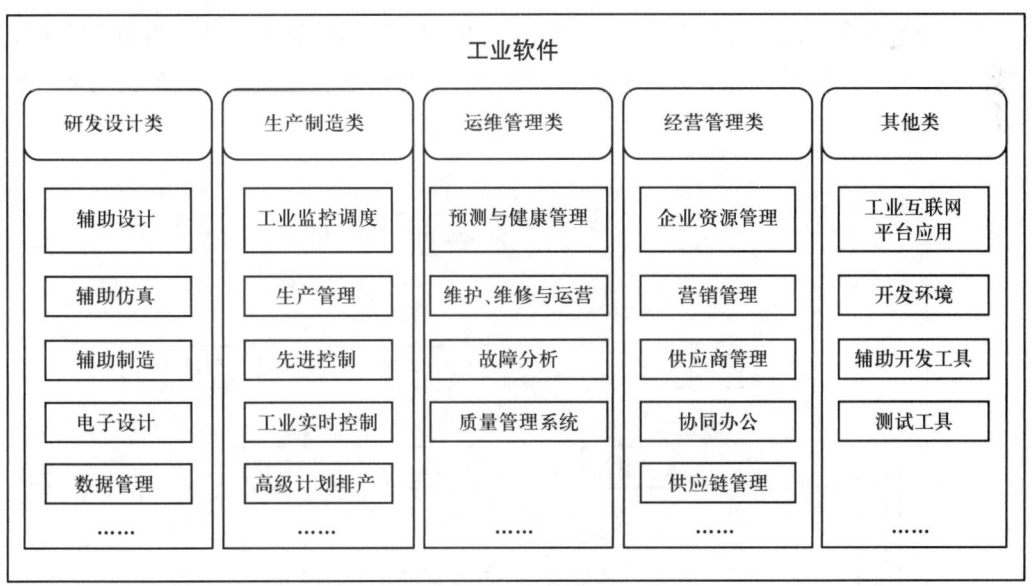

图 6-25 工业软件分类及其应用领域

研发设计类工业软件主要包括计算机辅助设计、计算机辅助工程(CAE)、计算机辅助制造、计算机辅助工艺规划、电子设计自动化、设计过程管理、产品生命周期管理(PLM)等软件。

生产制造类工业软件主要包括制造执行系统、高级计划排产系统、仓储物流管理系统等运营管理类软件，以及可编程控制器、数据采集与监视控制系统（SCADA）、分散控制系统等现场管控类软件。

运维管理类工业软件主要包括状态监测、预测与健康管理、能效管理、维护维修等软件。

经营管理类工业软件主要包括企业资源计划、供应链管理（SCM）、客户关系管理（CRM）、企业资产管理等软件，也包括定制化的企业应用集成平台系统、协同办公系统等。

（2）数字化设计方法及其软件应用案例——数字化设计与并行工程在摩托车研发中的应用

1）基于WAVE技术的并行三维设计。自顶向下的产品设计研发技术，能够为企业的产品研发带来极大的好处，设计资源的唯一性可以得到保证，并按访问控制列表（ACL）来实现共享。当需要对设计资源信息（如设计基准等）进行更改时，零部件的详细设计能够按照系统通知来响应更改。运用WAVE技术的相应功能，将设计基准控制文件（有些部件可能只有一个控制零件文件而没有控制结构文件）、某个产品零件中的设计基准或几何体链接到各产品零件中。此时不存在从上一级发送到下一级或平级发送等概念，只需要将设计基准控制文件中的几何信息从设计基准控制文件中发送到具体产品零件中。基于单一产品设计基准控制文件的自顶向下的产品结构体系如图6-26所示。

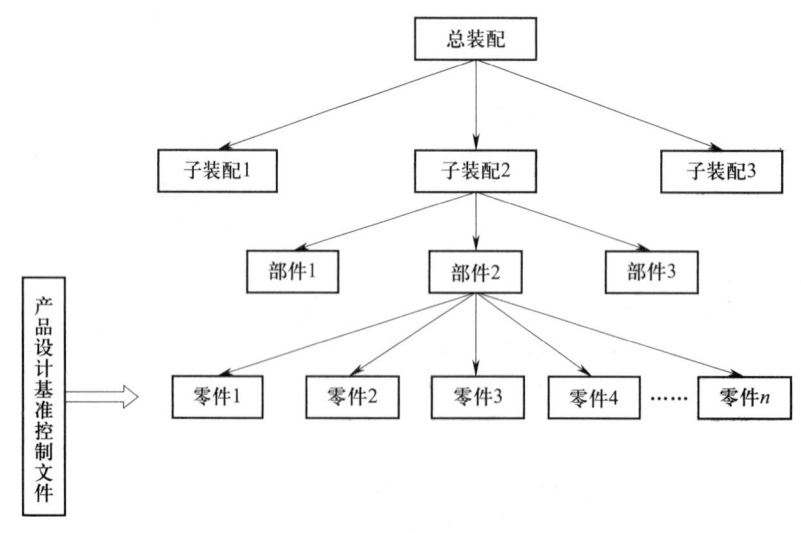

图6-26 产品结构体系

2)整车采用数字化虚拟装配。以摩托车的数字化设计为例,采用自顶向下和自底向上相结合的设计方法,利用装配功能将摩托车各零部件模型按照实际定位关系进行虚拟装配,可以在零件加工前就通过 UG 软件系统功能检查零部件之间的配合、干涉,进行整车性能、结构分析,对运动零部件进行机构分析,以及论证零件的可安装性和可拆卸性,使设计隐患尽量杜绝在产品设计阶段,减少新产品试制时的返工,降低设计更改成本,缩短新产品的研发周期。有了整车模型后,还可以大大缩短变形零部件的研发设计周期。UG 软件中的整车虚拟装配如图 6-27 所示。

3)关键部件的运动分析。摩托车的后轮、后摇架、后减震部件的运动分析过程如下:

①对零部件进行实体建模,并在 UG 软件中进行虚拟装配。

图 6-27 UG 软件中的整车虚拟装配

②定义"连杆"和"运动副"。

③定义运动"驱动"。

④给运动分析方案加力、力矩、弹簧、阻尼、减震块和接触运动副。

⑤设置标记及其他封装分析选项,从而可以对标记、组件进行跟踪,分析其临界状态,并进行干涉检查等。

⑥利用电子图表进行运动仿真分析。

⑦查询运动分析方案的信息,修改编辑模型及运动分析方案的特征。

摩托车的后轮、后摇架、后减震部件的运动分析如图 6-28 所示。

4)摩托车发动机连杆的有限元分析。摩托车发动机连杆的有限元分析一般要经过以下步骤:

①对零件进行实体建模。

②对模型进行简化。

③对模型进行网格划分。

④对模块进行加载荷及约束。

⑤利用解算器对网格化的模型连杆进行计算。

⑥利用 UG 软件有限元分析模块中的后处理功能对连杆进行结果分析。

有限元分析的关键是载荷分析与有限元模型建立,一旦建立了模型,今后若基本参数有变动,只需要修改基本参数与加载荷即可。连杆的有限元分析结果如图 6-29 所示。

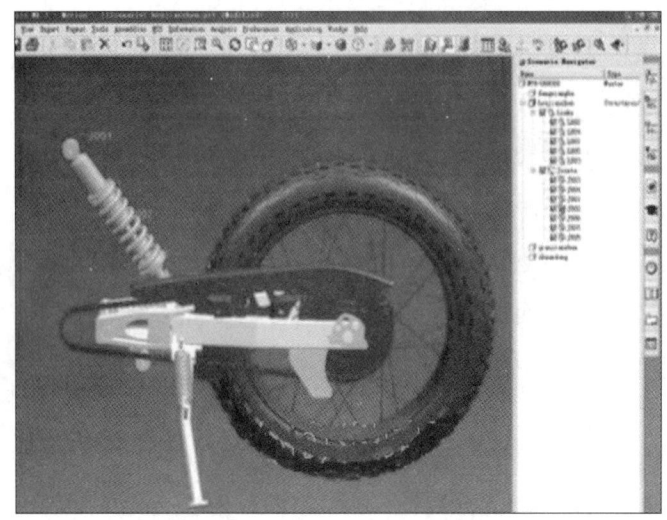

图 6-28 后轮、后摇架、后减震部件的运动分析

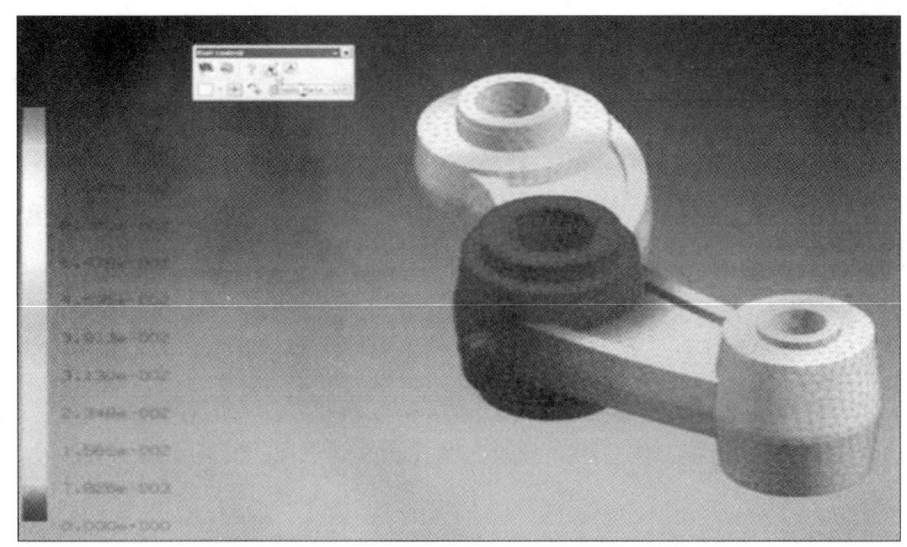

图 6-29 连杆的有限元分析结果

2. 智能制造工艺分析——自行车智能装配工艺分析

智能工厂实验室采用 10 辆 AGV 加上 12 个智能化装配工序的形式，实施了不同特征自行车的柔性化装配工艺。自行车智能装配生产线布局及工艺路线如图 6-30 所示。

智能装配生产线能完成自行车整车和部件装配从上料到产品下线等十多道工序的智能化装配工艺。他们分别为：自动上料工序（OP10）、前叉装配工序（OP20）、传动

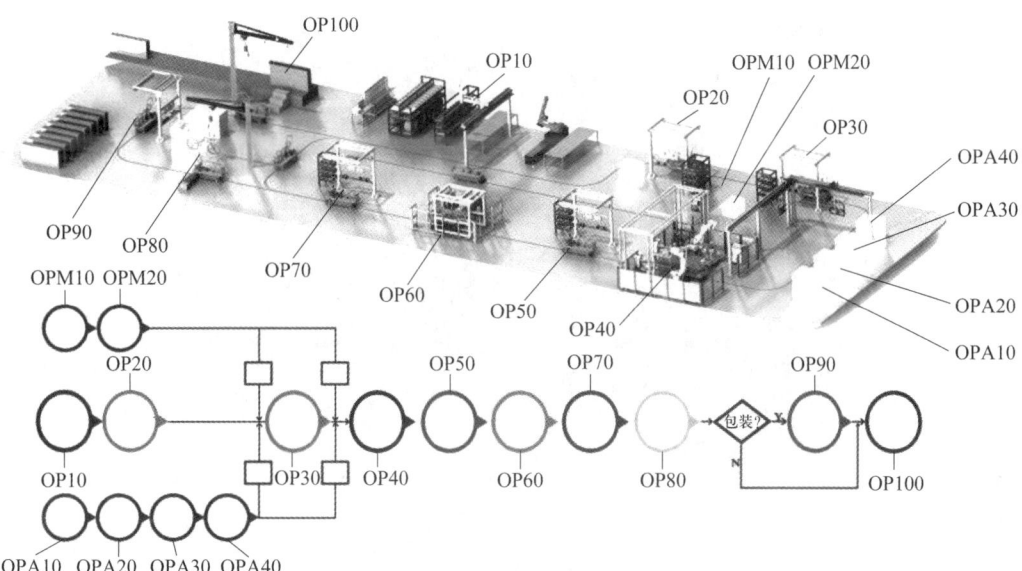

图 6-30 自行车智能装配生产线布局及工艺路线

轴及后轮装配工序(OP30)、前轮自动装配工序(OP40)、支架及曲柄装配工序(OP50)、立/卧车龙头智能装配工序(OP60)、车把装配与刹车调试工序(OP70)、整车检测工序(OP80)、整车装箱预调整工序(OP90)和整车装箱工序(OP100)。为了平衡装配生产工艺的节拍,又设置了轮组手动/自动装配工序(OPM10/OPA10)和若干组件模块化装配工位。

图 6-31 和图 6-32 为智能工厂实验室的若干场景。

图 6-31 自行车智能装配生产线

图 6-32 前轮自动装配工序（OP40）

下面以自行车装配自动上料工序（OP10）和前轮自动装配工序（OP40）为例，分析自行车智能装配工序步骤（工步）。

（1）自动上料工序（OP10）（见表 6-1）。

表 6-1　　　　　　　　　自动上料工序（OP10）

序号	OP10 工序步骤（工步）
1	生成总成号，绑定 AGV
2	（让工业机器人）将车架、前叉和无链轴总成加载到 AGV 托盘上
3	放行 AGV

本工位可设置为手动工位或自动工位，两种工位最终目的都是将车架、前叉、无链轴总成加载到 AGV 托盘上。区别是一个由人工放置产品和人工手持扫码枪读取产品精确追溯码（简称精追码），另一个由工业机器人放置产品和视觉相机自动读取精追码。不管是手动工位还是自动工位，都需要在 AGV 进站后用手持扫码枪读取 AGV 条形码，将托盘信息读取到计算机系统中，然后分别单击"生成清单""绑定 AGV""打印清单"，最后单击"确认放行"。

自动上料工序（OP10）工位如图 6-33 所示。

（2）前轮自动装配工序（OP40）（见表 6-2）。

第 6 章 智能制造与智能工厂

工位总览

总控台

工业机器人智能上料空间

图 6-33　自动上料工序（OP10）工位

表 6-2　　　　　　　　　　前轮自动装配工序（OP40）

序号	OP40 工序步骤（工步）
1	AGV 到位，读取信息
2	工业机器人抓取前轮总成，放置前轮总成
3	拧紧前轮螺母
4	翻转车身
5	放行 AGV

本工位为自动站，现场无须人员操作，全部由两台工业机器人操作完成。AGV 进站后护栏两边光栅开始进行安全防护，随意触碰光栅或闯入围栏会导致工业机器人运行停止。因此，在工业机器人工作过程中工作人员尽量在护栏外观看，除非设备出现问题需

要进行查看和维修,这时也应该打开安全门,从安全门进入护栏内。工业机器人会根据不同操作来切换不同夹具对自行车部件进行安装。为了提前做好后道工序的装配准备,在自行车前轮安装完成后,工业机器人会将自行车 180° 翻身,之后 AGV 会被自动放行。

前轮自动装配工序(OP40)工位如图 6-34 所示。

工位总览

总控台

工业机器人智能装配空间

图 6-34　前轮自动装配工序(OP40)工位

二、工业大数据与智能生产管理

1. 工业互联网大数据

工业互联网是从工业设备上提取运行数据并进行多维度的数据分析,根据分析结果开发工业应用,对设备可靠性、系统运营效率、工艺质量进行优化,进而提高产能、质量和降低成本。工业互联网的本质是以人、机、料、法、环之间的网络互联为基础,通过对工业数据的全面深度感知、实时传输交换、快速计算处理和高级建模分析,实现智能控制、运营优化和生产组织方式变革。

工业互联网中网络是基础，平台是核心，安全是保障。新一代信息技术如5G技术、大数据技术、人工智能技术、区块链技术和传统工业、现代工业进行深度融合，能够让经济在新起点上得到更好、更稳健、更大的发展。工业互联网是工业云平台的延伸发展，通过新技术构建更精准、实时、高效的数据采集体系，包括存储、集成、访问、分析、管理等功能性平台，实现工业技术、经验、知识的模型化、复用化，最终形成资源富集、协同参与的制造业生态。

工业互联网大数据的三大应用场景：

（1）工业设备实时监控。先对生产设备、环境、企业ERP数据进行采集，通过5G专网传输至大数据平台，经过清洗转换、分析处理，生成设备实时状态的监控模型，并通过大数据的API向网页端、移动端提供相关服务，为工厂提供设备状态实时监控服务。

（2）设备故障识别与预警。先是采集生产的设备数据、环境数据及企业的CRM、ERP等数据，通过5G专网传输到大数据平台，利用离线或者实时计算的框架，将设备数据、ERP数据、历史生成的标签体系数据结合故障训练模型，提供故障识别模型及故障识别结果，并为上层的网页端、移动端提供相关的故障预警及故障识别服务。

（3）智能化的工艺流程优化。目前主要采集的是生产工艺数据、环境数据及ERP数据，通过5G专网传输到大数据平台，综合历史的工艺数据及当前实时的工艺数据，通过决策树神经网络相关的AI算法来生成工艺规则的模型库及工艺对比分析结果，从而反推当前的工艺流程、工艺决策，通过大数据API向网页端、移动端提供相关的服务。

工业互联网是全球新一轮科技与产业竞争的制高点，对于推动实体经济转型升级，大力发展数字经济意义重大。工业互联网的核心意义是，制造企业不仅可以通过工业互联网收集用户的习惯喜好以改善下一代产品设计，还可以通过优化自身生产运行大幅降低生产成本。

2. 数字化和信息化管理平台建设案例分析

生产制造过程必须实现信息化。它是指将信息技术用于产品的生产制造过程，使制造活动更高效、敏捷、柔性。在生产制造过程中采用信息技术，可以对制造过程监控和管理，提高加工效率和保证加工精度，完成对复杂大型零件的加工，实现制造过程的自动化、信息化和集成化。生产制造过程信息化包括数控技术、柔性制造单元和柔性制造系统、分布式数字控制、快速成形技术、自动化物流技术、制造执行系统等与信息技术的深度融合。

制造业信息化将信息技术、自动化技术、现代管理技术与制造技术相结合,可以改善制造企业的经营、管理、产品开发、生产等各个环节,提高生产效率、产品质量和企业创新能力,降低消耗,带动产品设计方法和设计工具的创新、企业管理模式的创新、制造技术的创新、企业间协作关系的创新,从而实现产品设计制造和企业管理的信息化、生产过程控制的智能化、制造装备的数控化、咨询服务的网络化,全面提升制造业的竞争力。实现车间生产过程信息化的示意图如图6-35所示。

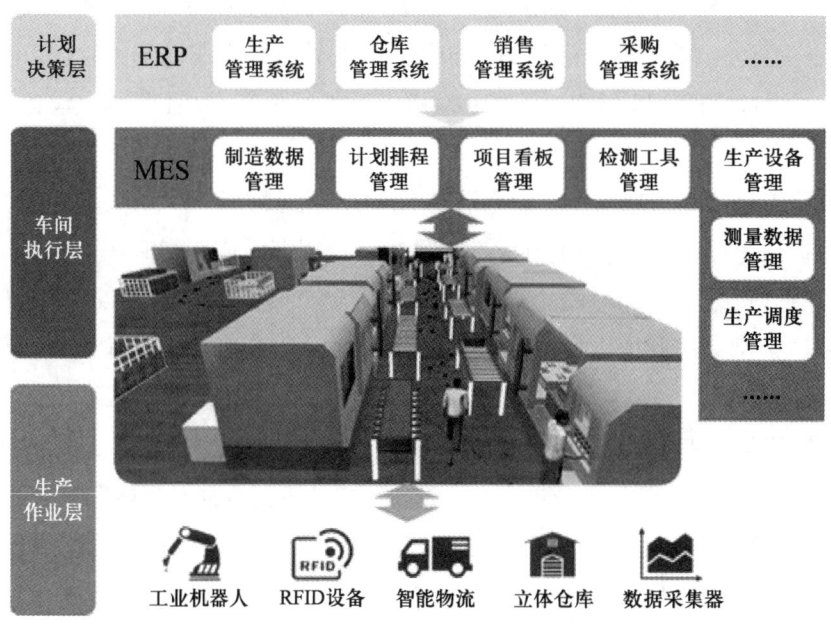

图 6-35 实现车间生产过程信息化的示意图

现今,随着经济形势越来越严峻,企业之间的竞争也越来越激烈,企业信息化管理变得尤为重要,尤其是在离散制造业中,因其自身特点,在硬件的基础上软件的引入会大大提升企业的竞争力。生产过程信息可视化主要是通过监控生产过程,自动采集和提取制造过程中的有用信息,建立信息数据库,将处理过的信息实时、准确、直观地展现出来,起到指导生产的作用。要实现上述目标,必须将可视化技术与制造信息系统结合起来,建立一个制造过程信息可视化系统,如图6-36所示。

MES解决方案就是一个基于制造业领域的信息化软件。例如,普实软件推出集OA(办公自动化)、ERP、WMS、MES等于一体的AIO8智能制造平台,为企业关联的各个角色(员工、供应商、客户、经销商、应聘者等)提供自助管理平台,满足制造企业信息化不同层次的需求,致力于为我国制造业提供全方位、全生命周期的服务,推动我国制造企业迈向智能化时代。

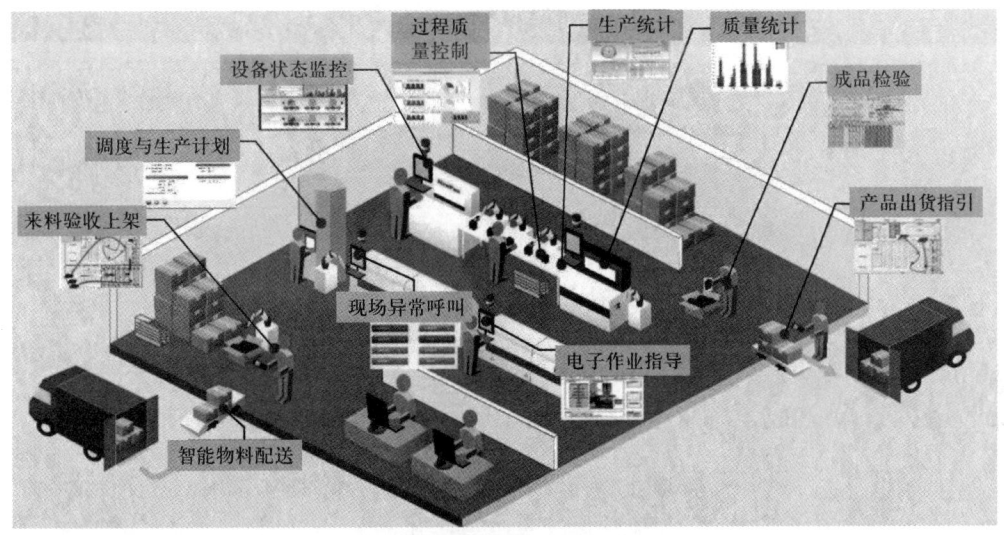

图 6-36 制造过程信息可视化系统

AIO8 智能制造平台以"开放、物联、智能"的理念,全面满足企业从制造到产品终端不同阶段的管理需求,帮助用户快速搭建个性化的业务应用,让数据价值真正变成企业的生产力。

AIO8 智能制造平台的核心流程由 OA、ERP、MES 等构成,并通过客户关系管理及分销系统扩充出"营销通路+设计生产"的业务模型,通过网上供应链在线拉动采购,还可以选配功能齐备的移动 App(应用程序)等全系列的产品。企业可以根据发展需要,选用与企业发展相匹配的单元,平滑过渡,无缝衔接,避免重复投资。AIO8 智能制造平台示意图如图 6-37 所示。

下面将以 MES 为例,介绍制造企业的数字化和信息化管理平台建设方案。

制造企业数字化车间通过设备联网及工控机实时数据采集,记录生产过程中产品所使用的材料、设备,产品检测的数据和结果,以及产品在每个工序上生产的时间、人员等信息。MES 弥补了 ERP 对车间执行层管控的不足,先收集车间执行相关的信息,再由系统加以分析,就能通过系统报表实时呈现生产现场的生产进度、目标达成状况、产品品质状况,以及人、机、料的利用状况,这样让整个生产现场完全透明化。

企业的管理人员无论在何时何地,只要通过互联网就能将生产现场的状况一览无余。身在总部的负责人也能通过 MES 获取信息运筹帷幄,远在国外的客户当然可以来关心他们的订单进度、产品品质。MES 的框架如图 6-38 所示。

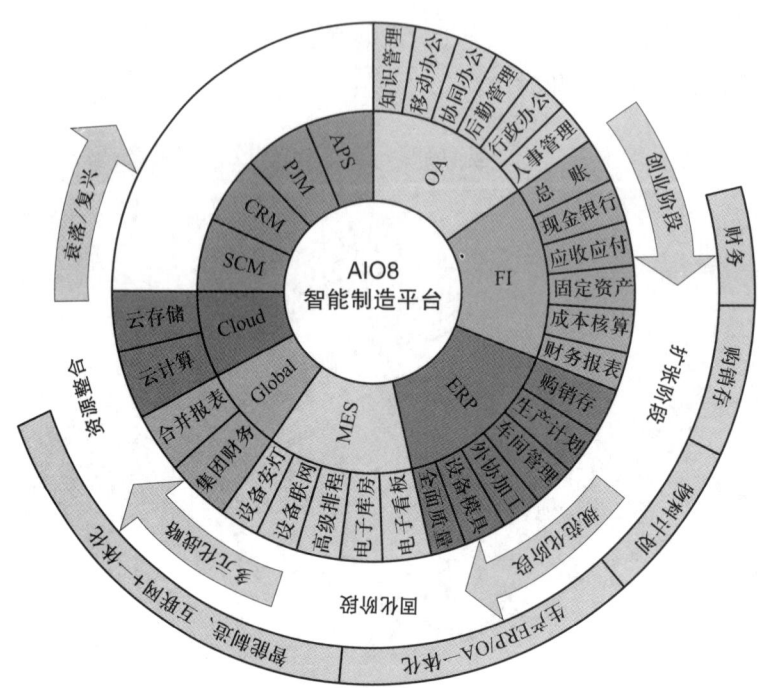

图 6-37 AIO8 智能制造平台示意图

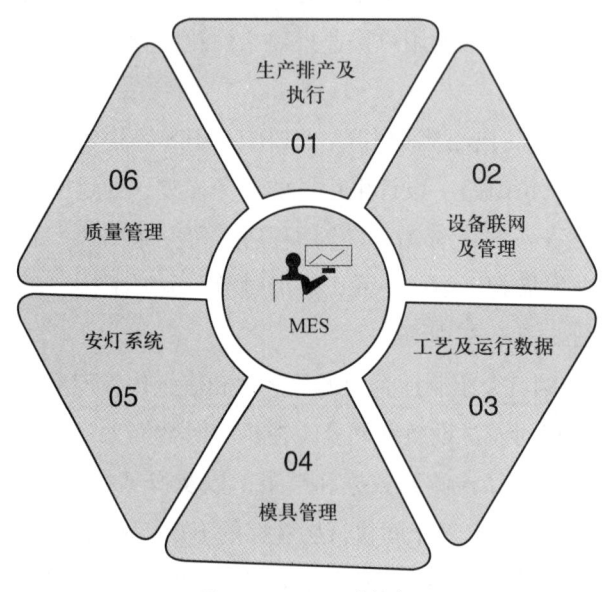

图 6-38 MES 的框架

第 7 章
标准、标准化与产品质量管理

讲到质量,我们都会想到一些词,就是 ISO(国际标准化组织)质量管理体系、ISO 9000 质量标准和体系认证。本章将重点介绍质量、标准与标准化之间的关系,以及标准与智能制造的关系。

第 1 节　标准化对现代工业与质量的价值

在日常生活中人们对标准一词可能有多种理解,一般认为衡量事物的准则为"标准"。本书介绍的标准是指导和规范人们活动并评估结果的专业技术和管理准则。

一、标准与标准化

在标准领域中,标准被表现为一系列的文件,而标准化则是一系列的操作,包括标准构建后按标准推荐或规范的操作。

1. 标准的概念

(1)标准和标准化的定义。国家标准 GB/T 20000.1—2014《标准化工作指南 第 1 部分:标准化和相关活动的通用术语》中给出了标准和标准化的定义。

标准(standard)——通过标准化活动,按照规定的程序经协商一致制定,为各种活动或其结果提供规则、指南或特性,供共同使用和重复使用的文件。

标准化(standardization)——为了在既定范围内获得最佳秩序,促进共同效益,对现实问题或潜在问题确立共同使用和重复使用的条款，以及编制、发布和应用文件的活动。

从标准和标准化的定义中可以看到几个关键信息：

➤ 标准来源于良好/最佳实践，是可重复使用或具有指导意义的，也是获得和保障最佳秩序的做事规则和操作指南。

➤ 标准是有关相关方和利益方协商的结果，是共识的结果。

➤ 标准是以文件形式存在的，并为后续宣贯标准、应用和纠纷解决提供了基础。

在讨论标准时，规范一词的出现频率也很高，GB/T 20000.1—2014 中也给出了定义：

规范（specification）——规定产品、过程或服务应满足的技术要求的文件。

从定义中可以看到，标准侧重于准则和法则，而规范侧重于约定和规定。

从某种角度来讲，标准规范是做事的底线，因为它给出的是良好实践，并保障最佳秩序，而有序是人类社会活动的基础。

（2）标准和规范的作用。标准和规范的实施将有效地规范人们的各项操作，主要包括：

1）通过建立最佳秩序，保证有关各方共同效益，包括质量、成本、效率和满意度等。

2）有助于消除和减少贸易壁垒，营造公平、高效的市场环境。

3）为技术的发展奠定基础和提供平台，为知识的积累、共享和利用提供基础，并进一步促进技术交流。

4）标准化是对目标、过程、结果等质量要素全方位的规范过程，实际上也同时对质量形成的整个过程进行了显性化和模型化，而这些工作恰恰是数字化的基础。可以说，没有标准化就没有自动化，也就没有数字化和信息化。

（3）标准的分类。标准由权威组织主导编制和发布，如国际标准化组织（ISO）等。我国国家标准的主管部门为中国国家标准化管理委员会（SAC），具体的标准则由其管辖成立的技术委员会承担制定。在我国的国家标准体系中，标准主要分为三类。

1）国家强制性标准（GB 标准）。国家强制性标准是指为保障人体的健康及人身、财产安全的标准和法律、行政法规规定强制执行的标准，如药品标准、食品卫生标准等。强制性标准具有法律属性，必须执行，不符合强制性标准的产品禁止生产、销售和出口。

2）国家推荐性标准（GB/T 标准）。国家推荐性标准不具有强制性，即不强制厂商和用户采用，而是通过经济手段或市场调节促使公众自愿采用的国家标准。一般制造领域的技术和管理标准都属于这个范畴。

那么推荐标准是不是就可以不用呢？理论上是这样，但既然标准具有先进性和普适性，为什么不用呢？除非你有更先进或更适用的标准。

3）指导性技术文件（GB/Z 文件）。指导性技术文件也不具有强制性，其为仍处于发展过程中的技术标准化工作提供指南或信息，供科研、设计、生产、使用、管理等有关人员参考使用而制定的标准文件。

一般情况下，指导性技术文件具有时间性，到时限后要么转化为国家正式标准，要么就废止。

除国家标准外，各行业也相应制定了标准，如机械行业标准（JB）、航空行业标准（HB）、航天行业标准（QJ）、国家军用标准（GJB）等。

我国企业标准应由企业成立相应的技术委员会，根据企业实际情况和需求，按照国家相关标准的规定制定和发布，并按隶属关系在当地标准化管理部门备案。

2. 标准化过程与作用

（1）标准化过程。标准来源于工程实践，是人类工程实践的结晶，是标准化的一种结果。标准化工作是一个过程，关于过程，GB/T 19000—2016/ISO 9000：2015《质量管理体系 基础和术语》给出了定义：

过程（process）——利用输入实现预期结果的相互关联或相互作用的一组活动。

从更大、更高的层面来看，标准化工作更是一个体系，一个持续改进和应用的体系。图 7-1 描述了标准化基本过程模式，即 ABCA 模式及三个子过程（阶段）。

1）AB 阶段为标准产生子过程（标准信息的生成过程）。该过程主要包括：标准化需要调研、标准化操作的试验研究和论证、标准草案形成并提出标准立项申请、标准化技术委员会对标准立项申请进行评审并投票确定立项、成立标准起草小组、标准起草并在有关相关方的范围中反复征求意见（包括补充调查或试验）、标准草案送审并由标准化技术委员会投票表决、主管部门复核审批并正式发布。

2）BC 阶段为标准实施子过程（标准信息的传递和转换过程）。该过程工作主要包括：标准的宣贯，包括标准在社会、企业的宣贯，这其中还包括标准中相关内容在企业的转化和细化，甚至在此基础上制定具有实际可操作性和

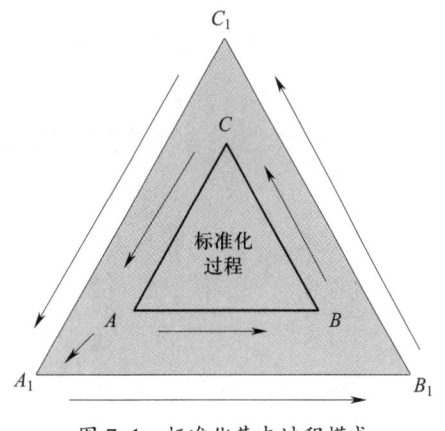

图 7-1　标准化基本过程模式

针对性的进一步细化的标准,这个细化的过程对于一些准则和指南类的标准应用是必不可少的。

由于标准的类型和适用性等问题,从标准规范内容的细化程度、严格程度和可操作性角度来看,一般情况下存在一个标准细化程度的梯度,即企业标准严于行业标准/团体标准、行业标准/团体标准严于国家标准、国家标准等同或严于国际标准。因此,对于企业而言,真正的标准落地是企业根据国家标准、行业标准所制定的具体标准规范和操作规范。

3）CA阶段为信息反馈子过程。标准和标准化一定是动态的,随着技术的发展和需求的增加,标准是需要与时俱进的。在这种情况下,就要求关注标准实施中存在和出现的问题、改进方向,以及新技术新需要的融合。因此,需要构建一个反馈的机制,来确保信息的采集及对新技术、新需求的研究,并在标准实践中加以不断改进、验证,为新一轮标准的修订和提升提供技术、数据和信息的支撑,并推进从 A 到 A_1 的过程,启动标准的修订和再制定工作。

（2）标准化作用。从工程实践和标准化过程来看,需要规范和标准化的内容主要包括产品、过程和服务三个方面。标准化在这三个方面的作用主要包括:

1）适用性。具体条件下的产品、过程或服务具有符合规定用途的能力。

2）兼容性。在特定条件下一起使用的诸多产品、过程或服务,在各自满足相应要求的情况下,彼此间不会引起不可接受的相互干扰的适应能力。

3）互换性。某一个产品、过程或服务在被另一个产品、过程或服务代替时,能满足同样要求的能力。

4）品种控制。为了满足主导需求,对产品、过程或服务的规格或类型数据的最佳选择。

5）安全目的。免除出现不可接受的伤害和风险。

6）环境保护。使环境免受产品使用、过程操作或服务提供所造成的不可接受的损害。

7）产品防护。使产品在使用、运输或储存过程中免受气候或其他不利条件造成的损害。

随着人类工程实践和工业化的深入,标准已渗透到几乎所有的地域、领域和整个操作过程中。标准按级别可划分为7类,即国际标准、区域标准、国家标准、行业标准、地方标准、团体标准、企业标准。标准按操作及其过程分,大致可分为13类,即基础标准、术语标准、符号标准、分类标准、试验标准、规范标准、规程标准、指南标准、产品标准、过程标准、服务标准、接口标准、数据特定标准。

3. 标准与制造业的关系

标准化实践和标准应用是一项长期持续的工作。而正是这样一种工程实践方面的持续努力、持续规范和持续改进，成就了现代工业及其现代贸易和市场形态，所有这些都突显了标准化和标准的特性。

（1）标准化和标准是工业的基石。从人类的工业化进程来看，特别是大批量的流水线生产、自动线生产、全球协同等，无一不是在标准化和标准的基础上开展的，而知识、技术、经验、教训的持续融合，更是推进了整个工业的健康有序发展。

（2）标准化和标准是规律的映射。工业的良好实践，最终形成了有效操作规范，其真实完整地体现和契合了操作获得成功背后的规律，从某种角度来讲，成功一定是一种"遵道"和"循道"的操作，或者说标准就是某种"道"。

（3）标准化和标准是秩序的保障。保障秩序是标准化根本的出发点，也是现代工业全球协同的基础。这其中包括了通过实践摸索出的有效规范对象和途径，如架构、配置等，以及基于标准规范管理下的秩序等。

（4）标准化和标准是高速的公路。有了秩序，自然就有了效率，同时有序也覆盖了资源配置及其高效合理应用，所有这一切都为高效运作提供了基础。

（5）标准化和标准是雷池的红线。这是一般意义上的"限"，超越了"限"就会被认为不合格，不合"规"。

（6）标准化和标准是管理的依据。一切管理的基础和依据就是标准规范、法律法规，管理是让良好实践和秩序得以复现。

（7）标准化和标准是使能的体系。标准化和标准事实上构建和规范了运作机制，它能确保指令发出后所有操作按要求进行，并得到期望的结果。

（8）标准化和标准是沟通的渠道。在工业大生产的场景下，人与人、人与传统机器，以及人与智能机器的协同与沟通都是必需且必然的，语言本身就是一个标准规范，而沟通的结果及所产生的约束，同样是一种规范。

（9）标准化和标准是协同的纽带。在全球制造的场景下，协同是必需的，协同的基础是双方或多方的共识，包括质量、产品、服务、社会责任等方面，并在合作之前通过约定形成共识和约束规范。

（10）标准化和标准是信任的基础。认真踏实地宣贯和应用标准，一方面印证了企业的良好秩序和经营管理水平，另一方面体现了企业对现代工业的理解，以及全员的执行力。

（11）标准化和标准是文化的体现。在讨论现代工业和现代质量时，"文化"一词是绝对绕不过去的。文化是指人类在社会历史发展过程中所创造的物质财富和精神财富的总和，也可特指精神财富，如文学、艺术、教育、科学等。光看字面上的意思，会觉得这东西总有点"虚"。其实对于文化有一个通俗的理解，即"文化也许就是一种习惯，一拨人的习惯"，良好的思维、良好的秩序正是先进文化的一种表现。

（12）标准化和标准是共识的底线。标准规范是做事的底线，而且是有关相关方、多方达成共识的底线。

标准是底线的说法似乎和常说的标准是制高点，具有引领作用相背。其实，说标准有引领作用是对标准实质的一种误解。如果一定要讨论引领的问题，那么标准化的思维才是真正有引领作用的。

二、标准规范的内容和作用

标准化是涉及技术内容、运作过程、实施对象和持续改进的复杂系统。标准化及标准作用的真正发挥是值得重点关注的问题。

1. 标准规范的内容

标准化是一个过程。国家标准 GB/T 19001—2016/ISO 9001：2015《质量管理体系 要求》用图示方法给出了单一过程及其所涉及的要素，如图 7-2 所示。

图 7-2 对标准化一般的过程进行了细化和拓展，特别是将输入和输出端人的因素包括了进来，从而形成了顾客—供应商—顾客的闭环，体现了以顾客为中心（关注点）的理念。同时在这个闭环外，强调了一个更大的生态圈，即有关相关方，它不仅包括了利益相关方，更强调了一切可能有关和自认为有关的各方。

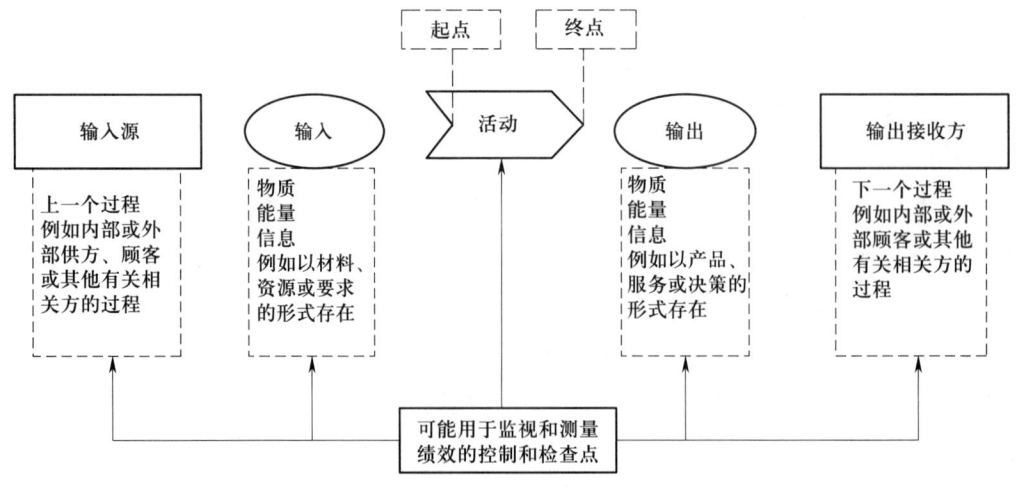

图 7-2　单一过程及其所涉及的要素

下面用 5W2H1E 法来讨论标准化和标准主要需要规范的内容:

(1) Who。谁去发现需求?顾客是谁?谁来做?谁是供应商?交付给谁?还有谁会关注相关产品和服务?这里供需双方需要对交付方法进行规范,相关人员的资质也需要被关注和规范。

(2) Why。为什么要做?为什么定这些指标?为什么是这样的方案?为什么是这样的流程?为什么是这样交付?为什么找这些人来制造和协作?这里主要需要规范的是评估方法、流程等,以评估整个操作过程中的不确定性。

(3) What。实现什么样的目标?规范什么样的流程?制订什么样的交付计划?需要什么样的资源支持?这里主要规范的是操作和过程。

(4) When。这是基于时间线的规范要求,包括交付时间、操作过程的工时、协同时间节点、项目里程碑等。

(5) Where。这是关于场地方面的规范内容,包括生产地、交付地、运输途径等。

(6) How do。这方面的规范主要考虑的是过程控制与规范操作。

(7) How much。人、财、物、信息等投入的规范。

(8) Effect。这是指效果,或者过程控制的目标、系统考核目标的规范。

为了确保良好的秩序及预期的效果,可以说,一切涉及的要求和过程都是需要规范的,而且越是复杂的系统越需要规范。

2. 标准的体系和架构

从工程实践来看,标准所涉及的范围和内容极为宽泛,甚至已达到了无孔不入的地步。在这种情况下,需要考虑标准之间的关联、协同、衔接和综合应用,并确保不产生干扰,避免标准间的冲突。为此,ISO 和 IEC(国际电工委员会)联合制定了相关的导则《ISO/IEC 导则》(ISO/IEC Directives),这些导则实质上就是标准的标准化指南,它规范了标准制定的原则和过程,还特别针对各种管理标准,给出了相应的体系和标准结构。表 7-1 是《ISO/IEC 导则》给出的管理标准的高级结构,对这些标准结构的认知有助于更好地理解标准。

表 7-1 《ISO/IEC 导则》给出的管理标准的高级结构

序号	结构名称	结构内容
1	范围	明确了标准的适用范围
2	引用标准	与该标准联合使用的标准
3	术语和定义	统一规范了事物名称,并对其本质特征、内涵和外延进行了规范表述。学习标准必须先掌握术语和定义

续表

序号	结构名称	结构内容
4	组织状况	企业需要考虑的内外部环境及相关因素
5	领导作用	规范领导的职责、工作
6	策划	对事先策划、验证和风控的要求
7	支持	对相关资源的要求
8	运行	对运行过程的管控要求
9	绩效评价	对运行过程和结果的评价要求
10	改进	对系统的持续改进要求

基于现代管理标准结构，ISO/IEC 还给出了高级结构中的通用术语，涵盖了企业活动的所有方面和细节，这些都是开展管理活动需要关注和规范的内容，其中包括组织（organization）、过程（process）、相关方（interested party）、绩效（performance）、利益相关方（stakeholder）、外包（outsource）、要求（requirement）、监控（monitoring）、管理体系（management system）、测量（measurement）、最高管理者（top management）、审核（audit）、有效性（effectiveness）、合格（conformity）、方针（policy）、不合格（non-conformity）、目标（objective）、纠正（correction）、风险（risk）、纠正措施（corrective action）、文件化信息（documented information）、持续改进（continual improvement）、能力（competence）等。

目前主要涉及的管理标准包括质量管理体系（ISO 9000）、质量审核管理体系（ISO 10000）、环境管理体系（ISO 14000）、合格评定（ISO 17000）、职业健康安全管理体系（ISO 45001/OHSAS 18000）、社会责任（ISO 26000）、供应链安全管理体系（ISO 28000）、风险管理体系（ISO 31000）、文档管理体系（ISO 32000）、合作关系管理体系（ISO 44000）、能源管理体系（ISO 50000）、资产管理体系（ISO 55000）、创新管理体系（ISO 56000）等。此外，ISO 已在着手制定反腐标准。

当所有的管理标准都根据高级结构制定时，可以将他们整合进一张具有纵横结构的表中，其中横向放置管理的方面，纵向放置术语中涉及的内容，这就形成了一张完整的企业管理节点网格。基于此就可以开展无死角的标准制定和管理工作。

为了有效解决应用层面上标准间的协调、衔接和综合应用问题，高级结构给出了"引用标准"，其一般配置在标准的第 2 部分，规范的写法包括引用方法和被引用标准。

标准之间相互引用，事实上就是将标准捆绑在一起，形成一个完整的体系。标准的制定和应用都是成体系、全方位的，规范同样是成体系、全方位的。

3. 制造业标准规范的内容及体系

现代制造是一个从市场调研、产品构思、产品设计制造到交付，以及应用、维保和处置的全生命周期过程，这里强调的产品处置是从可持续发展和环保角度提出的。

（1）制造业标准规范的内容。从产品角度来看，最终交付的产品不仅与产品的设计方、制造方（包括整个供应链）、销售方及客户有直接关系，同时产品的使用效果和用户感受也会影响与供应商和客户利益直接相关的各方，甚至会影响自认为与之相关的相关方。

从企业角度来看，在设计、制造和供给产品的同时，还会有更多综合的考虑，归结起来主要包括以下几个方面，即 TQSCER。

1）供货期（time）。供货期不仅涉及与顾客的约定，更涉及其他企业及企业在市场上的竞争能力。其背后体现了企业自身的管理能力，包括对供应链的组织和管理能力。

2）质量（quality）。从产品和服务层面看，质量是一组固有特性满足要求的程度，其看似是对相关技术指标的满足要求，实际上还体现了企业对市场、客户的认知，以及企业自身的能力。

3）满意度（satisfaction）。一般认为满意度是针对顾客的，但今天讲的满意度是涉及所有人的，包括员工、供应链及相关方。

4）成本（cost）。实际上讲收益也许更准确，它是企业的根本和生命。

5）效率（efficiency）。这里的效率讲的是有关各方的响应能力。

6）社会责任（responsibility）。这其中不仅涉及企业，同样涉及客户和相关方，涉及道德、可持续发展理念等。

（2）制造业标准规范的体系。从制造本身角度来看，不仅涉及上述各方面的思考，还需要在受上述各方面的约束外有自身需要考虑的问题，图 7-3 描述了产品整个研发过程涉及的内容。

可见，现代制造本身就涉及一个庞大的技术和管理体系，其中至少包括了 6M2E1I 等核心要素。

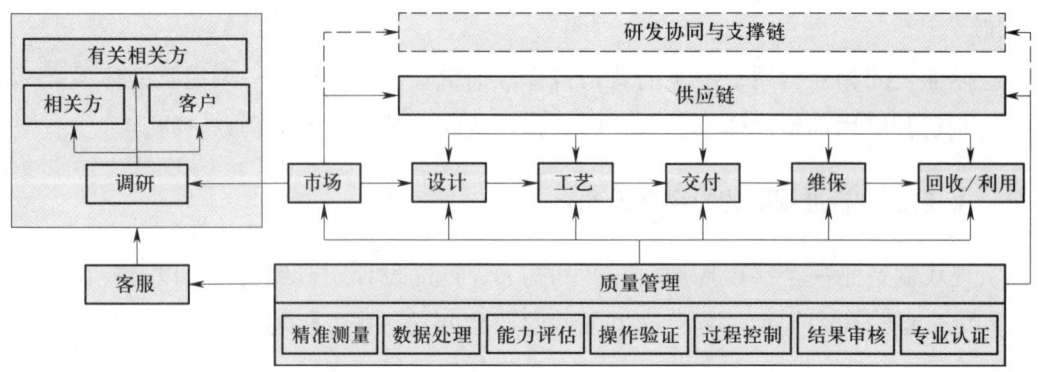

图 7-3 产品整个研发过程涉及的内容

1）人（man/manpower）。这其中涉及从业人员的素养（道德和技术层面）、认知（知识体系和思维方法）、技能等。技能包括工作技能和操作技能，面向数字化时更涉及面向未来的数字化技能。

2）机（machine）。这里可以更广泛地理解为工具，即与产品设计、制造和交付有关的工具，其中最核心的是工艺装备和工业软件。

3）料（material）。制造就是把原料变为产品的过程，这其中包括了材料的属性、性能，以及物流等。

4）法（method）。整个制造过程中所涉及的方法，包括技术方案、工艺方法、管理方法，以及为保障上述制造过程的规范和规程等。

5）测（measurement）。测量是工业的眼睛，也是掌控质量状态的基础和工业场景数字化的根本。没有测量，就没有数字孪生。测量的核心是数据精准、可信。

6）资金（money）。资金的管理及合理使用是制造必须认真对待的对象和要素。

7）能源（energy）。能源的管理及合理使用，除保障生产外，更涉及双碳和环保要求。

8）环（environment）。环境友好是企业承担社会责任的一个重要组成部分，其中涉及材料、能源、排放、安全等各个方面，以及市场场景。

9）信息（information）。在数字制造中，信息已成为不可或缺的一种生产要素。

上述这些要素是一定程度上对制造过程在相应维度上的分解，从标准化的概念和作用来看，上述所涉及的所有内容都是标准化的对象，以确保制造真正目标的实现。

三、质量与标准的关系

质量与标准有着不可分割的关系，标准化形成的有序状态为质量的界定、形成和保障提供了基础。

1. 质量的定义

工业界对质量的内涵及质量形成过程和保障方法有着持续的深度探讨。随着工业化进程的推进，质量的定义也在持续发展和完善。

（1）全球首个质量管理体系方面的标准是 1979 年英国颁布的国家标准 BS 5750，它从标准化角度对质量进行了规范化定义。国际标准化组织于 1986 年在 BS 5750 的基础上，制定了 ISO 8402—1986，其中沿用了 BS 5750 对质量的定义：

质量——反映实体满足明确或隐含需要能力的特性总和。

注 1：在合同环境中，需要是规定的，而在其他环境中，隐含需要则应加以识别和确定。

注 2：在许多情况下，需要会随时间而改变，这就要求定期修改规范。

在这个规范化的技术定义中，"实体"指的是产品，其包括两层核心的含义：

1）"明确或隐含需要"都必须有明确的定义，并在技术规范中给出，其核心是响应产品的适用性。这里的难点是隐含需要如何发现、定义和保障。

2）"能力的特性总和"包括产品的性能，也包括制造方的能力，是一种符合性的要求，涉及整个质量形成和产品使用的过程。

（2）经过多年的实践，ISO 质量管理体系标准不仅被工业界认可，也被世界各国接受。ISO 在 1994 年新制定的 ISO 9000 标准中对质量进行了重新定义：

质量——一组固有特性满足要求的程度。

对该定义的深度剖析有助于更深层次地理解质量：

1）去除了"实体"一词，从而极大地拓展了质量的内涵，质量不仅可以针对产品，也可以针对过程和体系，或者是它们的组合及服务。质量甚至还能涉及企业的信誉，以及质量管理体系的有效性，这真正体现了大质量的概念。

2）明确了"固有特性"这一根本属性，从而进一步聚焦质量的实质，并使其具有实际可操作性。

3）"要求"是需要明确的，较之前一版标准关于质量定义中涉及的"隐含需要"，这一版没有进一步表述，而是通过"固有特性"来体现，它重点关注了最本质和基本的要求。

4）"程度"体现了有关各方的平衡，即质量是一种有条件、有约束的平衡。

可见，质量不仅是明确的，还是可以度量的，这都为后续的质量管理和相关操作奠定了基础。

（3）进入了 21 世纪，特别是随着以计算机和互联网为代表的数字时代的到来，质量的定义有了新的内涵。GB/T 19000—2005《质量管理体系 基础和术语》在原先质量定义的基础上，加上了"客体"两字，进一步明确了对象的内涵，包含了产品和服务。其定义为：

质量——客体一组固有特性满足要求的程度。

（4）值得关注的是，新质量管理体系标准 GB/T 19000—2016《质量管理体系 基础和术语》的基本概念部分，关于质量给出了一段明确的表述。

质量——一个关注质量的组织倡导一种通过满足顾客和其他有关相关方的需求和期望来实现其价值的文化，这种文化将反映在其行为、态度、活动和过程中。

组织的产品和服务质量取决于满足顾客的能力，以及对有关相关方的有意和无意的影响。

产品和服务的质量不仅包括其预期的功能和性能，而且还涉及顾客对其价值和受益的感知。

从上面的表述中可以清晰地看到质量的内涵：

1）质量是文化的体现，更是价值观的体现，目标是实现有关相关方的价值，这也同时体现了社会责任。

2）质量不仅是技术指标（需求），更是期望的实现，因此对产品质量的控制进化为对价值释放的控制。

3）对质量的思考必然会涉及整个过程，包括行为、态度、活动等。

由此开启了一个文化质量的时代，一个从指标质量向价值和文化质量进化的时代。

2. 质量保障的基本要求

随着质量定义的拓展，质量保障的内容和要求也同样得到了拓展，其主要涉及四个方面。

（1）从质量本身角度来看。客体的概念是宽泛的，其不仅涉及产品，还涉及服务。

固有特性触及质量本质如何定义，特别是准确的定义，不仅要求供应方与客户有明确的共识，还涉及设计质量、过程质量、检测质量、验收质量、维保质量、处置质量等，是全方位全过程的。特别是在数字化时代，如何在此过程中充分运用数字化工具，并充分考虑可持续发展等社会责任，这对供应方而言是一个极大的挑战。

（2）从市场和客户角度来看。在一般产品、服务等产能过剩的时代，形成了一个买方市场，拥有选择权的客户一定会在挑选应用功能的同时，更关注产品的背后，包括供应方的能力和声誉、市场环境、产品和服务的个性化等。这就是为什么现在要求企业重视企业文化的建设，因为这种企业文化都会烙印在产品和服务中，并通过客户的体验刻画在客户心中。企业的目标就是把产品和服务做到客户心里去，让客户满意，体验良好。

未来的产品和服务质量，实质是在供需双方对质量文化、消费文化契合的基础上开展的，最终实现双方的价值。对供应方而言，也必将从对产品和服务质量的控制进化为对产品和服务价值释放的控制。

（3）从社会角度来看。产品和服务的社会性是不可忽视的，以前一般认为产品和服务会影响客户本身，也会影响相关方。但网络时代信息传播之快已近乎为即时，在这种情况下，企业几乎没有机会犯错，而且一旦犯错也几乎没有时间去修补。于是风险管理就被提到了前所未有的高度，它要求企业充分考虑风险、小概率事件的影响，并做好应对措施。

同时，可持续发展的要求，也进一步要求企业承担起相应的社会责任。质量文化的建设是从另一个角度对企业社会责任提出的更高要求。从这个角度来看，企业还存在一个全方位的经营质量问题。

（4）从数字化技术发展角度来看。计算机技术和互联网技术的飞速发展为质量提升和保障提供了工具，同时也带来了挑战。这种挑战是全方位的，其不仅在客户和相关各方面进行了全方位的拓展，也将质量与文化、社会责任牢牢地捆绑在一起。

同时，以计算机为基础的数字化也能让质量形成的整个过程透明化，从而为面向产品和服务全生命周期的质量控制和价值释放控制提供了条件。

总之，数字化将为质量开启一个全新的时代。

3. 质量管理体系认证的价值和内容

在质量实践中，企业的能力、产品的技术特性，一般客户和外界并不能快速和轻易地判断，特别是一些涉及人身安全和健康的要求。而这些对于客户和合作方而言又具有重要意义。

为了提供对产品和服务质量的信任、提高质量实践的效率，就出现了认证认可制度及其相关认证操作。

认证（certification）是指由认证机构证明产品、服务、管理体系符合相关技术规范的强制性要求或标准的合格评定活动。

认可（approval）是指由认可机构对认证机构、检查机构、实验室，以及从事评审、审核等认证活动人员的能力和执业资格，予以承认的合格评定活动。

标准同样是认证认可的依据，认证认可也是实施标准的极好方式。目前，认证认可已是国际通行做法。相关国际组织已经在诸多领域建立了统一的认证认可制度，它不仅已成为贸易便利化的工具，还是市场经济条件下加强质量管理、提高市场效率的基础性制度。认证认可以互认协议的方式达成广泛互认，并已成为市场经济的信用证和国际贸易的通行证，是国家之间消除贸易壁垒的有效途径。相关数据显示，认证认可的国际互认体系已覆盖全球经济总量的95%以上，对全球贸易发展发挥着不可替代的作用。

认证认可制度通过为企业提供可靠的质量管理工具，帮助企业依照相关标准进行验证和改进，形成持续加强质量管理的机制，最终提高产品和服务质量。认证认可制度同时也扮演了市场中质量信誉证明人的角色，将企业、产品和服务的质量等信息传递给客户和合作方，从而降低交易和合作风险。

目前国内的认证认可制度为第三方评价制度，由具备专业能力的第三方机构依据标准和技术规范，对企业的产品、服务、管理体系、人员能力等进行评价。我国认证认可机构是中国合格评定国家认可委员会（CNAS）。

在国外还存在一种第二方评价制度，它是由发包方对供应方进行的认证认可。这种认证认可已成为国外大公司对供应商遴选和认可的主要手段。

认证认可按强制程度分为自愿性认证认可和强制性认证认可两种，按认证认可对象分为体系认证认可和产品认证认可。认证认可操作的主要目的在于：

- 规范市场操作，指导消费者选购合法、合规和有信誉的产品。
- 为销售者带来良好的信誉和更多的利益。
- 帮助企业建立健全有效的质量管理体系，这其中几乎涉及所有产业。
- 实验室认证认可可节约大量检验成本。
- 构建完善的产品认证认可制度已成为国家提高产品质量的重要手段。
- 强制性的安全认证认可制度是国家保护消费者人身安全和健康的有效手段。
- 提高企业和产品在国际市场上的竞争能力。

第2节 现代质量管理与企业标准体系架构

一、现代质量管理概述

质量问题涉及方方面面，包括技术、方法、管理等。在多年的质量实践中，工程和管理界在总结经验和教训的基础上形成了现代质量管理的理念、思路和方法，并将其体现在管理标准中。

现代质量管理的理念、思路和方法，完整体现了工程思维，其不仅通过有效的管理构建秩序，为质量的形成提供保障，同时也通过将所有过程显性化、数据化和规范化，为决策和创新管理提供基础。

1. 现代质量管理的基本原则

商场如战场，孙子兵法云：谋定而后动，知止而有得。质量管理体系标准首先要求组织关注其内外部环境，并通过综合调研、分析、权衡等，实现企业定位，并用愿景、使命和价值观进行明确且公开的表述。

愿景即组织向往的前景，是组织全员和相关方共同形成的意象描绘。

使命即组织存在的目的和应尽的责任，并转化为组织经营的基本指导思想、原则、方向和经营哲学。

价值观即组织对事物的认知和做事的准则，是组织文化的核心。

在此基础上，ISO、GB 质量管理体系标准给出了现代质量管理的 7 项原则。其中，前 4 项原则是主要针对"人"的质量管理原则，后 3 项原则是主要针对"做事"的质量管理原则。

（1）以客户为关注焦点。满足客户的需求和期望，把产品做到客户心里去，引领消费，铸就客户的忠诚度，并最终与客户一起构建生态圈。

（2）领导作用。在充分研究组织环境和明确组织定位后，各级领导应按统一的宗旨和方向开展工作，并创造全员积极参与实现质量目标的条件和机制（包括核心团队、各类资源、组织结构、管理体系等），开展企业质量文化建设和品牌建设，并构建组织生存和发展的生态圈。

（3）全员积极参与。整个组织内积极参与的所有人员，是提高组织创造力和提供价值能力的必要条件。保障质量人人有责，建设质量文化人人有份。

（4）关系管理。为确保持续成功，组织需要管理与有关相关方（如供应链、创新链等）的关系，这是一个生态圈建设的概念。

（5）过程方法。将活动作为相互关联、功能连贯的过程组成的体系来理解和管理时，可更加有效和高效地得到一致的、可预知的结果。

关于复杂问题的具体操作方法，老子在《道德经》中就谈到"图难于其易，为大于其细"，就是将一个大系统分解后来处理。

为了能够将分割的过程最终组成一个整体并能实现必要的功能和有效的运作，标准还对过程方法的输入和输出给出了明确的要求：过程的输入必须是"真实、肯定和正确的";过程的输出必须是"可表述、可操控、可度量、可交付"的。

(6)循证决策。基于可信数据和有效信息分析和评价的决策更有可能产生期望的结果。数据和信息让质量、过程全透明,这时才有可能做出科学决策。

(7)改进。成功的组织关注持续改进。值得关注的是,改进的到底是什么。尽管过程方法的输入是真实、肯定和正确的,但其实质还是基于假设、认知、知识、共识、约束、平衡等方面的结果。改进是一个循序渐进的过程,是一个知识经验积累的过程,更是一个技术迭代的过程。

ISO、GB质量管理体系标准给出的3项做事原则,属于正面展开,理论上是可控的和可预期的。但由于假设、认知、知识、共识、约束、平衡等可能受到复杂系统多变性、模糊性、不确定性等方面的影响,后续仍有可能存在风险。因此,质量管理体系标准还给出了一个关注风险的管理要求,通过对风险的定性和定量识别、分析、防范措施的建立,确保整个过程最后的交付。

组织需要基于上述原则,结合自身的能力、场景、产品、供应链、生态圈和市场情况,构建相应的质量管理体系。从这一点看,组织质量管理体系一定是个性化的。

2. 现代质量管理的工作方法

现代质量管理的工作方法即PDCA循环方法。

(1)计划(plan)。计划包括方针和目标的确定,以及操作规范的制定,这些操作都是基于假设、认知、知识、共识、约束、平衡等开展的,内容方面主要可细分为确定目标、实施计划、收支预算等,其输出的是规范,包括计划、工程图样、操作规程等。

(2)实施(do)。根据已界定的约束条件和相关规范,以及所制定方案、布局和规范,选用合适的工具和方法开展规范操作,实施计划的内容和实现计划的目标。

(3)检查(check)。按规范要求对实施过程和达成的结果进行检查和检验,以界定偏差和评估结果,给出符合性判定。具体来看,这里可能包含有4个C,即检查(check)、清理(clean)、沟通(communicate)和控制(control)。

(4)改进(action)。基于评估的结果,依据处理方案实施改进,包括调整、总结等,并在此基础上改进等。

PDCA是一个循序渐进的过程,更是一个持续不断的过程。

尽管 PDCA 循环方法看起来很简单，但它却涵盖了工程实践最基本的原理。在实际工作中，可以基于此方法进行扩展和补充应用。事实上，目前也确实存在不少基于 PDCA 循环方法，针对不同对象创造出的诸多行之有效的方法。例如，团队导向问题解决方法（8D 问题解决法）；六西格玛制造中的 DMAIC 方法，即定义（define）、测量（measure）、分析（analyze）、改进（improve）、控制（control）方法；六西格玛设计中的 DMADV 方法，即定义（define）、测量（measure）、分析（analyze）、设计（design）、验证（verify）方法。

3. 现代质量管理的工程思维和方法

质量是一个复杂的工程问题，破解工程问题必然需要使用系统思维和方法，以应对工程场景具有的多变性（volatility）、不确定性（uncertainty）、复杂性（complexity）和模糊性（ambiguity）等 VUCA 特点带来的影响。市场竞争越来越激烈，以及网络化和数字化技术的深度应用，造成了全方位的操作对象颗粒度细化，这更为工程场景平添了异构性（isomerism）特点，使 VUCA 特点升级为 VUCAI 特点。个性化（personalization）可以认为是异构性的一种表现。

系统工程的核心工作流程是验证和确认（verification and validation，V & V）流程，包含需求定义、功能和结构分解、规范制定、设计和输出验证、分步达成交付、全过程审核确认等工作内容，并通过反复验证、确认和过程控制，最终在复杂系统中达成预期目标。如图 7-4 所示是系统工程的 V & V 流程。

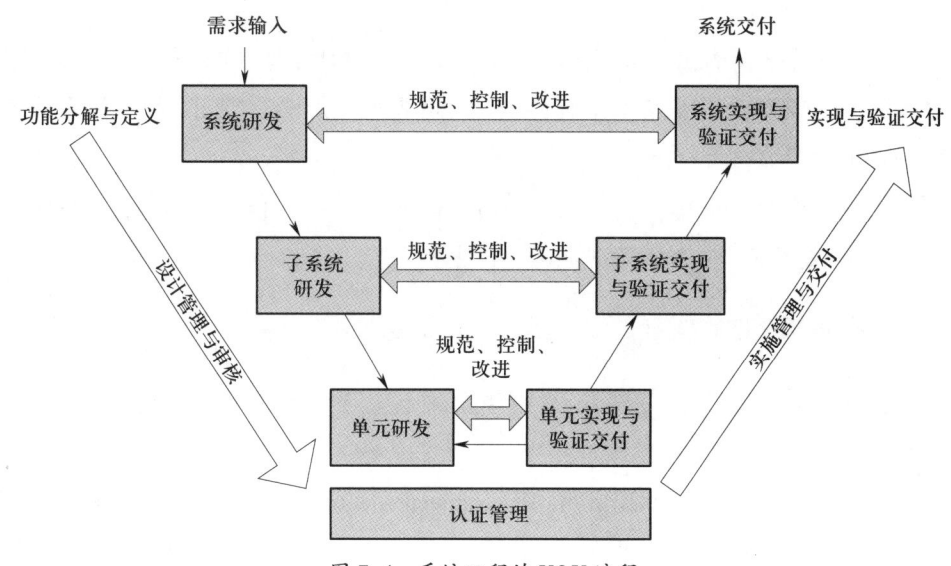

图 7-4　系统工程的 V&V 流程

在 V&V 流程中，其主要工作包括：

（1）第一个 V 由设计展开和系统集成组成，在确保设计输入（假设）处于真实、肯定和正确的状态下，运用假设、认知、知识、共识、约束、平衡等开展设计和制造等工作，核心是设计的逐级分解和基于假设的验证，这就有效地解决了复杂性（complexity）问题，并将其转化为可操控、可度量和可交付的技术规范（包括工程图样和相关技术规范等）。然后通过逐级制造形成系统级产品，其间需要基于技术规范进行阶段验证，并最终验收交付。

（2）第二个 V 是针对第一个 V 开展的逐级和全过程的审核，其主要关注的是操作过程的合规性和有效性，整个工作基于管理规范，运用循证决策方法来控制和推进，进行必要的风险管理，并做出改进操作。值得注意的是，控制解决的是不确定性（uncertainty）问题，风控应对的是多变性（volatility）问题，改进面对的是模糊性问题（ambiguity）。

同时，针对不同行业的技术特点，各行业还会专门对质量管理体系构建和实施 ISO、GB 质量管理体系标准给出更严格的要求。例如，国际汽车行业就在 ISO 9000 质量管理体系的基础上构建了《质量管理体系——汽车行业生产件与相关服务件的组织实施 ISO 9001:2000 的特殊要求》等相关标准，并要求汽车制造相关的厂商通过相关的认证，证明其具有相应的资质和能力。其他如航空航天、轨交、医疗器械等行业也建立了相应的质量管理体系。在这样严格的质量管理体系保障下，确保所有操作的专业性（specialty），并最终形成了 V & V-A（验证和确认 – 认证，verification and validation-authentication）流程。

V&V-A 流程是系统工程的工作管理流程，也是现代制造业的基本工作管理流程。这一规范流程的建立，不仅能有效保障质量、降低成本、缩短时间，还为制造业数字化转型和赋能提供了基础。

而对于异构性（isomerism）特点，则需要在 V&V-A 流程的基础上，充分运用数字化技术、网络技术和大数据技术来识别和应对。

4. 现代质量管理的范围

从制造业及相关工作角度来看，所有的工作流程和工作内容，以及参与者都需要纳入管理。

美国的国家标准与技术研究院（National Institute of Standards and Technology，NIST）给出了制造业的工作分类和工作进程，如图 7-5 所示。这同时也给出了质量管理的基本范畴和具体内容。

第7章 标准、标准化与产品质量管理

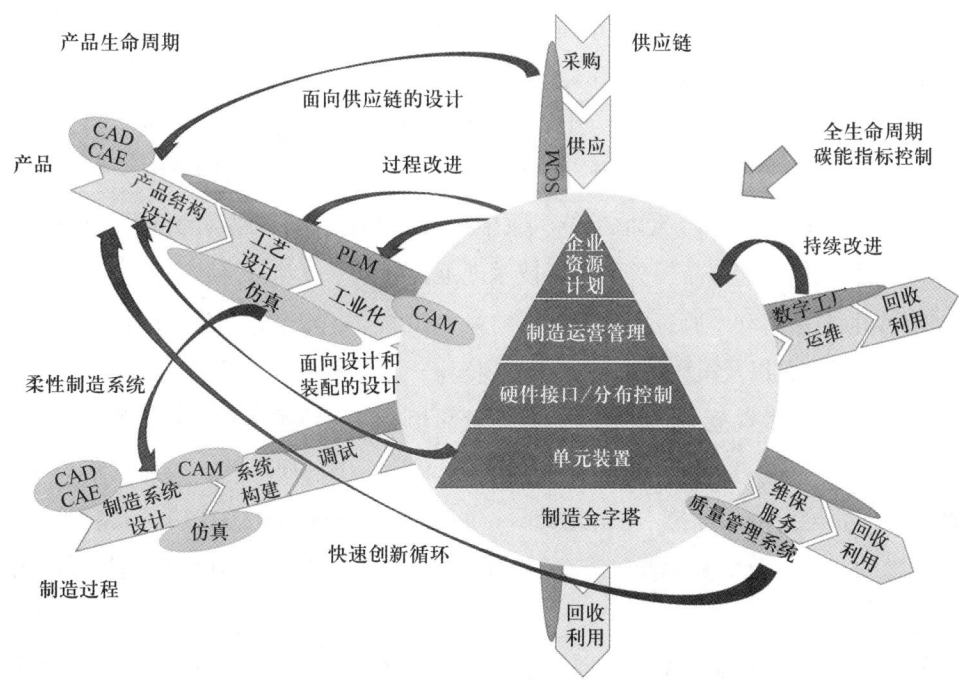

图 7-5 制造业的工作分类和工作进程

（1）产品生命周期维度。其主要内容包括产品结构设计及其质量管理、工艺设计质量管理、工业化及其质量管理、运维及其质量管理、回收利用及其管理等。

（2）制造过程维度。其主要内容包括制造系统设计及其质量管理、系统构建及其能力评估管理、调试及其质量管理、维保服务和回收利用管理等。

（3）供应链维度。其主要内容包括供应商管理，以及物流、资金流、制造信息流等全方位的应用管理。

（4）制造现场。其主要内容包括制造过程管理、现场监控和管理等。

对于企业而言，相关的管理还包括了企业运营管理、品牌建设管理、企业文化建设管理，以及企业的社会责任管理、风险管理、应急管理、员工管理、绩效管理等。

二、企业标准体系架构

1. 企业标准体系

国际和国家标准给出的多为通用的、相对宏观层面的标准，以及一些关系国计民生、安全环保的底线。从企业对标准的制定、实施和应用层面来看，企业性质、产品、体系不尽相同，在具体标准化工作中必然会有个性化的成分。但是，万变不离其宗，企业制定的标准可以归纳为以下几类。

（1）技术标准。技术标准是一个与技术相关的管理标准体系，主要包括：

1）与企业技术活动相关的所有国际、国家和行业标准的采用范围、变更使用规范。这其中涉及工程语言、量值单位、数据和信息规范，以及通用的技术导则等。

2）与企业技术和产品相关的所有技术规范，如系列化、标准化手册等。

3）企业经营活动中所有面临的技术约束，如健康、安全、卫生、环保、可持续发展等方面的要求，以及工程伦理等方面的内容。

4）产品的技术规范，主要是企业在质量和相关各项技术指标方面的基本要求，以及设计时需要遵循的标准、关注的约束条件、设计输出的规范等，如在汽车车身公差设计时各车企给出的尺寸技术规范（dimension technic standard，DTS），其规定了车身几何精度的定义、分解和展开的方法、零部件精度设计和分配的原则、基准体系的传递等。

5）工艺与过程控制标准，主要指企业工艺设计规范、工艺设计输出规范、测量操作规范等。

6）从某种角度来看，企业技术活动最终生成的输出为图纸和规范文件，也属于约束后端操作的规范和标准。

（2）管理标准。一切管理都是基于标准规范的。从企业有序的基本要求来看，管理标准几乎覆盖了企业所有的领域，其大致可分为：

1）设计过程的管理标准，其需要规范设计所需经历的基本过程和交付物、设计过程中的责任人和审核人、设计审核的程序等。

2）所有资源的管理标准，包括人、财、物，以及信息和服务的管理标准等。例如，企业已用到的ERP、PDM/PLM等，都是基于相关标准和规范开展的，从某种角度来看，企业制定的各项规定也属于标准的一类。

（3）工作标准。工作标准是为了确保企业战略目标顺利实现，企业各项工作协调有效开展，确保工作质量和效率而对各工作岗位制定的标准。这其中应包括所有的生产岗位、管理岗位和服务岗位的工作标准。

工作标准中包括岗位目标、工作内容、规范方法、工作分工、关联和协同、岗位职责和权限、应达到的工作质量和定额、必须具备的工作技能和相关资质，以及工作过程的查验流程和考核方法等。

从企业管理标准体系的内容来看，其应充分体现了PDCA循环方法在整个工作领域和工作过程中的应用。

2. 企业标准化的基本要求

标准化对企业的作用是不言而喻的，国家对企业开展标准化工作给出了明确的指导和具体可操作的方法。下面是企业标准化方面的相关国家标准：

（1）GB/T 13016—2018《标准体系构建原则和要求》。

（2）GB/T 13017—2018《企业标准体系表编制指南》。

（3）GB/T 15496—2017《企业标准体系　要求》。

（4）GB/T 15497—2017《企业标准体系　产品实现》。

（5）GB/T 15498—2017《企业标准体系　基础保障》。

（6）GB/T 19273—2017《企业标准体系　评价与改进》。

（7）GB/T 35778—2017《企业标准化工作　指南》。

企业开展标准化活动的主要工作是建立、完善和应用标准体系，包括制定和发布企业标准，以及组织贯彻与企业经营活动密切相关的国家标准、行业标准、团体标准和企业标准。还有一项非常重要的工作是对标准体系的应用进行监督、合格评定及持续改进。

企业标准化涉及整个企业所有的工作，ISO、GB 质量管理体系标准中质量管理方面的基本理念、思路和方法同样适用在企业标准化方面，具体看就是要充分发挥企业领导的作用，全员积极参与。考虑到标准化工作的专业性，企业需要构建专业的标准化组织和固定的工作团队，并在此基础上协同各有关部门开展相关标准化工作。

企业标准化工作基于国际标准、国家标准、行业标准和团体标准，针对企业自身目标、技术、产品和生产经营过程开展，因此其必然具有个性化的特点，同时也必然更细化和专业。此外，在企业相关标准规范中，具体的技术指标也会高于上述的相关标准。

三、现代标准在管理中的应用

全面质量管理需要从源头，特别是设计源头抓起，力求花 20% 的投入解决后续 80% 的问题。同时，全面质量管理要求关注过程管理，确保前端的规范要求得以全面贯彻实施。这些都是现代标准的制定目的和真正有效应用。

1. 现代技术研发管理

产品研发对企业的重要性是不言而喻的。由于产品研发工作的创新性、系统性、风险性等，如何管理就变得尤为重要，更需要关注管理的独特性和个性化。但这并不意味着研发管理没有通用的方法。

全球业界对研发管理的研究和应用已有多年的探讨和实践，基本上都是基于现代质量管理的基本原则、V & V-A 流程逻辑展开的，目前常用的方法主要有集成产品开发（integrated product development，IPD）等，并已形成了较完整的管理理念、运作模式和实施方法。

（1）从全球 IPD 的应用效果来看，其在以下方面为企业带来了良好的效益。

1）有效的产品研发管理让研发周期得以显著缩短。

2）集成研发模式下，产品的研发和制造成本得到明显降低。

3）集成各技术领域、综合各部门的管理模式，可使研发费用占总收入的比例降低，人均产出率大幅提高。

4）所研发的产品质量得到了普遍的提高。

5）可以有效减少项目废止和取消的情况，同时也间接减少了无效的研发投入。

（2）IPD 的核心在于全面、综合、并行的管理理念，主要体现在以下方面。

1）从系统角度来看新产品研发，其本身就成了一项投资决策，在研发和实施过程中需要始终响应企业的战略和利益，并关注内外部组织环境的影响。因此，在研发过程中会设置多个检查点，综合评估并决定项目是继续、暂停、终止，还是改变方向。

2）基于企业和产品在市场上竞争力的提升，IPD 十分强调产品的正确定位和创新，并将明确产品概念、市场定位和目标客户作为研发流程的第一步，这就是所谓的"一开始就把事情做正确"。

3）跨部门、跨系统集聚各方力量协同研发，特别是跨部门产品研发团队（product development team，PDT）的构建，确保了有效的沟通、高效的协调和最具价值的决策，从而全力推进产品的研发。

4）充分运用并行工程思维，在良好的协同和管理机制下，通过严密的计划、准确的接口设计、有效的项目管理，缩短产品上市周期。

5）在基于标准化的规范管理下，通过公共构建模块（common building block，CBB）的建设和应用，尽可能有效地提高产品开发的效率。

6）跨部门的综合并行研发管理，以及面向市场和战略的研发控制机制，还为研发过程的风险控制提供了条件，它不仅能有效地控制产品开发项目的相对不确定性，还能在开发流程中针对非结构化与过于结构化的架构找到平衡点。

2. 现代制造过程管理

制造系统是产品制造的汇聚点，即人、装备、物流、信息、资金的会聚点，产品最终在这里保质保量且高效率地被生产出来。

制造现场主要根据上游的产品设计规范、工艺设计规范和质量控制规范构建制造系统，并对制造过程进行有效的监控。

对于加工制造而言，零部件设计通过图样和相关规范给出公差要求，工艺设计根据图样的规范要求并结合加工工艺给出工序、工步及所需配置的装备、刀具、夹具及相关参数。在制造前要构建制造系统，并用数字化的方法对制造系统的能力进行必要的评估，确保其控制整个制造过程。为此，ISO、GB 质量管理体系标准给出了相应的标准规范，如国际汽车工作组（International Automotive Task Force，IATF）就基于 ISO 9001，明确给出了与制造系统和过程控制相关的 IATF 16949 标准，以及相关的实用工具，包括测量系统分析（measurement system analysis，MSA）、统计过程控制（statistical process control，SPC）和生产件批准程序（production part approval process，PPAP）等。上述所有的操作都是基于数据的决策。

测量数据精准可信是整个制造过程控制的基础。MSA 要求在测量前，对影响测量结果的人、机、料、法、环等因素进行充分考虑，制定相应的测量规范来确保测量结果的重复和再现。

测量系统的准确性通过计量的量值传递来检定和校准。国际和国家标准对各类通用测量仪器的检定和校准都给出了明确的规范和规程。考虑到生产现场的测量工作复杂性，国际和国家标准还专门制定了面向测量任务的测量不确定度估算方法标准（ISO 15530、GB/T 24635 系列标准），分别给出了多次测量估算法、相似零件测量估算法、统计分析估算法、经验估算法等，为现场测量系统的测量能力给出了完全数字化的方法，在测量系统能力保障的基础上能对制造系统的装备能力和控制能力做进一步的评估。制造系统的评估也运用了数字化的方法，其核心是看相关目标参数的离散程度和随时间的偏移程度。

在生产现场，除了通过数字化指标控制整个过程外，还需要对可能出现的情况进行必要的规范，如出现问题的应对规范、现场监控的频度调整策略（为了节约成本）、工序间交付验收和让步接收规范等。

制造系统还需要按规范对所有输入系统的资源、信息，以及所有进入系统的设备、工作人员进行必要的控制，包括定期检查、考核和培训提升等。

3. 管理体系的认证内容

企业常见的认证是 ISO 9001、GB/T 19001 质量管理体系认证。事实上，在现代制造业中需要认证的内容非常多，有第三方的认证，也有第二方的认证，其主要目的是考察和证明企业、系统、流程等是否符合相关技术规范和标准的要求，并评估其实际能力情况。对于具体管理工作和体系而言，认证工作是根据相关规范展开的。

ISO 9000 几乎对所有的操作都给出了基本原则，包括组织内外部环境视角、七项质量原则、基于风险的思维、PDCA 循环方法等。同时，围绕 ISO 9000 的贯彻和实施，各标准化组织还相应制定了许多细化的标准，并提供了相应的工作工具。从某种角度来讲，这些标准、规范和工具已全面覆盖了企业的常规操作。在此基础上，余下的工作应该就是针对不同工况、场景、产品的个性化规范和具体的实施。认证的主要内容如下：

（1）企业对质量管理体系的理解情况，这一点从企业的愿景、使命和价值观的公开宣示及员工的精神面貌等方面就能体现，从而考察领导作用、全员积极参与状况等。

（2）企业各类制度的细化、标准化工作的切实开展情况，这些制度一定是个性化的，是切实针对企业具体情况的，是可操作、可度量、可交付的。这部分内容，一方面是企业质量管理的基础，另一方面也是认证工作的核心。

（3）由于涉及全员积极参与，同时涉及所有规范内容落实，因此基于标准规范的培训是必然的。在认证过程中，培训的过程记录、培训的考核结果也必然是认证过程中关注的内容。

（4）所有有效的标准和规范，在实施过程的中都会涉及对过程的控制和管理，这其中必然包括过程方法、监测控制内容、调整控制方法，因此必须对这部分过程记录及操作文件进行检查，这其中涉及所有过程记录的完整性、及时性、准确性，以及最后的处理结果。

（5）对改进情况的检查，这不仅是实施过程的改进，更重要的是对标准和规范的持续改进，涉及改进制度的设置、改进启动的判断依据，以及改进的内容和效果等。

可见，认证过程中考察的逻辑和内容，通过相关标准规范及过程文件的检查来确认。

当企业构建起完整且有效的质量管理体系后，持之以恒就会真正形成企业的文化，形成针对质量的良好操作习惯和思维习惯。

目前在认证中，还会涉及企业社会责任、环保、劳工等方面的综合认证，其认证的基本思路和方法是一致的。

第 3 节　智能制造中的管理实践

人，无论是客户、领导、员工，还是合作伙伴和利益相关方，以及有关相关方，都是企业最核心且最需要关注的对象。特别是面向 VUCAI 场景时，如何发挥人的作用是最重要的。

一、质量新定义和人的关系

在新的质量理念和概念下,所有人都需要有相应的改变。

1. 质量新需求对人和社会的影响

随着社会的发展,人们对质量的理解也一直在进化和深化,这一点可以从质量发展过程中明显看到。

(1)在工业化初期,产品供不应求,此时的产能是关键,人们对产品的需求主要集中在"拥有"的层面,在功能方面只要基本要求达到即可。

(2)当产品的供应能力基本满足市场需求时,差异化的需求成为主流,于是具有独特卖点的"独特的销售主张"(unique selling proposition,USP)理论就被提出来了,这是一种创意理论,希望以独特来吸引客户,较典型的产品就是m & m's牛奶巧克力豆。从某种角度来看,差异化是吸引部分相对活跃客户群体的操作。

(3)随着产品的日益丰富,市场竞争越来越激烈,从产品的本质而言,当功能得到满足后,人们必然会追求更高的质量,此时产品和企业的品牌建设就成了大家的关注点。从某种角度来看,品牌建设就是企业将自己对产品和市场的理解融入产品和服务中,并通过相应的宣传,让客户来体验和认同。

(4)在网络时代,互联网几乎把一切都关联了起来,一切资源都被呈现在面前,于是,可选择就成了必然,而且这种选择一定是双向的。在产品和服务的基本功能都具备的情况下,大家关注和选择的一定是产品功能以外的成分,如感受、超越功能的价值等。从某种角度来看,此时的选择一定会映射出双方在文化方面的契合。

通过上面的讨论可以看到,ISO给出的新质量概念顺应了数字化社会的到来和发展,其在开启文化质量时代的同时,也对我们如何应对质量概念的进化提出了新要求。

从企业层面来看,除了关注产品质量(产品固有特性满足要求的程度)本身以外,还需要进一步关注企业文化建设,并将这种文化融入产品和服务中去。这就是目前讲到质量时要求企业关注愿景、使命、价值观等的原因。同时,企业在产品设计、营销中注重文化等信息的传递和宣传,从而用文化来发掘自己的用户和供应商群体,并构建起企业的生态圈。此外,企业还需要注意生态圈的维护和发展,不仅要把注意力放在顾客和潜在客户身上,还要将注意力拓展到有关相关方,包括利益相关方,以及自认为与企业和产品相关的有关各方。

消费者对产品的理解也同样上升到了文化契合和认同的层次,在网络环境中寻找合适的产品的同时,也开始了从关注产品到融入企业生态圈的历程,共同参与产品文化建设将成为未来个性化客户的一个重要特征。

2. 智能制造对人的素养要求

质量新时代的开启,人和企业都在进化,要适应和积极参与,甚至还要引领这场变革,这对于每个从业人员而言都是关于知识和能力的挑战。在数字化和人工智能快速发展的今天,人们的知识和能力已受到了挑战。全球知名的咨询公司麦卡锡在调研中发现,在自动化技术迅速发展的情况下,预计到2030年,全球8亿个工作岗位将被机器取代。这就意味着人们需要有能力和技术去迎接这种挑战。

人才的核心能力首先在于其精神层面,在制造业就是工匠精神,其实质是一种职业精神,是在价值取向和极致追求基础上职业道德、职业能力、职业品质的综合体现,并最终体现在从业者的爱岗敬业、持续专注、勇于担当、追求卓越、敢于创新等方面。

3. 以人为本的员工管理

孙子曰:间于天地之间,莫贵于人。人的管理是一种艺术。随着企业和社会、企业和客户的融合,人已成为整个质量管理体系中不可分割的一部分,这也是为什么ISO 9000会把全员积极参与作为一项质量原则的原因。

如何真正地让员工积极参与,为此ISO给出了管理的逻辑:

(1)必须让每个员工拥有尊严,还需要持续对其赋能,让每位员工有发展前途。

(2)在上述基础上,员工才会对企业有信任,有满意度,并激发执行力。

(3)在上述基础上,员工才会主动和努力工作,才会有团队协作意识和诚意,才会有创新动力,同时也构建了创新的环境。

再深入探究可以发现,上述所有内容都是建立在企业公开宣示的愿景、使命和价值观的基础上的,也就是说未来企业是依靠共同的价值观让员工聚集在一起的。

二、智能制造中的管理实践

在质量管理中还有许多良好的实践案例,它们形成了质量界的标杆。

1. 丰田管理的启示

日本丰田汽车公司在质量实践中总结出了丰田生产系统(Toyota production system,TPS)模式,为质量管理提供了许多宝贵的管理经验和可实际操作的方法。相比ISO质量管理体系而言,丰田生产系统模式更容易理解和实施,但从现代质量管理体系过程和管理操作角度来看，二者既有质量思维的一致性，也有层次方面的差异性。

ISO 质量管理体系更全面和规范，其指导意义更强，而且还有一系列延伸和配套的标准和工具。但作为高阶标准，其语言相对比较枯涩，在具体实施过程中还需要进行个性化处理，即需要制定更详细的规范才能实施。

丰田生产系统模式看似可操作性比 ISO 质量管理体系强，但其实质是丰田汽车公司在质量管理实践中总结出的一系列经验，并在此基础上在丰田汽车公司的质量场景下形成的一系列行之有效的管理方法。换句话说，其是质量管理理念在丰田汽车公司的质量场景下的个性化成果。由于其在管理层面制定了许多非常翔实且可操作的方法，因此对具体的质量实践有非常好的借鉴意义。其核心内容主要体现在以下几个方面：

（1）准时生产方式。这是一种以管理目标导向的管理方式，基本思想是"只在需要的时候按需要的量生产所需的产品"，从而形成一种质量、成本、效率综合的管理模式，并最终发展成一种"零"制造模式，即零缺陷、零库存、零等待、零排放、零距离、零抱怨、零浪费、零故障、零停滞、零灾害等。这么多的"零"背后就是对所有生产要素和管理体系的全面要求，更是对产品设计、工艺设计等源头的要求。

（2）看板式管理。最早的看板类似一种执行情况记录和通知卡片，主要用于传递现场加工中的相关信息，起到告示和指令的作用。事实上，它是一种管理中的信息系统技术，实质是通过数据透明、信息驱动实现系统有效和高效运转。这种数据透明和信息驱动的方式，是一种标准化的信息系统，配以标准化、规范化的操作系统，就能实现数字化操作。

（3）人机协同的制造模式。在当时自动化、工业机器人技术和应用还不够充分和完善的场景下，丰田生产系统模式对员工的要求也突出表现为全员积极参与的特点，其一方面要求员工个体的规范化、专业化操作，另一方面十分强调协同工作机制。特别是对每个员工和每个岗位提出了不接受有质量问题的产品、不生产有质量问题的产品、不输出有质量问题的产品的要求。

（4）持续改进的工作机制。数据透明、信息驱动、全员积极参与，在客观上为整个系统及系统中所有环节的持续改进提供了基础。同时，管理者为持续改进提供了激励机制，从而确保质量的持续保障和设计水平、管理水平的不断提升，并最终提高了企业在市场上的竞争力。

基于丰田生产系统模式，还衍生了许多管理方式，如六西格玛设计、精益生产等。

2. 阿米巴经营模式

阿米巴经营模式是日本的稻盛和夫提出的。阿米巴的本意是一种只有一个细胞构成且无固定外形的变形虫，其对环境的适应性可谓登峰造极。

稻盛和夫传承了丰田生产系统模式，信奉"答案永远在现场"的理念，同时又进一步强化和细化了全员积极参与的方式方法。其核心就是营造良好的环境，充分发挥企业中各部门和全体员工的智慧和能力，通过让员工、小组和部门自行制订各自的计划和实施策略，最大程度地发挥全体员工的智慧并努力完成更高的目标，同时辅以合适的绩效考核制度，使员工通过努力工作，为企业和个人创造更丰厚的财富。

（1）阿米巴经营模式的主要特点

1）需要企业构建与市场挂钩的单元或部门核算制度，以此充分发挥各单元或部门的作用。

2）在实际操作中有授权，这有利于发现和培养具有经营者意识和潜能的技术和管理人才。

3）在体系上建立了全体员工共同参与经营的管理机制，使员工、企业的利益与发展紧紧捆绑和融合在一起，真正实现了全员积极参与。

（2）阿米巴经营模式的应用注意事项。尽管阿米巴经营模式在日本京瓷等企业的应用效果很好，但其同样具有个性化，并不是所有企业和工作都适用阿米巴经营模式。在阿米巴经营模式应用中，企业需要重点关注以下几个方面：

1）分割和划分后的每个阿米巴（员工、部门、工作等）必须能够进行独立的核算。

2）分割和划分后的每个阿米巴（员工、部门、工作等）不仅能够独立完成业务，而且责、权、利分明，能够进行有效的考核。

3）阿米巴的分割和划分结果必须符合企业的整体目标和方针，并具有在各个阿米巴之间的可协调性。

3. 5S 现场管理和班组管理

在制造业中，现场管理和班组管理同样重要，在这些管理中最核心的内容包括两个方面，其一是如何使员工具有专业素养并能得到持续赋能，其二是如何让员工在实际工作中规范操作以确保工作质量和效率。

班组作为企业最小的生产单位和最后的执行机构，其有效管理是企业管理的基础。班组管理必须确保其操作不会影响产品质量和进度，必须确保全员积极参与，必须确保员工具有相应的专业技术和技能。班组对质量改进同样重要，质量控制圈（quality control circle，QCC）活动是一种有效方法。

班组可以说是麻雀虽小，五脏俱全。基于 PDCA 循环方法的理念，班组管理要建立全面的管理制度，包括岗位责任制度、均衡生产和管理制度、设备工具维护保养制度、安全文明生产制度、交接班制度、考勤制度、班组考核制度、民主管理制度、职业道德规范、思想工作制度、岗位技术练兵制度等，使管理过程透明化。

在企业和班组管理中，还有一个种非常有效的管理工具，即 5S 活动。这项活动起源于日本，并已被推广到全球制造业。

5S 是整理（seiri）、整顿（seiton）、清扫（seiso）、清洁（seiketsu）、素养（shitsuke）5 个以字母 S 起头的日语发音的单词集合。5S 活动的各项具体含义是：

（1）整理。辨别需要与不需要的物品，确保现场没有不需要的物品，以便腾出有效空间综合利用。不需要的物品是指未来 30 天内用不着的任何物品。

（2）整顿。按需正确放置物品，明确数量、标志等，即实现"三定"（定名、定量、定方位），以节约物品的获取时间。

（3）清扫。工作环境无污染、无灰尘，确保清洁明亮的工作环境。

（4）清洁。标准化、规范化的操作形成一种工作场景和状态，为质量保证提供最基础和有效的环节。

（5）素养。员工规范操作、关注细节，保持整洁和持续有序的工作场景，通过日常最简单的工作规范，养成良好的习惯，为组织文化建设打下基础。

5S 活动的有效实施确保了精益生产、安全生产，所有这些都是全员积极参与的成果。5S 活动切实有效开展时，这样的组织是值得信任的。

三、现代管理面临的挑战

随着技术的发展，特别是生物工程、人工智能、工业机器人等技术的发展和应用，人类已在全面挑战自我。在这个过程中，人们更需要关注如何去有效有益应用这些技术。

1. 智能制造中的工程伦理

在谈论规矩时，有法律法规、标准规范这些明确的行为约束，还有共识和道德要求。在工业界，除了有遵循法律法规、标准规范的基本要求外，也存在产品、管理等对社会影响等方面的无形约束，这些约束大体可以分为两类，一类是对内的工程伦理，另一类是对外的社会责任。

工程伦理可以理解为工程界的道德准则，起源于 20 世纪 70 年代的一些发达国家。公众和社会对工程伦理的关注源于 20 世纪 70 年代两起重大安全事故，即福特斑马车油箱事件和麦道 DC-10 飞机坠毁事件。这两起事故都造成了重大的人员伤亡。在后续的事件调查中发现，其原因在于从事研发活动的企业和技术人员将利润和效率放在了首位,却忽略了对公众安全、幸福和福祉的关注。目前,工程伦理已从学术研究阶段逐渐进入建立制度规范阶段。

工程伦理的内涵十分宽泛,一般认为其涉及对他人和自己的尊重,包括公平与公正,满足义务与尊重权力,不以不诚实、残忍或傲慢的方式造成不必要的伤害。此外,它还包括人格理想,如正直、感激、在危难中愿意帮助他人等内容。工程伦理主要包括:①生产制造作为一种社会实践活动,其必然会涉及伦理方面的内容,从某种角度来讲,这是企业的立身之本;②企业员工从事一种职业,必然需要遵守独特的职业伦理要求。

对工程伦理的关注和管理,一般聚焦在以下几个方面:

(1)社会层面。工程伦理在社会层面多以相关的指导性文件和协议形式出现,表述了社会、企业和个体需要关注的相关要求,同时会要求一些公司(目前主要是上市公司)披露其在这方面的态度、观点及实际工作情况。

(2)行业层面。行业协会等根据行业的实际情况,以及其对社会可能的影响,对行业中企业需要共同关注的工程伦理问题给出相应的关注点、行为准则及解决方案,督促企业管理和规范其行为。这方面的规范往往以行业标准、团体标准形式给出。

(3)企业层面。企业需要根据自身实际情况,特别是企业的愿景、使命和价值观,结合社会、行业的情况,在企业工程实践中通过相关过程规范和审核规范的制定,将这些理念融入日常工作中。

(4)员工层面。员工的工程伦理来自成体系的教育及相关管理规范的约束。对于工程技术人员而言,其最大义务是公众的健康、福祉与安全,而不是其对客户和雇主所承担的义务。

2. 可持续发展对智能制造的要求

可持续发展涉及人类生存发展环境的所有方面。可持续发展理论指出,人类的活动既应满足当代人的需要,又不应对后代人满足其需要构成危害,并给出了公平性、持续性、共同性等三大基本原则,其最终目的是达到共同、协调、公平、高效、多维的发展。

2015年9月,联合国正式宣布了由世界各国联合签署的联合国可持续发展目标战略,在经济、社会和环境层面为全球和人类的可持续发展及实践构建了框架。该战略一共包含17个可持续发展目标:①消除贫困;②消除饥饿;③良好健康与福祉;④优质教育;⑤性别平等;⑥清洁饮水与卫生设施;⑦廉价和清洁能源;

⑧体面工作和经济增长；⑨工业、创新和基础设施；⑩缩小差距；⑪可持续城市和社区；⑫负责任的消费和生产；⑬气候行动；⑭水下生物；⑮陆地生物；⑯和平、正义和强大机构；⑰促进目标实现的伙伴关系。

从深层次来看，上述所有的发展目标都与制造业有着直接和间接的关系，对于这些目标的关注和践行，全部需要落实到企业和技术人员的日常工作中。

从设计层面来看，可持续发展也同样是设计出来的。设计同样体现了人们对可持续发展目标的关注和执行。在这方面，发达工业国家还是走在了前面。例如，英国在 2006 年就着手制定了相关标准，其中包括 BS 8887《生产、组装、拆卸和销毁过程设计》系列标准。该系列标准全面规范了设计中需要关注的可持续发展方面的内容，覆盖了整个产品生命周期。

目前，国际标准化组织在 BS 8887 系列标准基础上开始构建新的国际标准 ISO 8887 系列标准，以规范和指导机械制造领域的实践活动，该标准体系主要关注内容如图 7-6 所示。

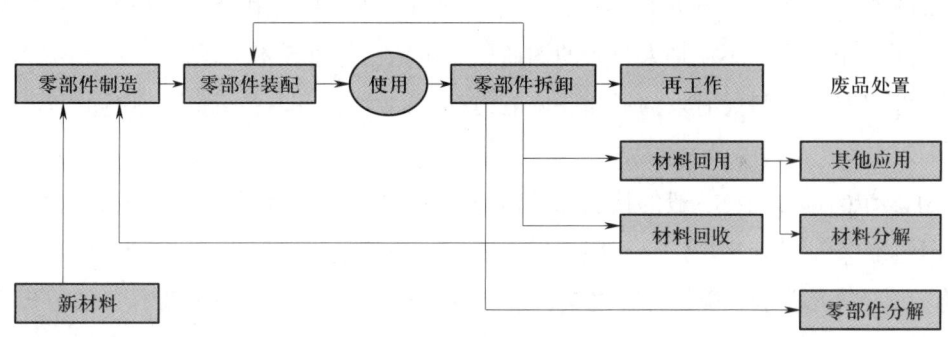

图 7-6 ISO 8887 系列标准关注内容

与之配套的国际标准还包括：
- ISO 14040《环境管理——产品生命周期评估——原则和框架》。
- ISO 14041《环境管理——产品生命周期评估——目标、范围定义和清单分析》。
- ISO 15226《技术产品文件——产品生命周期模型和文件配置》。
- ISO/TR 14062《环境管理——将环境因素纳入产品设计和开发》。

结合企业质量管理方面的各类标准规范，制造业将全面融入全球可持续发展的历程中。

3. 智能制造中人与机器的协同管理

随着人工智能技术的飞速发展，制造业正面临着前所未有的挑战。当虚拟的数字世界和人工智能相结合时，其绝对将是超维度的存在，具体体现在以下几个方面：①超越时间维度——人工智能可以复盘过去、计算现在和预测未来；②超越空间维度——可以用虚拟技术在任意环境下工作；③超越组合维度——可以用不同工种、人员、团队、装备进行全样本计算；④超越思维维度——大数据、知识图谱等技术已超越人类常规思维。

在这种发展场景下，人类如何应对已成为挑战性问题。自动化会使人们失去许多工作岗位，但同样也会创造新的工作岗位。这些新岗位对技术人员的要求是全新的。ISO质量管理标准中关于人的基本概念同样适用于新岗位：①尊严——需要充分考虑员工的尊严，因此以人为本必然是未来员工管理中的根本，同时还需要与时俱进，充分考虑时代和年轻人的特点；②赋能——必须使员工具有迎接智能机器挑战的能力；③前途——需要思考员工在智能场景中的岗位发展。

人才在赋能方面，也不是以往讲的一般能力，而是数字素养和数字技能。其主要特点包括：①宽广的胸襟，即能正视现实和顺应技术发展，具有迎接挑战的决心；②全方位的意识，包括文化、安全、风险、健康、可持续发展和全员意识等；③超维度的视野、广泛包容的知识体系；④善于学习的进取精神和精益求精的工匠精度；⑤超凡的沟通能力，不仅是人与人的沟通，还包括在信息技术、运营技术、工程技术等平台上开展跨学科的有效沟通和协调能力；⑥拥有与智能机器和系统协同工作的数字技能。

在工作岗位方面，一般的技能和工作都会被智能机器替代，在这种发展趋势下能保留下来的专业技能，一定是智能机器不能完成的，这又提出了两方面的要求：①需要善于总结提炼常规技能，并将之交付给智能机器，从而将人从常规工作中解放出来；②需要进一步发展新技能，特别是交叉领域的技能，并且学会适应与智能机器的配合，以便真正融入制造系统中去。

第 8 章
智能制造中设备状态监测与分析技术

第 1 节　常用设备的运行状态

智能制造阶段是现代制造业发展的新阶段。智能制造在数字化制造的基础上,利用物联网技术和设备测控技术加强信息管理和服务,帮助企业提高生产效率。我国工业发展已与世界紧密相连,当前世界经济发展格局深刻调整,新一轮科技革命和产业变革正在孕育兴起。我国从政府层面出台了很多支持政策,智能制造正推动我国工业升级转型。

现代制造业的设备维护和故障诊断正面临越来越多的挑战,生产设备可靠性大大影响了企业生产质量与经济效益,许多企业在最大限度地提高设备正常运作时间的同时,希望可以降低设备维护成本,因此对工业设备进行状态监测就显得尤其重要。设备状态监测与机械故障诊断技术可以有效解决这些现代设备管理的难题。

一、设备的运行状态分析

经过广大专家、学者及工程技术人员几十年来的共同努力,机械设备状态监测与故障诊断技术无论是在应用的广度还是深度方面都得到了较大的发展,新的设备状态监测与故障诊断理论不断产生,设备状态监测与故障诊断手段也不断完善,设备状态监测与故障诊断技术日趋科学化和实用化,目前已基本形成了以振动诊断技术、温度监测技术、油液分析技术、无损探伤技术等为主的局面。

1. 振动诊断技术

与设备状态监测与故障诊断的其他方法相比，振动诊断技术因具有理论基础雄厚、分析测试设备完善、诊断结果准确可靠、便于实时诊断等诸多优点而在机械设备状态监测与故障诊断的整个技术体系中居主导地位。振动诊断技术的不足之处在于其涉及信息传感、振动测试、信号处理等诸多领域，因而对设备诊断技术人员的要求较高。此外，振动诊断技术的另一个特点是部位敏感性。

振动诊断技术使用的状态量，不一定只是结构的振动响应，如振动位移、振动速度、振动加速度。振动诊断技术有时还需要使用由机械振动引起的其他次级效应，如由于结构件振动造成其附近空气声压同步变化形成的噪声信号，或由于振动造成加工工件与刀具之间切削量的不均匀而形成瞬时切削功的波动，还有其他如热量、电量、红外光等的变化均为由故障振动产生的次级效应。由于它们和振动是同一故障源所产生的同源信号，因此它们同样载有故障的信息。在故障诊断中，许多次级效应信号往往能起到振动量所起不到的作用。

2. 温度监测技术

正如人的体温可用于健康检查，温度参数也常用于设备状态监测与故障诊断。温度监测的显著特点是诊断过程简单，诊断结果一目了然，特别是红外摄像仪的出现，使对物体温度场的测量更加直观形象。

3. 油液分析技术

以光谱分析和铁谱分析为代表的油液分析技术具有信息集成度高的显著特点。信息集成度高是指对某一机械设备进行故障诊断时，只要是油液所经过的部位，其磨损故障一般都可通过对该处的油液进行取样分析诊断出来，这是它的优点。其不足之处在于只对磨损类故障有效、诊断周期长，而且一般还只能在实验室进行，诊断结果受操作人员的影响大。油液分析技术常用于液压系统和润滑系统的故障诊断。

4. 无损探伤技术

无损探伤技术也称无损检测技术，就是利用物质的某一物理性质因存在缺陷而发生变化的特点，在不破坏被检对象的前提下，对其进行检测，以探测其中是否有缺陷存在的一门综合性诊断技术。其显著特点在于无损性。无损探伤技术是20世纪五六十年代在发达工业国家首先发展起来的,目前主要包括射线探伤、超声波探伤、磁力探伤、渗透探伤等技术。无损探伤技术对于改进产品制造工艺、降低制造成本、提高设备运行可靠性等具有重要意义,很有发展前途。

应该指出,能够应用于机械设备故障诊断与监测的技术手段远不止这些,并且可以预见,随着科学技术的发展,新的、更有发展前途的技术手段一定会不断出现。

表 8-1 所示是机械诊断测试与人体医学诊断测试的对比,由此可见两者有许多相通之处。

表 8-1　　机械诊断测试与人体医学诊断测试的对比

机械诊断测试	人体医学诊断测试	原理及特征信息
直接观察 听、摸、看、闻	直接观察(感官) 中医:望、闻、问、切 西医:望、触、扣、听、嗅	通过形貌、声音、温度、颜色、气味的变化来测试
振动、噪声测试	听心音、做心电图	通过振动、噪声的大小及其变化规律进行测试
温度测试	量体温	研究分析温度的变化
应力和应变(液压、气压)测试	量血压	研究分析力、应力、应变
油液分析	化验(血、尿)	研究分析油液中磨损的化学成分、形貌、数量
超声波、X射线探伤	超声波、X射线检查	研究分析机件内部缺陷
表面状态测试	观测皮肤	研究分析机件表面缺陷
内窥镜观察	做胃镜	观察内部情况
整机性能测试	总体性能测试,如肺活量、握力、耐力、摸高、拉力等	分析整机性能参数,如功率、效率、工作精度等
查阅机器运行技术档案资料	问病史	找规律、查原因、做判断

二、机械传动件的失效形式与对应的特征频率

1. 齿轮

齿轮传动由于其结构紧凑、传动比精确等优点,成为机械设备中常用的传动方式。现代机械对齿轮传动的要求日益提高,既要求齿轮能在高速、重载、特殊介质等特殊

环境条件下工作，又要求齿轮传动具有高平稳性、高可靠性等良好的工作性能。影响齿轮正常工作的因素越来越多，而齿轮工作不正常又是诱发机器故障的重要因素。因此，齿轮故障诊断技术的应用非常重要。

（1）齿轮的常见失效形式。齿轮由于结构、材料与热处理、操作运行环境与条件等因素不同，发生故障的形式也不同，齿轮的常见失效形式见表8-2。

表8-2 齿轮的常见失效形式

常见失效形式	损坏现象与形态	可能的原因
齿面磨损	齿面由于机械摩擦而产生损伤，表面有痕迹	异物落入、润滑不良、润滑油不洁、装配不当、载荷过大等
疲劳引起的点蚀	齿面有表面剥落、点蚀坑	载荷过大、润滑不良、相对滑动、材质不均匀等
齿面胶合	金属表面发生黏附	载荷过大、润滑不良、转速过高、温度过高等
齿面烧伤	表面因高温而变色、软化或熔化	齿隙过小、装配不当、润滑不良、超载等
腐蚀	齿面上有腐蚀斑点	空气中水分的凝结，或腐蚀介质侵入、润滑油中添加剂不当等
弯曲疲劳断齿	轮齿发生塑性变形或断齿	设计不当、载荷过大、组装不良等

（2）齿轮特征频率。齿轮公差分为长周期误差和短周期误差。长周期误差是齿轮所在轴每转一圈重复一次的误差，因此齿轮长周期误差的复现频率应该与所在轴的频率 f_{ri} 相等。长周期故障表现为从一齿有故障到大部分齿有故障。短周期误差是每一齿都重复出现的误差，因此短周期误差复现的频率就是齿轮的啮合频率 f_{mj}。齿轮的故障特征频率有两个，一个是所在轴的轴频 f_{ri}，另一个是它的啮合频率 f_{mj}。

$$f_{mj} = f_{ri} \times Z_j$$

式中 Z_j 为所在 i 轴齿轮的齿数。请注意，一对啮合齿轮，它们的啮合频率相等，如图8-1所示。

（3）齿轮的故障信号特征（见表8-3）。

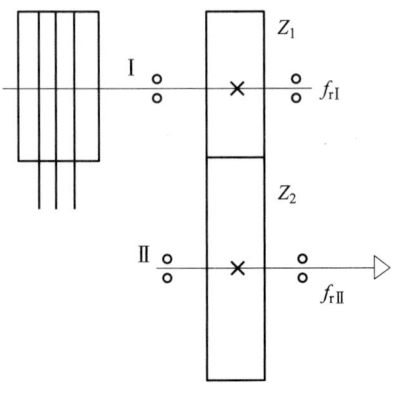

图8-1 一对啮合齿轮的啮合频率相等

表 8-3　　　　　　　　　　　齿轮的故障信号特征

序号	故障	低速对应信号	高速对应信号	特征频率
1	齿面磨损、渐开线失形	平稳	平稳为主，冲击较小	f_m 及低阶倍频
2	齿面磨损、渐开线失形、齿侧间隙过大	平稳、冲击	平稳、冲击	f_m、倍频及随机
3	各齿的齿面均点蚀	冲击	冲击	f_m 及倍频
4	部分齿面点蚀、塑性变形、胶合、断裂等	冲击	冲击	f_r 及倍频
5	相邻周节差超差	冲击	冲击	f_m
6	周节积累误差超差、修缘不良	冲击	冲击	f_r
7	基圆偏心	平稳	平稳	f_r
8	齿形误差超差	平稳	平稳、冲击	f_m
9	齿侧间隙过大	冲击	冲击	f_r、f_m 及随机

2. 传动轴

轴的故障主要表现为弯曲或滑移件配合部磨损。轴的故障见表 8-4。

表 8-4　　　　　　　　　　　轴的故障

序号	故障	低速对应信号	高速对应信号
1	弯曲，轴上有齿轮和联轴节	平稳、冲击	冲击
2	滑移件配合部磨损	冲击	冲击

3. 滚动轴承

（1）滚动轴承的常见失效形式。滚动轴承是应用最广泛的基础机械零件之一，同时它也是机械设备中最容易损坏的零件之一。根据工况条件和工作环境的不同，滚动轴承的损坏情况及其原因是十分复杂的。一个出现故障的轴承可能同时存在多种损坏现象，而其中每一种现象都可能是由多种不同的原因引起的。反之，同一个原因可能引起多种不同的损坏现象。滚动轴承的常见失效形式见表 8-5。

（2）滚动轴承的振动及其检测。滚动轴承由于损伤而产生故障后，在工作过程中可能反映在温升、噪声、振动等各个方面。从理论上来讲，以上几个方面的征兆都可以作为滚动轴承故障的诊断依据，而实践表明滚动轴承振动分析是有效的诊断手段，其原因在于，利用振动分析可以做到：

表 8-5　　　　　　　　　　滚动轴承的常见失效形式

常见失效形式	损坏现象与形态	可能的原因
磨损	表面由于机械摩擦而产生损伤，表面有痕迹	配合面有微小间隙造成滑动磨损、异物落入、润滑不良、装配不当等
疲劳引起点蚀	滚动体或内外滚道有表面剥落	载荷过大、润滑不良、预压过大等
胶合	金属表面发生黏附	载荷过大、润滑不良、转速过高等
烧伤	表面因高温而变色、软化和熔化	装配不当、润滑不良等
腐蚀	表面因电流、化学和机械作用而损伤	空气中水分凝结、腐蚀介质侵入、电流通过产生电火花等

1）对多种轴承常见故障进行诊断。

2）对滚动轴承的故障在其发展初期进行早期诊断。

3）在轴承工作状态下进行在线故障诊断。

（3）滚动轴承的典型结构。滚动轴承是由内外滚道、滚子、保持架等组成的易损部件。滚动轴承根据其工作特点可分为向心轴承、向心推力轴承、推力轴承3大类，根据其滚子形状不同分为9类，由轴承型号编号的7位数中右起第四位数代表。

向心轴承有0000、1000、2000、3000、4000、5000共6类。它们的压力角β除1类和3类$\beta \approx 10°$以外（精确值应根据图样计算），其他$\beta=0°$。

向心推力轴承为6000、7000共2类。根据手册可以查到6类的β角为12°~45°，7类的以$\beta=15°$为典型值。

推力轴承为8000、9000共2类。其β角大都为90°（少量9类除外）。

（4）滚动轴承的特征频率。由于滚动轴承在回转时滚动体与内外滚道间的运动关系与行星式摩擦轮减速器类似。因此，轴承各零件的故障特征频率与所在轴的轴频的关系如下：

1）滚动体公转频率f_c

$$f_c = \frac{1}{2}f_r\left(1 - \frac{d}{D}\cos\beta\right)$$

式中　d——滚动体直径；

　　　D——轴承节径（可用中径代）；

　　　β——压力角。

2）外滚道上有故障的特征频率f_o

$$f_o = \frac{kn}{2}f_r\left(1 - \frac{d}{D}\cos\beta\right) = knf_c$$

式中　k——滚子列数；

　　　n——单列滚子个数。

3）内滚道上有故障（轴承不预紧）的特征频率 f_{ic}

$$f_{ic} = \frac{1}{2} f_r \left(1 + \frac{d}{D}\cos\beta\right)$$

4）内滚道上有故障（轴承预紧）的特征频率 f_i

$$f_i = \frac{kn}{2} f_r \left(1 + \frac{d}{D}\cos\beta\right)$$

5）滚子故障特征频率 f_b

$$f_b = \frac{D}{d} f_r \left[1 - \left(\frac{d}{D}\cos\beta\right)^2\right]$$

（5）滚动轴承故障信号特征。滚动轴承的各类故障、对应信号及特征频率见表8-6。

表 8-6　　　　滚动轴承的各类故障、对应信号及特征频率

序号	故障	低速对应信号	高速对应信号	特征频率
1	滚动体尺寸不一致	平稳	平稳	f_c
2	个别或部分滚动体点蚀、塑变、胶合、碎裂等	平稳、冲击	冲击	f_c 及倍频
3	滚子失圆	平稳	冲击	f_b
4	外圈不均匀磨损	平稳	冲击（预紧时也有平稳）	f_o
5	外圈点蚀等	冲击	冲击	f_o
6	内圈不均匀磨损	平稳	平稳、冲击	f_i 或 f_{ic}
7	内圈点蚀等	平稳、冲击	冲击	f_i 或 f_{ic}
8	滚子点蚀等	平稳、冲击	冲击	f_b

第 2 节　设备状态监测与分析技术

一、设备状态监测与分析技术应用的意义

随着设备日趋向大型化、高速化、复杂化、连续化和自动化方向发展，设备的功能越来越多，性能指标要求越来越高，结构越来越复杂，同时对设备的管理与维修人员的素质要求也越来越高。现代设备大大促进了生产的发展，提高了劳动生产率，改善了产品的质量，降低了成本和改善了工人的劳动条件。但是，设备一旦发生故障，

给生产和质量甚至人们的生命财产安全造成的影响往往大得难以估算,为使设备保持正常运行状态所花的维修费用在企业经营费用中也占了很大的比重。因此,为使这一占有重要地位的设备维修工作更加高效而科学,就必须对维修对象(设备)的劣化、故障状态、故障部位、故障原因有正确的了解。传感器技术、信号处理技术、现代测试技术等相关技术的发展,特别是电子计算机技术的飞速发展,为设备故障诊断提供了极大的支持。

机械故障诊断的宗旨就是运用现代科技新成就,及早发现设备的隐患,以期对设备事故防患于未然。近年来,这一技术和学科发展十分迅速,对保障生产安全、提高生产率起到了良好的作用,同时也成了现代设备管理和维修人员必备的基础知识之一。

预防事故、保证人身和设备安全是开展设备诊断工作的直接目的和基本任务之一。从某种意义上来说,设备诊断技术是在大量设备事故的反复教训下成长和发展起来的。一些设备,特别是流程式的大型设备,一旦发生故障将会引起连锁反应造成巨大的经济损失甚至灾难性的后果。例如,1985年12月29日我国山西某电厂一台20万千瓦的发电机在40 s内全部损坏,直接损失达1 000万元以上。设备故障对连续生产的石化企业造成的损失也是相当惊人的。据报道四川某化工厂一台合成氨压缩机停产一天就造成70万元的损失。设备故障一般性事故积累的损失也是不可低估的。1986年1至3季度据不完全统计,全国26个钢铁厂一般性设备事故的直接经济损失在1 100万元以上。此外,国外的一些著名的设备事故更为触目惊心。例如,1986年1月28日美国"挑战者"号航天飞机由于燃料助推火箭密封圈失效而发生爆炸,造成7名宇航员丧生,并导致美国宇航计划推迟两年的严重后果,其经济损失就更无法估量了。

现代化机械设备一旦发生故障,造成的损失非常严重,特别是在一些高精尖部门(如航空、航天、核能等)。现代化机械设备,特别是大型关键设备,结构十分复杂,在运行中一般不允许停机进行解体检查。设备数量增长速度远远快于管理维修人员的素质提高,再加上正常的离退休制度使富有经验的技术人员相对地减少。在上述原因的综合推动下,大力发展和推行设备诊断技术,改革现行的计划维修制度,逐步向预知维修制度过渡,当前已是势在必行。其中,发展和普及设备诊断技术是推动改革的中心环节。

二、设备劣化进程

传统的状态监测是通过人工定期诊断来完成的,随着微电子技术、信息技术的发展,出现了更多的传感器、更完善的自动监测系统,以及大数据分析技术、人工智能技术的应用,都极大地促进了状态监测自动化解决方案的发展与普及。特别是在数据积累越来越多的情况下,远程管理大量检测系统有助于提高设备状态监测与故障诊断技术整体解决方案的可靠性、可维护性及可用性。

1. 设备劣化进程中的一般性规律

一台设备,少则由数百个零件组成,多则由上万个零件组成,经过一段时间运转,有的零件就会失效而造成故障。有的机器只用了几个月就坏了,有的机器却连续用了四五年没有问题,这是怎么回事?事实上,设计合理的机器不应当出现较多的早期故障。设备维修工程中根据统计得出一般机械设备劣化进程的规律,由于曲线的形状类似浴盆的剖面线,因此常称为浴盆曲线,如图8-2所示。曲线沿时间轴可分为三部分:

Ⅰ——磨合期,表示新机器的跑合阶段,这时故障率较高。

Ⅱ——正常使用期,表示机器经跑合后处于稳定的阶段,这时故障率最低。

Ⅲ——耗损期,表示机器由于磨损、疲劳、腐蚀等已处于老年阶段,因此故障率又逐步升高。

一般现场运行的设备都处于Ⅱ、Ⅲ部分,因此可取浴盆曲线的一半,称为劣化曲线,如图8-3所示。劣化曲线沿纵轴可分为三个阶段:

绿区(G)——包括浴盆曲线的正常使用阶段,即故障率最低的阶段,它表示机器处于良好状态。

黄区(Y)——包括浴盆曲线Ⅲ部分的初始阶段,故障率已有提高的趋势,它表示机器处于注意状态。

红区(R)——包括浴盆曲线Ⅲ部分故障率已大幅度提高的阶段,它表示机器已处于危险状态,要准备随时停机。

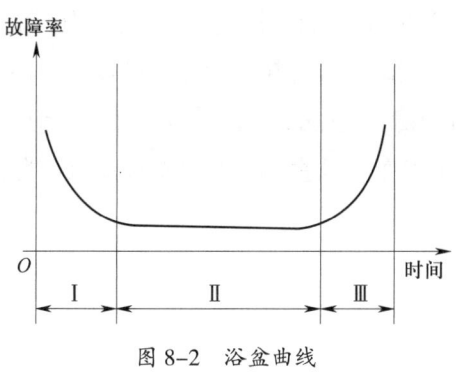

图 8-2 浴盆曲线

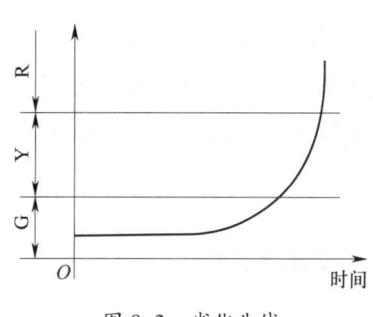

图 8-3 劣化曲线

以上所述为设备故障发生的一般规律,但对于某一台机器,究竟什么时候处于黄区、什么时候处于红区则是未知的,因此应按一般规律在处于黄区时就进行必要的检测及诊断，以确定是否处于黄区还是已进入红区。对于重要的设备，处于绿区时就可以进行必要的检测及诊断，这样可以避免个别设备提前进入黄区及红区。

2. 利用设备劣化进程中产生的信息进行诊断

诊断的基本概念来源于医学，我国中医的"望闻问切，辨证论治"极其精辟地总结了医学诊断的基本过程和原理。若用现代科技语言来表达，"诊"就是提取信号特征进行状态分析（望闻问切），"断"就是进行状态识别和决策（辨证论治）。具体来说，机械故障诊断就是在动态情况下，利用机械设备劣化进程中产生的信息（即振动、噪声、压力、温度、流量、润滑状态及其他指标）来进行状态分析和故障诊断。

机械故障诊断的基本过程和原理如图 8-4 所示。

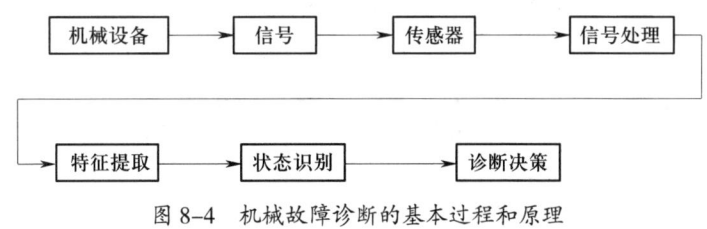

图 8-4 机械故障诊断的基本过程和原理

三、信号处理技术及其应用

1. 机械故障振动信号特点

机械故障振动信号来自几何形状变形的零部件，这些零部件在运转中产生了附加的动态力，这些动态力就是故障振动信号的来源，可以称为故障动态源信号。但追根溯源，故障振动信号真正的来源应是几何形状变形，即变形量——位移（角位移）的分布，可称为故障静态源信号。直接获得这两种源信号都很不方便。为了便于研究，从生产实际出发，人们必须找到通过机械故障振动信号寻找故障源的途径，就是对机械故障振动信号的特点加以研究，找出各种故障源与故障振动信号之间的对应关系，即故障振动信号的时域、频域上的特点，并研究如何从振动信号中提取故障信息，并找到故障源。

2. 机械故障振动信号分类

传统的信号分类方法将信号分为以下两大类：

（1）确定性信号。确定性信号是可以用明确的数学关系式来表达的信号，它又可分为三小类。

1)周期信号(见图 8-5)。它在幅值 – 时间图像中具有准确重复的周期 T,它的函数关系式可表达为:

$$x(t)=x(t+nT)$$

最简单的周期信号是正弦信号,复杂周期信号可以用频率成整数倍、幅值不同、初始相位相同的几个至无穷个正弦信号叠加而成。

2)准周期信号(见图 8-6)。它由两个或数个频率成无理数倍的正弦信号叠加而成,在幅值 – 时间图像中很难找到重复的周期,但其频率成分很简单,仍属于周期信号的范畴,这在机械故障振动信号中出现的概率很高。

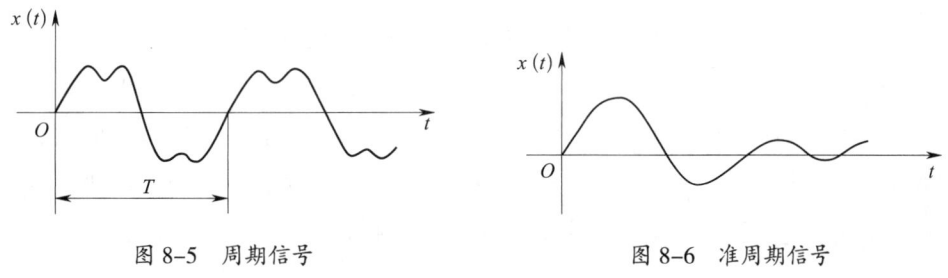

图 8-5　周期信号　　　　　　图 8-6　准周期信号

3)非周期信号(见图 8-7)。它是周期为无穷大($T \to \infty$)的确定性信号,一般可理解为一个形状复杂的单脉冲信号,可表达为:

$$x(t)=x(t+nT) \quad T \to \infty$$

(2)非确定性信号。非确定性信号也称随机信号,它无法用确定的数学式表达,其幅值 – 时间图像是杂乱无章的,但其幅值的时域描述服从一定的统计规律。随机信号在机械故障振动信号中也是普遍存在的。

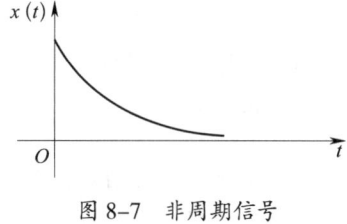

图 8-7　非周期信号

3. 机械故障振动信号特殊分类法

传统的信号分类方法,对机械故障振动信号来讲并不适用,根据机械故障振动信号的特点及诊断的需要,可以进行如下的分类。

振动诊断技术诊断机械故障采用的信号是机器运转后故障源通过机械结构产生的振动响应信号。根据研究,机械系统对稳态激励和瞬态激励产生的响应有很大差别,而机械故障的附加力恰恰在不同条件下表现为周期性平稳波动力和周期性冲击力,并且这两种力的幅值、初始相位存在一定的随机性。因此,周期性叠加随机性是故障信号的基本特征。基于以上分析,对故障振动信号采用特殊分类法,将故障振动信号分为两大类:①周期性稳态响应故障振动信号及包含的随机性分量(简称平稳故障信号）；②周期性瞬态响应故障振动信号及包含的随机性分量（简称冲击故障信号）。

这种分类法抓住了故障信号的两大特征，提供了从繁杂的信号中提取故障信息的线索，人们把这种分析方法称为双特征分析法。

平稳故障信号是机械结构在正弦信号、复杂周期信号作用下的响应，平稳故障信号时域图如图 8-8 所示。它的特点是：去除直流分量后，时域信号在每一个过零点前后的曲线所包含的面积基本相等，幅值最大值的绝对值基本相等；信号的频率成分与激励信号的频率成分相似，频谱为有限根谱线，而且能量集中在故障的特征频率及其倍频上。

冲击故障信号是机械结构在周期冲击力作用下产生的脉冲响应，它与冲击信号本身有很大的不同。冲击信号时域图如图 8-9 所示，冲击信号的特点是：去除直流分量后，时域信号的每一个过零点前后的曲线所包含的面积基本相等，但幅值最大值的绝对值相差很大，即信号的能量集中于短时间释放；信号的频谱是无穷根谱线，谱线的间隔等于脉冲发生的频率，且能量集中于基频，随频递减，第一根谱线最高。

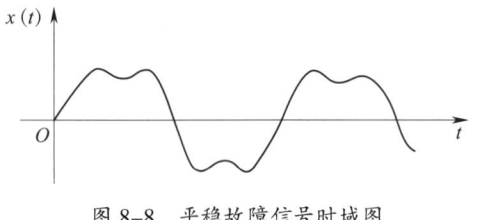 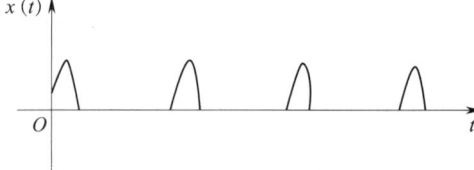

图 8-8　平稳故障信号时域图　　　　　图 8-9　冲击信号时域图

冲击故障信号时域图如图 8-10 所示，冲击故障信号的特点是：时域信号相当于冲击信号加上一个自由衰减振荡的高频载波，这个载波信号的频率是机械结构的某几阶固有频率；信号的频谱也是无穷根谱线，谱线间隔等于脉冲发生的频率，也就是故障频率，但谱线的能量并不集中于基频，而是在机械结构的某几阶固有频率上，在这几个频率处或其附近有较高的谱线。如果固有频率不是故障频率的整数倍，则固有频率处并不出现谱线，只在它的附近有几根高能谱线。

根据上述分析可知：寻找平稳故障可以直接从平稳故障信号的频谱入手，最高的谱线对应的频率就是平稳故障的特征频率。寻找冲击故障，如果从冲击故障信号的频谱入手，谱线之间的间隔就是冲击故障的特征频率。但是，实际测试中这种方法很难奏效，

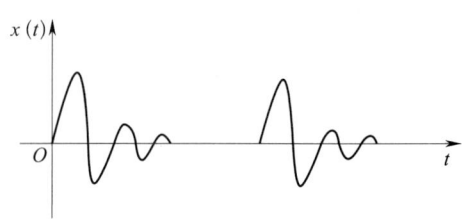

图 8-10　冲击故障信号时域图

直接根据冲击故障信号来找故障是很困难的，原因在于这个信号里包含了丰富的结构振动模态的信息，将问题复杂化了，因此必须将这些无用信息去除，抓住冲击频率本身。可以发现，冲击故障信号相当于冲击信号加上一个自由衰减振荡的高频载波，而这个载波包含的就是结构振动模态的信息，对这个振荡取包络线，就能将这些无用信息去除，而包络线本身发生的频率，就是冲击故障发生的频率，如图 8-11 所示。

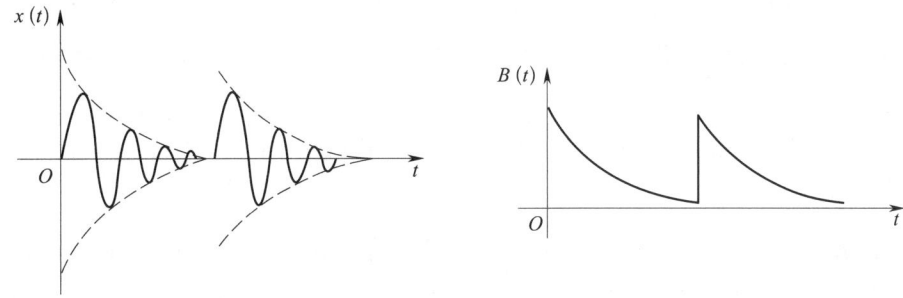

图 8-11　对冲击故障信号取包络线

由此可见，寻找冲击故障的捷径就是利用冲击故障信号的包络线。

4．机械故障振动信号时域分析

（1）时域波形的分析。有些机械故障比较单一，故障信号强度很大，随机信号成分很少，这类信号的时域特征很清晰。对这类信号，用波形记录的方法观察故障信号的时域图即可找到故障特征周期，分辨出故障波形是平稳型的还是冲击型的，即可判断零部件是全面损坏还是局部损坏。时域波形分析可以给诊断者一个直观的感觉和全面的概念。

进行时域波形分析的前提是有波形记录装置。波形记录装置可采用记忆示波器加上 x-y 记录仪，也可以利用微机加上 A/D（模 / 数）转换器构成的数据采集装置。专用的数据记录装置都很昂贵，最好能采用专供诊断用的低成本的数据记录装置。要注意，当故障随机性较大时，这种时域波形分析法就难以进行。

（2）时域信号的平均值分析。目前，仍有许多地方使用传统的专用于测正弦信号的三值毫伏表类的均值型毫伏表来进行故障监测和故障诊断。使用这类仪表只能测得故障信号的平均强度大小，而无法测得故障的周期和特征频率，也较难判断故障信号是平稳型的还是冲击型的。

均值型毫伏表有两类：

一类是绝对均值型。这类三值毫伏表反映的是交流波形的总面积，三值指的是正弦幅值、正弦绝对均值和正弦均方根值。一般的测振三值毫伏表和无线电用三值毫伏表的刻度只对正弦信号有效,对于非正弦信号只能用绝对均值一项。这类表可以用来比较同型号机械、同样转速、相同位置测点上振动强度的大小,也可以比较冲击信号的大小,但对于周期不同的冲击值,比如高峰长周期冲击脉冲和低峰短周期冲击脉冲,会得出平均值大小一样的结论,无法分辨冲击幅值的大小,如果用时域图形分析法就可以避免这种后果。

另一类是真有效值型,它用的是均方根值分析法。这种分析法比绝对均值法更有效,但也会出现高峰长周期与低峰短周期值相等的矛盾现象,以及无法判断故障周期的缺点。

(3)时域信号峰值的度量。对于平稳波动型的故障信号,使用峰值法和平均值法得到的效果区别不大。

对于冲击型的故障信号,尤其是在大阻尼的结构中,由于冲击响应信号的衰减极快,振动能量在传递中急剧衰减,故障信号能量在平均值表中示值就很小,但信号的第一峰能量并不小,在这种情况下应用信号的峰值法度量将比用平均值法度量更能客观地反映故障冲击值的大小,尤其能突出高冲击长周期的故障信号。

目前用来度量冲击峰值的仪器不少。此外,还可用计算机数据处理仪器进行峰值度量,应用计算机还可以对信号进行波形系数等平稳值与峰值的综合分析。

5. 机械故障振动信号频域分析

应用傅氏分析法可以把组成信号的各种频率成分的正弦分量提取出来。它实际上也是一种特殊的相关分析。

经傅氏分析后,可将时域图转换为频谱图。频谱图分为幅值频谱和初相位频谱,一般诊断中通常只用幅值频谱,幅值频谱图横坐标是频率,纵坐标表示各频率分量的幅值(或平均功率)。

6. 常见故障信号频谱特征

(1)平稳波动信号

1)正弦信号及其频谱特征如图 8-12 所示。

正弦信号的谱特征是 f_i 等于正弦周期 T_i 的倒数。由于正弦信号只有单一的频率分量,因此谱线是单根线,谱线高度等于正弦的半波峰值。

2)复杂周期信号及其频谱特征如图 8-13 所示。

复杂周期信号是非正弦的周期平稳信号。它由有限个频率成整数倍的正弦信号组成。频谱图呈现成等频率间隔的谱线族,频率间隔 Δf 等于基频 $f_i=1/T_i$。

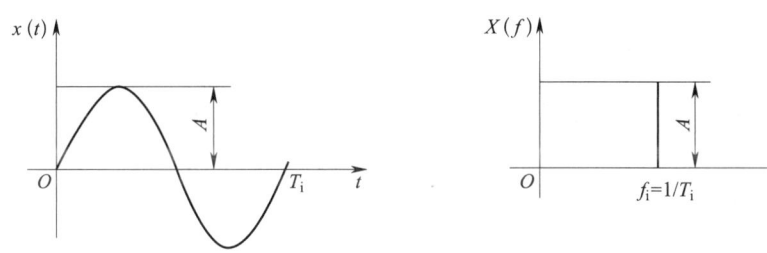

图 8-12　正弦信号及其频谱特征

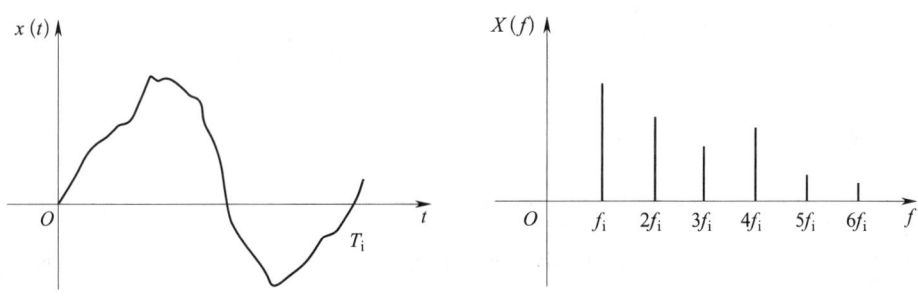

图 8-13　复杂周期信号及其频谱特征

因此在诊断时要经常注意成倍频的谱线族,它们往往是同一故障的频域信号。

3)准周期信号及其频谱特征如图 8-14 所示。

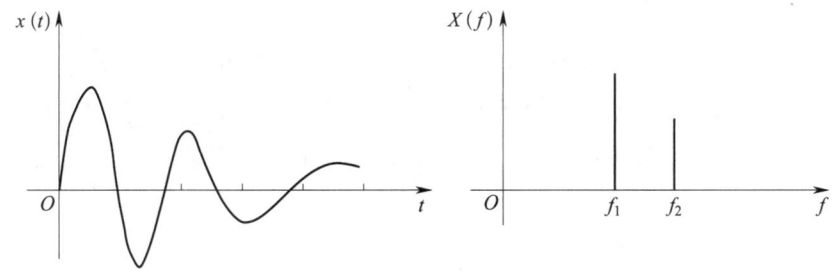

图 8-14　准周期信号及其频谱特征

两个或数个频率成无理数倍的正弦信号叠加后便无法找出该平稳信号的确定周期。经傅氏分析后,各正弦信号便按各自的故障特征频率排列在谱图上,各自反映各零部件的故障振动能量。

(2)周期冲击信号

1)周期脉冲信号及其频谱特征如图 8-15 所示。这种信号在故障振动信号中极其少见,多出现于阻尼极大的结构中,它是结构受到周期性冲击力的作用时产生过阻尼振动响应。它的频域图形是有无穷多根等间隔频率分量的谱线族,频率间隔 Δf 等于脉冲发生的频率。脉冲宽度越宽（τ越大）包络线过零点的位置离原点越近，这是因为包络线的过零点为$f=n/\tau$。这种信号的基频谱线有最大的能量。

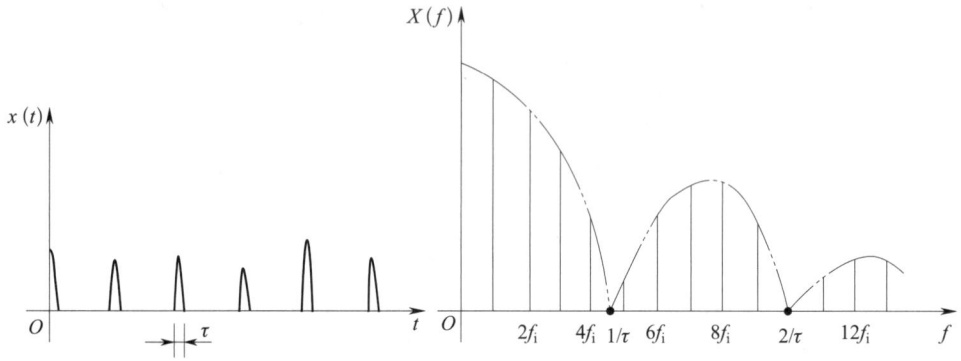

图 8-15　周期脉冲信号及其频谱特征

2）周期冲击响应信号及其频谱特征如图 8-16 所示。这是一般机械受到故障源的周期性冲击力激励后，产生的最普遍的故障信号。这种信号的时域结构是周期性衰减曲线包络的高频正弦，衰减曲线的周期对应故障发生的特征频率，恰好反映故障源信号的频率$f_i=1/T_i$，而高频正弦振动频率就是结构的自由衰减振动频率，一般都远大于故障的特征频率，在此用$f_H=1/T_H$表示。由于该信号具有周期信号的特点，周期性衰减曲线又具有冲击信号的特点，谱线族的频率分量应该是无穷多根，包络线以内的高频信号具有高频正弦的基本分量。

真正的机械冲击响应周期信号远不像上述那样是简单的调幅信号，实际上还具有调频和调相的特性，但由于调幅性是反映其能量突然受冲击增大的基本特征，因此它的包络线特征仍反映故障源信号的变化规律，实际谱图的情况是较为复杂的。

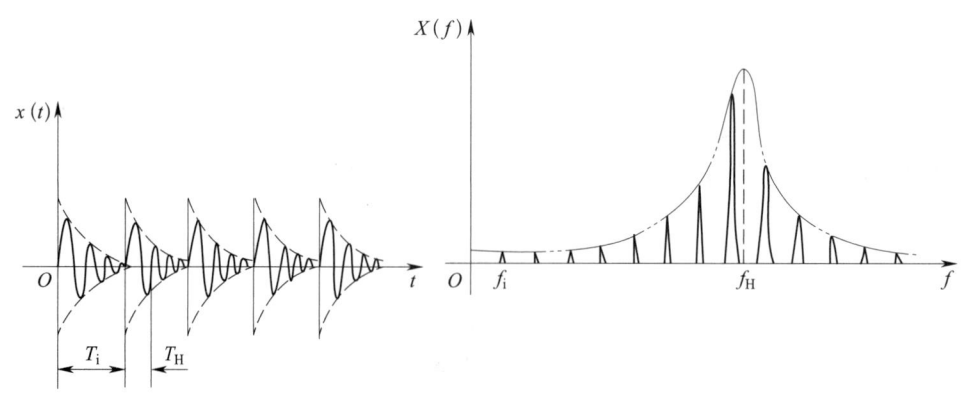

图 8-16　周期冲击响应信号及其频谱特征

图 8-16 中所绘的谱线族是较为理想的周期冲击响应信号的谱特征,可以分辨出反映故障特征频率的频率间隔 $\Delta f=f_i$,并可以借此来寻到故障源。但实际情况是,故障特征频率很低,而自由衰减振动频率却在 103 Hz 以上(如 1.5 kHz),二者相差甚远。例如,若有一故障发生特征频率为 3 Hz,自由衰减振动频率为 1.8 kHz,二者相差为 600 倍。由于目前计算机信号分析中谱图分辨率一般使用的均为 1/400,即使用 400 线的谱图,则最大频率为 2 000 Hz 的谱图,其每根谱线的间隔频率为 5 Hz。例中的 3 Hz 便无法分辨,造成该故障的特征频率无法找出。正如前述,冲击响应信号是故障信号中占最大量的信号,但分析相当困难,因此振动诊断技术的优劣成败,相当一部分取决于对周期冲击响应信号的分析方法是否有效。

(3)随机信号。平稳波动信号中常含有频率分量的幅值、初相甚至频率的随机变动。周期冲击信号中则会存在幅值、脉宽、发生时刻游移的随机变动,其结果也是造成频率分量的三要素变化。

机械故障信号中的这种随机变动,在结构稳定的机械设备中主要是由轴承间隙或滚动轴承滚子位置的随机性及工作力的随机性造成的,它们呈窄带随机信号的特性,即在故障信号谱线的基部出现一小撮随机带,如图 8-17 所示。

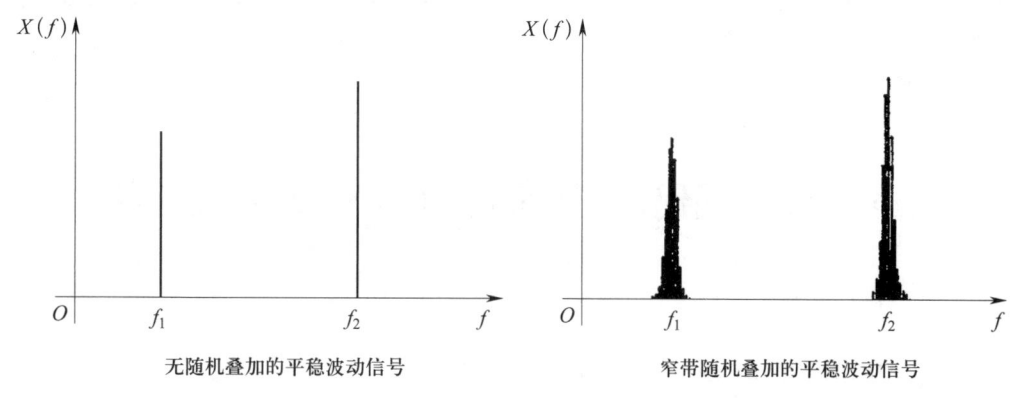

图 8-17 窄带随机信号

这一点也可以从调幅、调频、调相信号在中心频率谱线附近出现边带的现象得到理解。

在已经松动、间隙过大、结构已不稳定的机械设备中,随机信号主要以随机冲击的形式出现,它的频谱特征表现为接近非周期信号的宽带频谱。故障信号常表现为窄带随机信号加上宽带随机信号。由于可诊断的机械对象均是恒转速机械,因此这种信号的频谱特征是宽带随机(一般能量较小)加上窄带随机(能量较大),如图 8-18 所示。

由于机械故障信号总存在一定的随机成分，在进行频域分析时最好采用谱图平均的方法，突出其周期性，减弱随机的影响。频谱分析一般采样点在400线谱图中为1 024点。分析频率越高，采样频率也就越高，1 024点占的时间就越短，随机性就越大。因此，在高频样本的分析中就需要多个样本（一般至少8个，最好几十个）进行平均，才能消除随机性对诊断的影响，否则就很难得到准确的诊断。

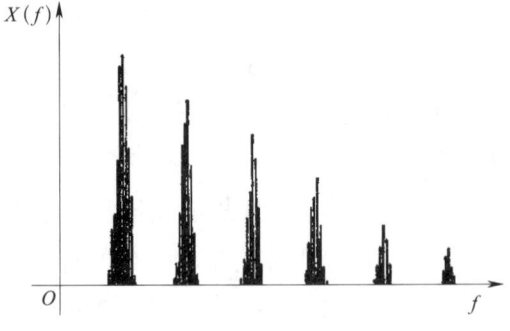

图8-18 有窄带随机特性的周期冲击信号

四、设备状态监测与故障诊断的对象

日常运行的设备可以进行定时检测，也可以在反映设备运行状态的重要位置安装传感器采用巡回检测的方法进行数据检测，画出设备运行状态的趋势图来表明设备的状态。对有故障预兆的设备可进行诊断测试与分析，查找设备的故障部位与故障性质，为检修提供依据。还可以对新开发的或新购置的设备进行设备状态监测以检验设备是否符合出厂标准。

第3节　现代设备状态监测与分析技术应用

一、设备状态监测

1. 设备状态监测常用仪器

（1）仪器系统的组成。一般仪器系统包括拾取信号的环节（一般称一次仪表），放大、预处理、分析、处理信号的环节（一般称二次仪表），显示、记录数据的环节（一般称三次仪表），如图8-19所示。

（2）对仪器系统的要求。设备状态监测工作要求仪器轻便、使用方便，能对平稳信号和冲击信号分别进行测量。使用的仪器最好是集一、二、三次仪表于一身的结构，

第8章　智能制造中设备状态监测与分析技术

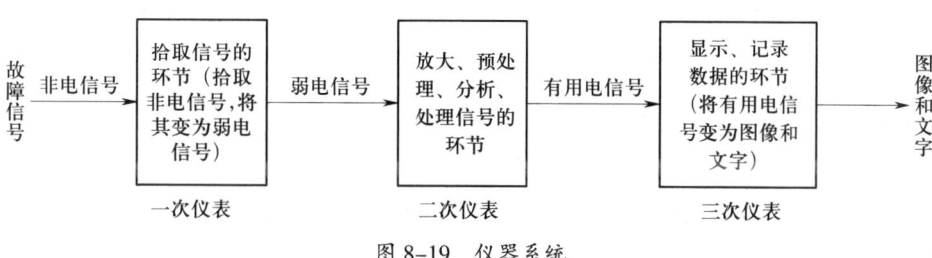

图 8-19　仪器系统

便于保管和使用。分析方法以时域分析法为主。目前这类仪器常用的有几类，主要根据信号分析方法分类：

第一类是平均值类型的测振仪或声级计类型的仪器，也有真有效值类型的，均制作为设备状态监测专用，多数将传感器、放大分析单元、显示单元制作为一体，它们只对平稳波动型的故障起较大作用，对冲击型故障只能测其强度。

第二类是冲击峰值型的，冲击脉冲计就是这类仪器。这种仪器源自轴承的故障测量，其标定值也是根据轴承故障的判据刻制的。它的优点是对冲击峰值的度量十分准确，不单适用于轴承，积累数据后对机械中各种冲击故障的监测都十分有效。

第三类是把上述两类功能合二为一的仪器，如北京测振仪器厂生产的 ZTY-1 型设备状态监测仪就是这类仪器。

2. 设备状态监测应用实例

某制氧厂设备精密，大多数关键设备转速高、控制精度高，对一线生产影响大，应加大力度推广设备状态监测与故障诊断技术的应用。在日常设备管理和维护维修中，通过设备状态监测数据变化情况进行仔细的分析、推敲，就能解决和处理许多设备隐患。更精确、更完善的监测手段是保证设备长周期正常运行的根本保障。

通过设备状态监测手段监测振动、温度、噪声、压力、流量等变化，可以及时掌握设备的工作状态，做到提前发现设备的问题并及时维修，防患于未然，提高设备运行的可靠性。

制氧厂的机械设备状态监测手段大致可以归纳为以下三类：

（1）运行人员通过分散控制系统对设备各参数进行采集，其优点在于设备 24 h 都处于监控状态，利用计算机存储空间记录设备的振动、温度、噪声、压力、流量等运行参数，设备一旦出现故障前兆即可及时报警，并尽可能地采集故障信息，为了解故障现象和分析故障原因提供可靠的数据。分散控制系统自动生成日数据库、历史数据库及报警库。

（2）点检员设备巡检。对于数量庞大、分布广泛的机械设备，有自动化控制没有涉及但对设备有一定影响或者需要重复检测的地方，一般采用手持式信号测试分析仪器进行定期巡回监测，并将数据传送到计算机上进行分析管理。这种方式经济实用，但需要由点检员到现场收集数据，根据分析结果及时提出检修申请，或者根据积累采集的数据寻找规律，使设备在良好的状态下运行。

（3）专业工程师在线监测。关键设备一般采用在线监测系统进行故障诊断。当机械设备运行状态出现异常、设备大修后试车或者重要设备新安装首次启动时，需要采用多通道的在线监测系统对设备进行详细、全面的振动等调试分析及精密故障诊断。精密故障诊断包括设备的启停分析，以及信号的频谱分析、调制解调分析、扭振分析、小波分析等。制氧厂机械设备的精密点检主要借助频谱分析仪对高速旋转设备在线振动监测和技术分析，对设备因振动而产生位移、速度、加速度、波形等参数进行分析，了解压缩机轴承、转子等的运行情况，用于判断故障未来的发展趋势，从而具体指导维修工作。通过频谱分析，结合设备的运行历史，对设备可能发生或已经发生的故障进行预警预报和分析判断，确定故障性质、类别、原因、部位，并提出控制故障继续发展的措施。

二、设备机械故障分析

用于精密诊断的仪器必须具有较强的频谱分析功能，尤其是对冲击响应信号的分析功能。这种仪器实际上是一种用于信号分析的专用计算机系统，既有各种完善的分析功能，又能作为普通计算机用于档案管理。这类仪器对使用人员的素质要求十分高，其优点是具有很强的适用性。

机械故障综合诊断仪具有较高性价比、使用简单方便、处理方法先进等特点，其设计思想先进，主要适用于机械行业中车、铣、刨、磨、镗及各类具有稳定转速的旋转机械现场故障精密诊断，无须打开机箱，就能迅速、方便、准确地找出各类旋转机械内部的故障源，帮助制订具体的维修计划和措施。

机械设备综合诊断仪是进行现场故障诊断的测试系统，它集三种传感器为一体，并完成放大、滤波、信号预处理、分析、打印等全部功能。这三种传感器分别是：

1. 噪声传感器（驻极体电容话筒）。它拾取机械设备产生的噪声，供综合诊断用。

2. 振动传感器（压电式加速度计）。它拾取机械设备中故障引起的振动响应信号，供综合诊断用。

3. 光电传感器。在机械外伸轴或其他运动部分设置一个有明显反差的光标，用光电传感器可测准机械的运转频率，供计算传动链中故障特征频率用，将计算出的特征频率与频谱图中能量大的频率值对比，可得到诊断结果。

机械设备综合诊断仪的信号预处理部分采用独特的解调方法，可以诊断齿轮、轴承等机械传动件产生各种平稳和冲击信号的故障。该仪器具有频率计功能，特别适合超低频测试，能够用于大、中型机床的精密诊断。

机械故障诊断系统将便携式计算机和仪器接口组成一个测试、分析功能较强的仪器系统，如图8-20所示。

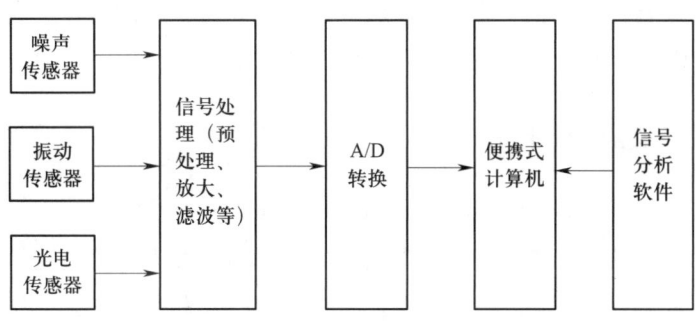

图8-20 机械故障诊断系统硬件组成

三、云平台下的设备状态监测与分析

在我国实施制造强国第一个十年行动纲领——《中国制造2025》战略规划大背景下，通过传感器技术、大数据技术、人工智能技术等把人、数据、设备连接起来，促进制造业向数字化、智能化转型，从而改变当前国内工业大而不强的状况。许多流程工业企业已经积极布局规划，并围绕设备数字化、网络化和智能化管理做了大量卓有成效的探索。

智能制造行业作为知识密集、资产高投入类企业，设备是最重要的资产，保障设备的安全稳定运行是智能制造企业的核心工作之一。由于设备智能化且结构复杂，设备的运行效率高、节奏快，一旦发生设备故障对生产的影响比较大，因此保障关键设备的安全运行是智能制造企业设备管理的重中之重，其设备状态监测与故障诊断技术的应用是衡量企业设备管理水平的重要标准。

1. 云平台设备状态监测系统

当下许多智能制造企业正积极将自己打造成现代化企业，设备完整性体系建设也在积极推进，针对关键设备状态监测与故障诊断技术的应用也制定了一系列的人员及技术管理规程，并与时俱进地将先进设备管理技术和设备完整性管理理念引入进来。当前设备状态监测技术正处于快速发展中，在现代化企业生产中设备的监测和维修方式已开始从传统的事后维修转向以状态监测、故障诊断为基础的预知性维修，并已在智能制造、化工、钢铁、风电等行业取得了良好的社会和经济效益。因此，以基于物联网技术的现代化设备监测实现各应用车间数据的汇聚整合,并通过大数据分析、边缘计算、智能算法可有效提升企业关键设备管理水平,助力企业引领技术潮流。

从技术上、路径上看,构建关键(或重要)设备状态监测与故障分析系统,通过智能报警、智能诊断、人工诊断等方式,实现关键设备实时和全覆盖监测,对杜绝关键设备的恶性安全事故、节约维护维修成本具有重要意义。同时,平台的搭建可以为改进工艺和提升设备管理水平提供科学的建议和决策依据。

2. 智能化传感器与云平台

(1)智能传感器。智能传感器具有同时测试振动和温度的功能,具有自适应功能的放大器,内置采集和处理电路,可以通过蓝牙或 Wi-Fi 无线传输测试数据等。数据既可以传输到手机,也可以传输到云平台。智能传感器和手机配合使用可以成为智能点检仪,如图 8-21 所示。

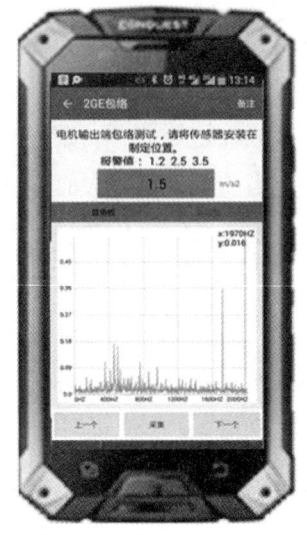

图 8-21 智能点检仪

(2)云平台。云平台智能存储数据,为每台受控设备建立个性化档案。云平台具有形象便捷的设备状态浏览功能、丰富的数据分析功能、完善的漏检统计功能、完善的点检违规处理功能、完善的查询功能、丰富的报表处理功能等。

3. 应用实例

(1)项目简介。某厂搭建机泵群在线监测系统,保证关键机泵的安全、稳定及长周期运行,并更加科学地进行设备检修及维护,达到提高设备利用率、降低检修成本、提高运营效率的目标。

系统应用过程中把状态监测、数据分析、故障诊断与现场运行维护工作相结合，形成闭环的业务流程，将设备运维方式从"点检定修"变革到"预测性维护"，实现基于设备状态变化趋势的智能决策。

1）保障连续生产。该系统基于可靠、真实的设备运行数据，实现设备当前运行状态的判断和未来状态的预测，精准定位故障部件、分析故障原因、全面监测故障劣化趋势、评估故障部件剩余寿命，将维护维修决策由临时、事后抢修等转变成计划性、预测性维修，有效减少非计划停机次数。

2）保障设备安全。该系统通过对设备状态的判断和预测，避免设备故障引起的连锁反应，最大限度地降低安全事故风险。

3）保障企业效益。"过修"导致大量备件库存，"欠修"导致事后抢修。使用设备状态监测系统，可实时掌握设备状态，实现预测性维护维修，最大限度减少"过修"或"欠修"，优化备件库存，减少备件资金占用，降低事后抢修概率，降低维护成本。

4）减少巡检工作量。该系统可减少巡检人员工作量，降低巡检频次，特别是夜间巡检工作量的降低，减轻了巡检人员工作负荷，保证其更多精力用于设备维护工作。

5）建立故障数据库。随着历史数据和过程数据的大量积累，建立具有企业自身特色的设备故障案例库，丰富典型故障模型，可不断推进智能化分析技术在企业的应用，使分析结论更加智能和准确。

6）助力运维管理模式升级。该系统基于可靠、真实的设备运行数据，实现设备当前运行状态的判断和未来状态的预测，改变之前基于经验的事后维修、计划性检修的设备运维模式，逐渐向基于设备状态的高阶设备运维管理模式转变，实现数字化、信息化驱动，变革设备运维管理模式。

（2）技术方案与技术路线。机泵群的在线监测系统通过在设备表面安装传感器（内置数据采集处理系统），搭建物联网，实现设备运行中的振动、温度等信号的采集，并将数据上传至现场服务器，通过专业系统软件进行处理和分析。

设备运行数据异常时自动触发报警，并可通过微信和手机 APP 方式推送至相关设备管理人员。

工程师可通过软件中的分析工具对设备数据进行追踪回溯，判断当前设备状态，也可通过系统选配的智能诊断模块得到初步的故障诊断结论，还可以进一步通过服务商的远程专家支持实现云端故障精密诊断，帮助现场确定设备异常原因、部位、损伤严重程度、部件剩余寿命等，为运维检修决策提供数据支撑。系统总体架构如图 8-22 所示。

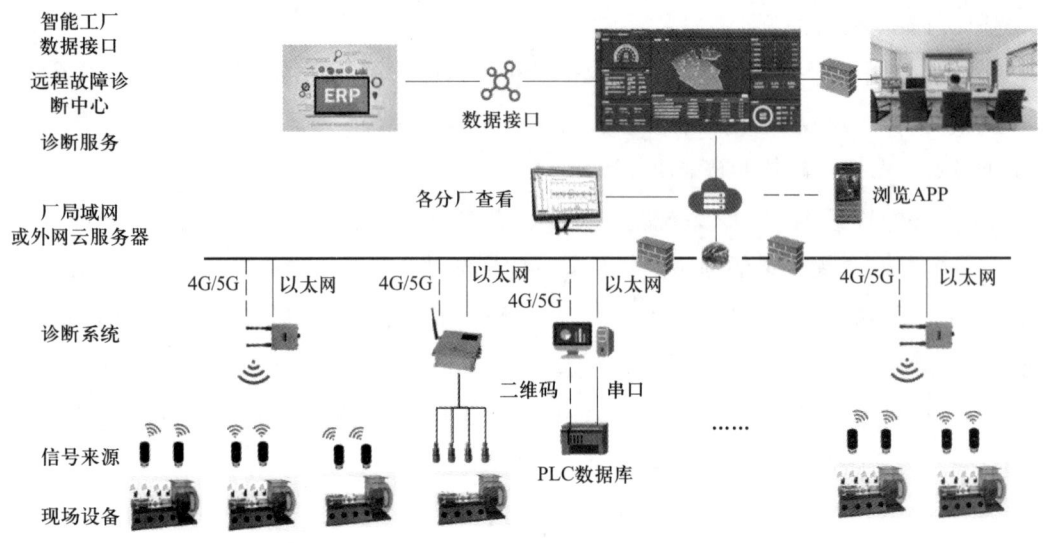

图 8-22 系统总体架构

关键机泵的运行状态监测，必须做到连续关注、及时响应与管理监督闭环。基于平台一段时间运行给出的运维数据进行辅助决策，可延长设备运行时间，减少检修次数、降低故障率。实现关键机泵的智能运维系统主要由感知层、采集与处理层、应用层组成。

第 9 章 健康安全环境（HSE）

第 1 节　HSE 概念

一、HSE 定义与概念

HSE 是英文 health、safety、environment 的缩写，即健康、安全、环境。由于健康、安全、环境管理在实际生产活动中有着密不可分的联系，因而把健康、安全、环境整合在一起形成一个管理体系，称为 HSE 管理体系。较为普遍和常见的 HSE 管理体系是环境管理体系（EMS）和职业健康安全管理体系（OHSMS）两个体系的整合。

1. 健康

健康是一种身体上、精神上和社会适应上的完好状态。它包含了三个基本要素，即躯体健康、心理健康、具有社会适应能力。

2. 安全

安全是指未受到威胁，无危险、危害、损失的状态。人类与生存环境资源的和谐相处，互相不伤害，不存在危险、危害的隐患，是免除了不可接受的损害风险的状态。

3. 环境

环境是指人类生存的空间及其中可以直接或间接影响人类生活和发展的各种自然因素，是与人类密切相关的、影响人类生活和生产活动的各种自然力量或作用的总和。它

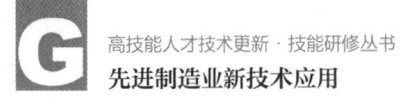

不仅包括各种自然因素的组合，还包括人类与自然因素相互作用形成的生态关系组合。

HSE 管理体系的内涵包括：一切事故都可以预防的理念，全员参与的观点，层层负责制的管理模式，程序化、规范化的科学管理方法，事前识别控制险情的原理。该体系解决了健康、安全、环境三者的管理关系问题，使管理工作从事后处理走向了事前预防，确保最大限度地不发生事故、不损害人身健康、不破坏环境，增强了企业的生命力。HSE 管理体系因此成为企业文化的一个组成部分。

二、HSE 管理体系起源与发展

在工业发展初期，由于生产技术落后，人类的生产活动大都建立在对自然资源的盲目索取和破坏性开采的基础上，尚未关注其负面影响。直至 20 世纪 70—80 年代，人们开始注意和反思社会经济发展对社会进步的全面影响，进而发展为对社会福利、人权、环境等问题的关注。

同时，国际上发生的重大事故也对安全工作的深化发展与完善起到了巨大的推动作用，事故引起了工业界的普遍关注和反思，使其深刻认识到高风险行业必须采取有效措施和完善的管理系统，以减少或避免重大事故和重大环境污染事件的发生。因此，20 世纪 90 年代一些跨国公司和大型现代化联合企业开始建立职业健康安全与环保管理制度，作为企业自律约束的行为准则。

20 世纪 60 年代以前主要是通过对装备的不断完善，如利用自动化控制手段使工艺流程的保护性能得到完善等，来达到对人们保护的目的；20 世纪 70 年代以后，注重了对人的行为研究，注重考察人与环境的相互关系；20 世纪 80 年代之后，逐渐发展形成了一系列全面、系统、全新的管理模式。纵观 HSE 管理体系的发展历程，大致可分为以下几个阶段。

1. HSE 管理体系的开端

1985 年，壳牌公司首次在石油勘探开发领域提出了强化安全管理的构想和方法。1986 年，壳牌公司在强化安全管理的基础上形成手册，以文件的形式确定下来，形成了 HSE 管理体系的雏形。

2. HSE 管理体系的开创发展期

20 世纪 80 年代后期，国际上的几次重大事故，如 1986 年的瑞士桑多兹化工厂仓库大火，1988 年的英国北海油田帕珀尔·阿尔法平台事故，以及 1989 年的美国埃克森公司瓦尔迪兹号油轮泄油等，都警醒了石油和石化行业，并使各企业感受到建立并采取有效和完善的 HSE 管理体系以避免重大事故发生的必要性和迫切性。1991 年，在荷兰海牙召开了第一届油气勘探和开发的健康、安全、环保国际会议，HSE 这一概念逐步为大家所接受。许多大石油公司相继提出了自己的 HSE 管理体系。例如，壳牌公司在 1990 年制定了自己的安全管理体系（SMS），1991 年壳牌公司委员会颁布健康、安全与环境（HSE）方针指南，1992 年正式发布安全管理体系标准 EP92—01100，1994 年正式颁布健康、安全与环境管理体系导则。

3. HSE 管理体系的蓬勃发展期

1994 年油气开发的安全环保国际会议在印度尼西亚的雅加达召开，由于这次会议由 SPE（国际石油工程师协会）发起，并得到 IPICA（国际石油工业保护协会）和 AAPG（美国石油地质学家协会）的支持，影响面很大，全球各大石油公司和服务厂商积极参与，HSE 的活动在全球范围内迅速展开。

1996 年 1 月，ISO/TC 67 的 SC6 分委会发布 ISO/CD 14690《石油和天然气工业健康、安全与环境管理体系》，成为 HSE 管理体系在国际石油业普遍推行的里程碑，HSE 管理体系在全球范围内进入了一个蓬勃发展时期。

HSE 管理体系是现代工业发展到一定阶段的必然产物，它的形成和发展是现代工业多年工作经验积累的成果。HSE 管理体系作为一个新型的安全、环境与健康管理体系，得到了世界上多数现代大公司的认可，从而成为现代公司共同遵守的行为准则。

中国于 1995 年派代表参加了国际标准化组织 ISO/OHS 特别工作组工作，1999 年 10 月国家经贸委颁发了《职业安全卫生管理体系试行标准》，2001 年 12 月国家经贸委颁发了《职业安全卫生管理体系指导意见》和《职业安全健康管理体系审核规范》。中国石油天然气总公司于 1997 年颁布了石油天然气行业标准 SY/T 6276—1997《石油天然气工业健康、安全与环境管理体系》。中国海洋石油集团有限公司和中国石油化工集团有限公司也先后颁布相应的标准或文件，建立 HSE 管理体系。

三、HSE 与制造业

HSE 理论的发展经历了自我保护、行为研究和模式形成三个阶段，目前已经发展成为一系列全面、系统的管理模式。大型制造企业具有风险高、技术和工艺复杂的特点，一旦发生事故，后果严重，破坏性强，不仅企业自身遭受重大的经济损失，同时对周围的环境造成无法弥补的伤害，社会影响面大。因此，巴斯夫、埃克森美孚、壳牌等国际大型制造业公司均注重 HSE 管理体系的建设，不断创新管理模式。

HSE 管理体系继承和发扬了工业企业已有的管理体系，完善了企业管理标准体系，使企业管理更加规范化、程序化和标准化，为企业实现可持续发展提供了一个结构化的运行机制和内部管理工具，构建了现代化的企业管理架构。

我国企业传统的安全工作特点是以安全生产责任制为中心，以安全生产规章制度、安全技术措施改进、安全宣传教育、安全检查和伤亡事故调查分析处理为主要内容。随着经济全球化进程的加快，我国大型国有企业为尽早实现科学化管理，加快走向世界的步伐，增强其在国际上的竞争力，自20世纪90年代开始国内大型国有企业陆续建立或引入HSE管理体系，并且经过多年的完善，实现了管理理念的国际化，建立了适应现代企业制度要求、与国际接轨的管理体系。

四、HSE核心元素及管理体系

承诺是HSE管理体系的核心。承诺是HSE管理的基本要求和动力，自上而下的承诺和企业HSE文化的培育是体系成功实施的基础。

HSE管理体系是一种事前进行风险识别与评价，确定在活动中可能存在的危害及后果，从而采取有效的防范手段、控制措施和应急预案，防止事故发生或把风险降到最小，以减少人员伤害、财产损失和环境污染的有效管理方法。它强调预防和持续改进，高度自我约束、自我完善、自我激励，因此它是一种现代化的管理模式，具有系统化、科学化、规范化、制度化等特点，是现代企业管理制度之一。

HSE管理体系的目标是最大限度地追求不发生事故、不损害人身健康和不破坏生态环境，为了实现这一目标，首先必须对活动全过程中的危害进行识别，其次对识别出的主要危害进行评价，最后制定相应的控制和消减措施。

第2节 ISO与HSE

一、ISO发展及走向

ISO是国际标准化组织的英语简称，其全称是International Standards Organization，其成员来自世界100多个国家的标准化团体组织。ISO成立于1947年2月23日，总部设在瑞士日内瓦。其前身是国家标准化协会国际联合会（ISA）和联合国标准协调委员会（UNSCC）。

ISO的宗旨是：在全世界促进标准化及其有关活动的开展，以便于国际物资交流和服务，并扩大在知识、科学、技术和经济领域中的合作。主要任务是：制定、发布和推广国际标准，协调世界范围内的标准化工作，组织各成员和技术委员会进行信息交流，与其他国际组织共同研究有关标准化问题。

ISO 发布的国际标准中应用最广泛的是著名的 ISO 9000 系列标准和 ISO 14000 系列标准。

1. 质量管理体系标准（ISO 9000 系列标准）

ISO 建立的质量管理体系标准称为 ISO 9000 系列标准，包括：

（1）ISO 9000《质量管理体系　基础和术语》。

（2）ISO 9001《质量管理体系　要求》。

（3）ISO 9004《质量管理体系　业绩改进指南》。

2. 环境管理体系标准（ISO 14000 系列标准）及环境管理体系

ISO 14000 系列标准是环境管理体系标准，它包括环境管理体系、环境审核和相关环境调查、环境标志、环境行为评价、生命周期分析等国际环境管理领域的许多焦点问题，旨在指导各类组织（企业、公司）取得和表现正确的环境行为。在已经发布的 ISO 14000 系列标准中，以 ISO 14001《环境管理体系　要求及使用指南》标准最为重要，是组织建立环境管理体系和审核认证的根本准则。

环境管理体系是企业或组织管理体系的一个部分，用来制定和实施其环境方针，并管理其环境因素，包括为制定、实施、实现、评定和保持环境方针所需的组织结构、计划活动、职责、惯例、程序、过程和资源，还包括组织的环境方针、目标、指标等管理方面的内容。

3. ISO 9000 系列标准与 ISO 14000 系列标准的区别

两套系列标准最大的区别在于面向的对象不同，ISO 9000 系列标准是对顾客承诺，ISO 14000 系列标准是对政府、社会和众多相关方（包括股东、贷款方、保险方等）承诺。贯彻 ISO 9000 系列标准缺乏有效的外部监督机制，而贯彻 ISO 14000 系列标准的同时要接受政府、执法部门、社会公众和各相关方的监督。

二、OHSAS 介绍

OHSAS 是 occupational health and safety assessment series 的缩写，中文是指职业安全健康评价系列，它由英国标准协会、挪威船级社等 13 个组织发布，并不是国际标准化组织（ISO）颁布的标准。

职业健康安全管理体系（OHSMS）是 occupational health and safety management systems 的缩写。

OHSMS 是依据 OHSAS 标准建立的，是 OHSAS 的一个具体应用。OHSAS 用于指导公司建立职业健康安全管理体系（OHSMS）。

三、ISO 与 OHSAS 的区别

1. 标准的服务点不同。ISO 9000 系列标准面对产品质量，ISO 14000 系列标准面对外部环境影响，OHSAS 18000 是企业内部安全卫生系列标准。

2. 标准的级别不同。ISO 9000、ISO 14000 是 ISO 正式发布的国际性标准，OHSAS 18000 未经 ISO 统一发布，不是国际性通用标准。

3. 要素内容完全不同、结构不完全对应。

四、HSE 及安全生产标准化介绍

1. HSE 介绍

HSE 管理包括环境保护和控制、员工的身体健康和人身安全、企业的设备安全等。HSE 管理体系是 HSE 管理的一部分，是环境管理体系和职业健康安全管理体系两个体系的整合。

2. 安全生产标准化介绍

安全生产标准化是指通过建立安全生产责任制，制定安全管理制度和操作规程，排查治理隐患和监控重大危险源，建立预防机制，规范生产行为，使各生产环节符合有关安全生产法律法规和标准规范的要求，人（人员）、机（机械）、料（材料）、法（工法）、环（环境）处于良好的运行状态，并持续改进，不断加强企业安全生产规范化建设。

3. 安全生产标准化与职业健康安全管理体系的区别

（1）适用范围不同。安全生产标准化除了有一个共同的规范外，每个行业还有针对自身特点的规范，每个规范适用的范围也是局限的，仅针对某一个行业或某个专业。但 OHSMS 不分专业行业，适用于任何组织、任何企业，不论大小、不论国内外企业均适用。因此，OHSMS 是通用的规范，是职业健康安全管理的共用框架。

（2）执行力不一样。OHSMS 体系是从国外引入的管理体系，我国未强制执行，只对企业以推荐的方式进行管理。但安全生产标准化与我国相关的法律法规要求内容有相衔接之处，国家对安全生产标准化实行强制性推行。

（3）考评（审核）指导效果不同。OHSMS 中要素条款审核因不便于理解，对具体实施要求未明确，审核人员理解不同，受其本身业务素质局限或影响，审核效果不同，对于组织（企业）指导作用不同。而安全生产标准化体系有具体的实施要求和考评标准，便于考评人员理解掌握，对照考评针对性强，能准确诊断发现问题，有利于指导企业持续改进其职业健康安全绩效。

4. HSE 的具体体系组成

国际上知名度较高的、比较认可的企业 HSE 管理体系主要由两大部分组成：环境管理体系和职业健康安全管理体系。

在国内，企业安全生产标准化所要求的内容基本在 OHSAS 18000 体系的范围内，而且由国家强制推行，因此国内的 HSE 管理体系应至少由环境管理体系和安全生产标准化体系组成，职业健康安全管理体系可作为必要的补充。

五、ISO 体系与 HSE 管理体系的区别

HSE 管理体系是环境管理体系（EMS）和职业健康安全管理体系（OHSMS）的整合。HSE 管理体系是为管理 HSE 风险服务的，体系只是 HSE 管理必需的一部分。

安全生产标准化是我国结合国情制定的一种新的安全管理方法，它也采用了国际通用的 PDCA（计划、实施、检查、改进）循环方法。国家新修订的《中华人民共和国安全生产法》和《国务院关于进一步加强企业安全生产工作的通知》明确指出，必须推进企业安全生产标准化建设，并明确了达标期限。企业安全生产所有规章制度和操作规程都必须遵循《企业安全生产标准化基本规范》及相关国家标准、行业标准。企业安全生产标准化针对不同行业，制定了不同的行业标准、考评办法和评分细则，针对不同类型、层次的企业，规定了不同的达标等级和达标时期。

1. 安全生产标准化体系和 HSE 管理体系的区别

（1）安全生产标准化采取强制原则，而建立 HSE 管理体系采取自愿原则。国家安全生产监督管理部门已于 2005 年起在全国范围内推进各行业安全生产标准化活动。这是贯彻落实《国务院关于进一步加强安全生产工作的决定》等要求的重要体现。

HSE 管理体系组织在实施管理体系时始终保持持续改进意识，通过周而复始地进

行 PDCA 循环，对体系进行不断修正和完善，最终实现预防和控制工伤事故、职业病及其损失的目标。组织是否实施该标准，是否进行 HSE 管理体系的认证，取决于组织自身的意愿。

（2）安全生产标准化是管理标准，而 HSE 管理体系是管理方法。安全生产标准化是一个标准，根据各行业不同，它分为不同部分，如机械行业分为基础管理评价、设备设施安全评价、作业环境与职业健康评价三部分，危险化学品行业分为 12 个 A 级要素和 55 个 B 级要素，它对每一项管理活动、每一台设备设施、每一个作业环境的评价都有明确的量化规定，以此来判定企业是否达到安全生产标准。

HSE 管理体系是一套企业管理的做法和程序，它表达了一种对组织职业健康安全进行管理的思想和规范，主要强调系统化的健康安全管理思想，即通过建立一整套职业健康安全保障机制，控制和降低职业健康安全风险，最大限度地减少安全事故和职业病的发生，是与质量管理体系和环境管理体系并列的三大管理体系之一，这种体系是科学的、有效的、可行的，而且与组织的其他活动及整体的管理是相容的。

（3）安全生产标准化有起点要求，而 HSE 管理体系并没有起点要求。安全生产标准化适用于各类企业，分别有不同的考核标准，也就是说，考核分不到规定的分值就不能达到相应的安全生产等级。

HSE 管理体系用于所有行业，旨在使用一个组织体系控制职业健康安全和环境风险并改进其绩效，它并未提出具体的职业健康安全和环境绩效准则，也未做出设计管理体系的具体规定，也就是说不管这个企业是事故低发单位，还是事故高发、频发单位，都可以建立体系。

2. 安全生产标准化与 HSE 管理体系的联系

（1）强调预防为主、持续改进及动态管理。建立 HSE 管理体系是企业安全管理从传统的经验型向现代化管理转变的具体体现，是实现安全管理从事后查处的被动型管理向事前预防的主动型管理转变的重要途径。通过建立职业安全健康和环境管理体系，利用"危险辨识、风险评价和风险控制"的科学方法和动态管理，可进一步明确重大事故隐患和重大危险源。通过持续改进，加强对重大事故隐患和重大危险源的治理和整改，降低职业安全风险，不断改善生产现场作业环境。

安全生产标准化通过开展危险源辨识、评价与管理，以及对重要危险源制定应急预案，从源头上加强了对职业风险的管理，采用动态管理方式，降低了事故事件的发生概率，体现了"安全第一，预防为主"的方针，与 HSE 管理体系有异曲同工的效果。

（2）强调遵守法律法规和其他相关要求。我国已建成完善的安全生产法律体系，对于强化安全生产监督管理,规范生产经营单位和从业人员的安全生产行为,维护人民群众的生产安全,保障生产经营活动顺利进行,促进经济发展和社会稳定具有重大而深远的意义。

安全生产标准化考评标准中所列的考评条款是根据国家和行业法规、标准及安全健康的有关规定编制的。企业开展安全生产标准化活动,就是以法律法规和其他相关要求为底线,把安全生产工作纳入法制轨道。安全生产法律法规和其他相关要求是预测、度量系统安全性、规范性、科学性的依据,是达到安全生产标准化的一条最基本的保障线。

遵守法律法规和其他相关要求也是建立HSE管理体系的基本要求,组织通过管理方案、运行控制等活动的实施确保满足法律法规要求,并对法律法规遵守情况进行监督检查。这与安全生产标准化活动的目的高度一致。

(3)安全生产标准化是建立HSE管理体系的核心和基础。安全生产标准化相当于HSE管理体系运行中的作业指导书,可以为危险源辨识、运行控制、绩效改进提供方法和手段,它的产生使HSE管理体系的具体化更有操作性和实效性,有利于HSE管理体系的有效运行。

安全生产标准化与HSE管理体系是企业开展安全生产工作两种必不可少、相辅相成的管理标准和手段。两者各有侧重,既不能偏废,也不能绝对化,要有机地结合起来,通过HSE管理体系的有效运行,来实现安全生产标准化,最终达到降低职业风险性、提高职业安全性的目的。因此,在安全管理工作的不断探索过程中,将安全生产标准化和HSE管理体系融合起来,坚持落实管理体系不走样、坚持标准不放松,使企业建立自我约束、不断完善的安全生产长效机制,实现安全生产状况的稳定好转。

3. 安全生产标准化与HSE管理体系有效结合和应用

(1)软件上的结合。将安全生产标准化的要素与HSE管理体系的要素进行整合,将相近的文件档案进行整合,以HSE管理体系为指导框架进行查漏补缺,融合企业安全生产标准化建设要素,确保两个体系在运行过程中的兼容性和互补性,避免要素的冲突与不兼容,增强两者融合的管理效果,利用HSE管理体系建设过程中的组织机构、人才队伍等资源,避免重复性工作及资源浪费。

(2)硬件上的结合。企业安全生产标准化对企业的设备、设施、作业现场有严格要求,它的依据是国家和有关部门出台的国家标准和行业标准,对作业现场的安全防护、安全装置、安全距离,以及用水、用电、用气等设备设施及辅助设施的规范性有具体细致要求。作业现场各类警示标志设置、人员作业行为、物料摆放、通道、各类危险作业审批也有严格衡量标准，融合了人、机、料、法、环管理的全过程。

HSE 管理体系对设备设施、作业现场方面的要求是通过危险源识别与评价找出风险，对风险实施管理过程的运行控制，更注重过程的管理，是一种框架式的管理，对各类设备设施与作业现场安全无具体的细化衡量标准。

两者在硬件方面可以结合起来应用，通过安全生产标准化体系建设，结合国家相关标准和规范，以及危险源辨识、风险评价、隐患排查、重大危险源监控，将其转变为岗位操作规程，落实到 HSE 管理体系的作业文件中，实现作业过程的有效控制，从人、机、料、法、环全方位进行现场硬件管理控制，从而减少生产相关的各种事故的发生。

六、HSE 管理体系的发展趋势

企业为了持续健康发展，提高获利能力和开拓市场，构建更加良好的劳资关系，减少自身的法律纠纷，均普遍重视安全、环境与健康问题，并且随着企业安全、环境与健康问题表现的变化，认识问题的理念和解决问题的模式和方法也发生了改变。

1. 世界各国石油公司对 HSE 管理的重视程度普遍提高。
2. 作为管理核心的以人为本思想得到充分的体现。
3. 全新的健康与安全"共同责任"的管理模式出现。
4. HSE 管理体系的审核已向标准化迈进。一是国际化环境管理体系正在构建；二是 HSE 管理体系与质量管理体系一体化形成 QHSE（质量、健康、安全、环境）管理体系。
5. 世界各国的环境立法更加系统，环境标准更加严格，促进了 HSE 管理体系的推广和应用。
6. 经济全球化带来的人力资源国际化问题，强化了 HSE 管理体系的必要性。
7. HSE 管理体系将向可持续发展的管理体系演变。

第 3 节　HSE 管理体系

HSE 管理体系将实施健康、安全与环境管理的组织机构、责任、程序、培训、资源等要素有机组成一个整体，注重事前预防和风险分析，体现以人为本的原则，采用 PDCA 循环方法，将社会和企业可持续发展纳入企业管理中。它由许多要素构成，这些要素相互作用，形成一套结构化动态管理系统。该管理体系固有的特点是系统性，通过这一个系统使各要素有机结合、条理清晰、密切联系。而危险辨识、风险分析与评价是该体系管理的精髓所在，它充分体现了预防为主的方针。

一、HSE 管理体系基本要素

HSE 管理体系是由诸多要素组成的一个有机整体，这些要素通过系统的方法和 PDCA 循环方法组合在一起。各个企业间由于具体情况的差异，在划分要素上有所不同，但其核心内容是相同的，其不同在于有的企业根据实际进行取舍和增减，或要素名称、内容表述上进行了部分改进。

PDCA 循环方法是美国管理模式专家戴明提出的计划（plan）、实施（do）、检查（check）、改进（action）运行模式的英文简称，因其具有系统和持续改进的特点，被广泛应用在各个体系的建立上，成为一种管理模式。ISO 组织制定各项管理体系采用 PDCA 循环方法，HSE 管理体系着眼于持续改进、动态推行，是 PDCA 循环方法应用的体现。

HSE 管理体系是一个不断变化发展的动态体系，其设计和建立也是一个不断发展和交互作用的过程。随着时间的推移，对各要素进行不断设计和改进，体系经过良性循环，以求达到最佳的运行状态。

根据体系的特点和实施过程的环节要求，HSE 管理体系的基本要素主要包括下述五个方面：

1. 方针目标中的要素

对 HSE 管理的意向和原则的公开声明，体现了组织对 HSE 的共同意图、行动原则和追求。

2. 计划过程中的要素

计划过程中的要素主要包括危害识别与风险评价、法律法规和其他要求、目标、管理方案等要素。

3. 实施过程中的要素

实施过程中的要素主要包括机构和职责、培训意识和能力、协商和沟通、文件和资料控制、运行控制、设计和建设、承包商和供应商管理、变更管理、应急管理等要素。

4. 检查过程中的要素

检查过程中的要素主要包括检查和监督、绩效测量和监视、记录和记录管理等要素。

5. 改进过程中的要素

改进过程中的要素主要包括审核、管理评审、持续改进等要素。

二、HSE 管理体系结构特点

1. 按 PDCA 循环方法建立的 HSE 管理体系是一个持续循环和不断改进的结构。

2. 由若干个要素组成。关键要素有：领导和承诺、方针和战略目标、组织机构、资源和文件、风险评估和管理、规划、实施和监测、评审和审核等。

3. 各要素相互关联。这些要素中，领导和承诺是核心，方针和战略目标是方向，组织机构、资源和文件作为支持。

三、HSE 管理的目的

1. 满足政府对健康、安全和环境的法律法规要求。
2. 为企业提出的总方针、总目标及各方面具体目标的实现提供保证。
3. 减少事故发生，保证员工的健康与安全，保护企业的财产不受损失。
4. 保护环境，满足可持续发展的要求。
5. 提高原材料和能源利用率，保护自然资源，增加经济效益。
6. 减少医疗赔偿、财产损失费用，降低保险费用。
7. 满足公众的期望，保持良好的公共和社会关系。
8. 维护企业的信誉，增强市场竞争能力。

四、HSE 管理的指导原则

1. 第一责任人的原则

随着生命和健康成为人权保障的重要内涵，HSE 管理在现代管理中的地位越来越突出，已成为国际石油石化工业发展战略之一。HSE 管理强调最高管理者的承诺和责任，企业的最高管理者是 HSE 管理的第一责任人，对 HSE 管理应有形成文件的承诺，并确保这些承诺转变为人、财、物等资源的支持。各级企业管理者通过本岗位的 HSE 管理表率，树立行为榜样，不断强化和奖励正确的 HSE 管理行为。

2. 全员参与的原则

HSE 管理立足于全员参与，突出以人为本的思想。体系规定了各级组织和人员的

HSE 管理职责，强调企业内的各级组织和全体员工必须落实 HSE 管理职责。企业的每位员工，无论身处何处，都有责任把 HSE 管理事务做好，并通过审查考核，不断提高公司的 HSE 管理业绩。

3. 重在预防的原则

在 HSE 管理体系中，风险评价和隐患治理、承包商和供应商管理、装置（设施）设计和建设、运行和维修、变更管理和应急管理这 5 个要素，着眼点在于预防事故的发生，并特别强调企业高层管理者对 HSE 管理必须从设计抓起。设计施工图应由 HSE 管理相关部门审查批准签章，强调了设计人员要具备 HSE 管理的相应资格。风险评价是一个不间断的过程，是所有 HSE 管理要素的基础。

4. 以人为本的原则

HSE 管理体系强调企业所有的生产经营活动都必须满足 HSE 管理的各项要求，突出了人的行为对企业的成功至关重要，建立培训系统并对人员技能及其能力进行评价，以保证 HSE 管理水平的提高。在员工培训方面实行两套班子，分开培训，分工明确，大大提高员工的培训质量，对企业 HSE 管理的落实起很大的作用。

五、HSE 管理体系实施步骤

1. 领导决策

企业建立 HSE 管理体系首先要领导决策，以确保 HSE 管理体系的建立与运行有充足的资源保证。

2. 成立工作组

成立工作组，从组织上给予落实和保证。工作组负责建立 HSE 管理体系并且保持其正常运行，成员来自企业各个部门。工作组是 HSE 管理体系运行的骨干力量。

3. 学习标准、培训人员

企业在建立 HSE 管理体系之前，应结合 HSE 系列标准，开展两个层次的教育培训工作。

（1）组织对岗位工人的宣传教育。HSE 管理体系的实施及其管理目标的实现，需要企业全体员工的深刻理解和积极参与。因此，企业必须通过一定的形式，使组织的每一个员工都清楚地了解实施 HSE 管理体系的目的、意义、内容和要求，以使其自觉主动地加入推行 HSE 管理体系的过程中。

（2）组织对领导干部和管理人员的专门培训。领导干部和管理人员是 HSE 管理体系的建立保持者，担负着组织管理、文件编制和运行监督等重要使命。因此，必须举办专门的 HSE 管理体系培训班，使其获得 HSE 管理体系建立和实施工作所需的专门知识，并具备 HSE 管理体系内审员的资格。

4. 风险评价和管理现状调研

风险评价和管理现状调研是建立 HSE 管理体系的前提和基础，在建立 HSE 管理体系之前，必须对企业存在的事故隐患、职业危害、环境影响进行风险评价，对影响企业安全生产、环境保护及健康卫生的 HSE 管理问题进行现状调研，以使企业制定的控制目标和管理方案更具针对性。

5. 体系策划和设计

根据风险评价和现状调研的结论，企业的最高管理者应组织有关部门对拟建立的 HSE 管理体系进行规划设计，制定企业 HSE 管理方针、目标、指标，确定企业机构和职责，筹划各种运行程序等。

6. HSE 实施程序文件的编制

HSE 实施程序是 HSE 管理体系可执行文件的集合，HSE 管理体系具有文件化管理的特征。根据 HSE 管理体系和 HSE 管理规范的要求，企业在建立 HSE 管理体系前，应编制管理手册、程序文件和支持性文件。编制体系文件是企业实施 HSE 管理体系标准，建立与保持 HSE 管理体系并保证其有效运行的重要基础工作，也是企业达到预定的 HSE 管理目标、实现持续改进和风险控制必不可少的依据和见证。体系文件还需要在体系运行过程中定期、不定期进行评审和修改，以保证其完善和持续有效。

7. 体系试运行

以上准备工作全部完成后，可以按所编制的 HSE 管理手册、程序文件、作业规程等文件的要求，整体协调地试运行。试运行的目的是在实践中检验体系的充分性、适用性和有效性。企业应加强运作力度，努力发挥体系本身的各项功能，及时发现问题，找出问题的根源，予以纠正，并对体系予以修正。其主要工作内容应为：

(1)批准和发布 HSE 管理体系文件。

(2)部门、车间按实施程序的要求,组织开展日常的 HSE 管理活动。

(3)部门、车间建立体系要素运行保证机制,开展检查监督和考核纠正工作,保证 HSE 管理体系按既定的目标和程序运行。

8. 审核和评审

HSE 管理体系在运行过程中由于受到外因、内因的影响,管理目标、管理程序、管理方法与管理效果之间有可能发生一定的偏差。因此,在 HSE 管理体系运行一段时间后,需要对 HSE 管理体系的符合性、有效性、适用性进行审核和评审,及时调整现实与体系不相符合、体系与现实不相适应的部分,达到持续改进和不断提高的目的。

六、HSE 管理体系影响因素

HSE 管理体系运行涉及管理理念、执行力、技术手段和外部环境四方面因素。管理理念是基础和指导理论,执行力是推动 HSE 管理体系运行的动力,技术手段是 HSE 管理体系运行的技术保障,三者均属于组织内部因素。外部环境是外因,促进或阻碍 HSE 管理体系运行。这四方面因素协调一致,才能使 HSE 管理体系处于积极运行状态。

第 4 节　HSE 管理体系与工业管理体系

一、HSE 管理体系与企业管理体系

HSE 管理体系是企业整个管理体系的有机组成部分之一,它将健康、安全和环境三种密切相关的管理体系科学地结合在一起。HSE 管理体系是一个不断变化和发展的动态体系,其设计和建立也是一个不断发展和交互作用的过程。该管理体系为企业实现持续发展提供了一个结构化的运行机制,并为企业提供了一种不断改进 HSE 表现和实现既定目标的内部管理工具。

HSE 管理体系是在企业现有的各种有效组织结构、程序、过程和资源的基础上,通过消化、融合、改造、吸收先进的管理方法,结合行业特点和企业实际,并按 HSE 管理体系标准的要求加以规范和补充,逐步形成独具特色的管理模式,渗透到企业管

理的各个环节，使之转化为体系的有机组成部分，实现由经验管理到体系管理的跨越。

HSE 管理体系只是工业管理体系的一部分。企业往往有多个并存的管理体系，可能分属不同的部门操作，因此应通盘考虑这些体系的组织、过程、程序和资源，尽量合理设置和共享共用，以简化内部各项管理工作的复杂程度，防止相互冲突，实现相互协调。HSE 管理体系要完全覆盖企业生产经营过程中的所有活动和任务是不可能的，因此实现 HSE 有效管理的关键是识别和确定需要管理系统控制的 HSE 关键过程和活动，并进行重点控制。

HSE 管理体系从根本上改变了传统的事后管理与处理的管理模式，采取积极主动的预防措施，把安全、健康与环境管理体系纳入企业总的管理体系中，实施全面的整体控制，从而降低管理成本和运营成本，提高企业经济效益，并且实现经济效益、社会效益和环境效益的高度统一。

HSE 管理体系改变了传统的只注重企业内部管理的弊端，建立制度化的手段来不断自我改进，顺应法律法规、市场和社会各方需求，提高了企业的可持续发展能力。

1. 从分立而治的行政管理转变到体系管理

传统的安全、环境与健康管理是分立的，未形成体系。但在实际工作中，三者之间往往有着密切的联系，管理原则相似，相互关联，因而应用 HSE 管理体系后，可以依据管理学的原理，将安全、环境与健康管理一体化，建立一个动态循环的管理框架，以持续改进的思想指导企业系统地实现既定目标。

2. 从领导发号施令转变到领导承诺、以身作则、树立表率

传统安全管理中，领导干部往往是发号施令，有的企业领导对 HSE 相关工作说起来重要、干起来次要、忙起来不要，有的企业领导错误地认为出了事故是专业管理部门的事情。而 HSE 管理强调最高管理者的承诺和责任，强调各级管理者要通过岗位的 HSE 表率，树立正确的行为榜样。

3. 从下达伤亡事故指标转变到零事故的思维模式

过去企业往往对下属单位下达伤亡事故指标。这样做有一定的负面影响：从不定性上讲，伤亡指标就是允许伤亡；从法律上讲，任何人为原因造成的伤亡都是犯罪。伤亡指标使三违现象（违章指挥、违规作业、违反劳动纪律）合法化，给事故的责任者推脱责任提供了依据，制定的伤亡指标缺乏科学的依据。从理论上讲，任何事故都

是可以避免的，HSE 管理体系本着该理念，要求树立任何事故都是可以预防的思想，以零事故为目标。

4. 从国家主义转变到以人为本的管理思想

传统观念过分强调国家的利益，弱化了个人利益。在 HSE 管理理念中，人是第一位的，首先要保证人的安全、健康，提高员工的内在素质，最大限度地调动人的主观能动性。

5. 从安全检查转变到实施风险评价和积极预防方针

HSE 管理是一种事前进行风险分析，确定自身活动可能发生的危害和后果，从而采取有效的防范手段和控制措施的有效管理方式。风险评价要有预见性和前瞻性，对潜在的风险做出充分评估。随着实际状况的变更，要不断进行风险评价，针对风险管理、应急预案等内容，对实施程序进行细化和补充。

6. 从内部监督转变到建立异体监督机制

HSE 管理强调监督、审核的独立性，在现有管理体系的基础上分类型、分步骤完善监督机制，实施监督、管理两条线。企业设立 HSE 总监，对重大、关键的项目派驻 HSE 监督，基层有 HSE 监督员。通过实施异体监督和关键环节作业许可制度，逐步完善 HSE 约束机制，树立 HSE 监督的权威，促使 HSE 管理工作到位、监督到位、责任到位。

7. 从注重隐患治理转变到从设计源头抓起

从各企业整改的事故隐患统计情况来看，一部分事故隐患是由于原设计存在不足和缺陷造成的。实施 HSE 管理后，侧重点从传统的消极预防转变到积极预防上来，新建、改建、扩建（设施）时，从事项目设计、劳动安全卫生预评价和环境项目评价工作的单位必须取得相应资质，初步设计的内容必须有劳动安全卫生篇和环境评价篇等，从符合国家和地方相关的法律法规和标准要求的角度上规范了设计，奠定了企业安全、环保和健康的基础。

8. 从只注重本企业的管理转变到同样重视承包商和供应商的管理

企业对承包商和供应商的 HSE 管理行为实施控制，通过企业的 HSE 管理方针政策进行影响，在签订承包合同时对 HSE 管理的内容加以规定。

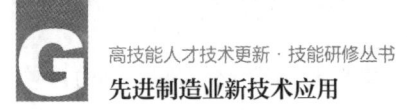

实施 HSE 管理较好地贯彻了以人为本、预防为主的思想，体现了全员、全过程抓安全管理的原则，实施 HSE 管理对提高健康、安全、环境管理水平发挥重要的作用。

二、HSE 管理体系与智能制造管理体系

智能制造系统利用计算机强大的计算能力模拟专家的思维方式，在生产过程中进行信息收集、信息整理、信息判断和信息决策，从而达到在生产过程中替代部分人类劳动的目的，具有自感知、自决策、自执行、自学习、自适应等特点，是制造技术与信息技术深度融合的产物。

智能化技术的应用使 HSE 管理模式趋向扁平化、透明化和精准化。信息化管理软件的广泛应用，使企业内部 HSE 管理信息传递更快捷、透明，对于人员管理更柔性、高效。

大数据和人工智能的应用，增强了 HSE 管理工作的规范性、信息性、智能性、流程性、可控性、可追溯性，促进了 HSE 管理准则的贯彻落实以及管理目标更准确、有效、快速地实现，提高了 HSE 管理体系的合规性和安全性。

智能管理系统强化了 HSE 管理从被动的结果管理转向主动的过程管理的理念，实现了企业全员、全过程、实时智能信息化管理，以隐患排查及智能化分析为核心，有效保障风险和不利因素（职业病、事故、环境污染、能源浪费等）得到控制或消除，形成事前计划、事中控制、事后检查纠正的闭环式跟踪管理，提升了企业 HSE 管理效能。

第 5 节　HSE 与工业 x.0

从第一次工业革命的蒸汽化，第二次工业革命的电气化，到第三次工业革命的自动化和信息化，再到今天的数字化，历史发展形成了一定的基本规律，这些规律构成了未来工业社会发展的趋势，它们将重塑现代商业社会的所有结构，影响生活的每一个角落。

一、未来工业发展走向

随着科学技术的不断发展，新型工业将呈现全新的面貌，机械化的程度将更高，工业制造的精准度将不断攀升，产能将远远超出人工水平，全流水线生产、全自动

生产等模式将不断扩大等。未来工业制造侧重于数字化、网络化、自动化和智能化的发展，在原有的制造业基础上，充分发挥人的知识和技能优势，将大数据、云计算等现代信息技术引入工业生产营销的全过程，使企业经济效益和社会效益实现最大化。智能制造提高整个行业的资源配置与运行效率，使工业发展水平得到较大的提高。

未来工业发展中，引领重大变革的颠覆性技术及其新产品、新业态所形成的产业，将具有成长性、战略性、先导性等显著特征。随着一轮又一轮科技革命和产业变革的深入发展，信息技术、生物技术、制造技术等蓬勃兴起，不同领域、不同方向的科技进步和产业变革进一步汇集融合，未来产业发展因此呈现新的趋势。

1. 发展方向将更加绿色化和多元化

为了应对气候变化、能源危机等全球共同挑战，更多国家在数字领域重点瞄准人工智能、量子技术、区块链、网络安全、大数据等，在健康领域聚焦生物技术、数字医疗、制药技术等，在绿色低碳领域推广清洁能源、绿色交通等。推动产业绿色化转型、加快绿色技术创新将成为未来产业发展的重点方向。

2. 创新模式将更加数字化和开源化

远程办公、虚拟社交、在线会议等数字手段改变了传统研发合作、知识交流、技术培训的组织形式，并重塑了未来产业技术创新的路径。

3. 产业政策和创新政策激发创新动力和科技成果转化

近年来，不少国家推出综合性战略，通过提供研发补贴、开展技术培训、培育企业家精神、发展科技服务业、保护知识产权、鼓励研发合作等多样化的政策手段，进一步激发未来产业的创新动力，推进科技成果转化。此外，由于未来产业存在高度不确定性，在前沿技术产业化的过程中，技术路线、主要用途、领先企业等都可能出现新的变化，一些国家也特别提出，将加大对跨学科研究团队的支持，尽可能研发更多样、更新颖的产业技术。

二、HSE 管理体系与工业发展

HSE 管理体系能够在宏观上进一步推动整个国家治理体系的逐渐完善，同时也能够为企业的健康发展、安全发展和绿色发展提供重要保障。HSE 管理体系强调持续改进，要随着客观条件和环境的变化，结合实际不断调整、自我优化。尤其是在工业变革中，由于存在高度不确定性，在前沿技术产业化的过程中，技术路线、主要用途、领先企业等都可能出现新的变化，如果不与时俱进，一成不变地依靠传统或者固有的工具和方法，很难实现有效的监管，无法满足全过程、全方位协同监管要求。因此，要加速 HSE 监管模式创新和变革，通过吸收和应用新技术、新方法，对 HSE 管理能力进行开发，对人员违规行为、设备状态、环境因素、危险源等进行实时监测分析，发现异常及时报警并处理，为风险处理、应急指挥、生产调度、运营决策提供数据支撑，大大提高 HSE 管理效率，降低工作危险系数，实现监管方式优化和转变，提升监管效率和效益，达到提升企业管理能力、防范和控制企业发展风险的目的，让工业 $x.0$ 促进 HSE 管理体系落地，实现 HSE 管理的平台化、网络化、智能化、集散化等。与此同时，HSE 管理体系的改进，解决了企业安全生产问题，实现了工业制造智慧化与精细化，让安全可控、在控、能控，保障了企业的安全稳定运行，进一步激发了企业的创新动力。

附录

先进制造业新技术应用研修计划(参考)

高技能人才能力提升培训班(三天)

时间	内容	地点
第一天		
8:30—9:00	报到	310会议室
9:00—9:30	中共中央办公厅、国务院办公厅《关于加强新时代高技能人才队伍建设的意见》学习	310会议室
9:40—11:10	5G与工业互联网技术应用	310会议室
11:15—11:45	现场交流互动	310会议室
11:45—12:15	用餐	培训中心二楼餐厅
13:00—15:00	我与企业共成长	310会议室
15:10—15:40	现场交流互动	310会议室
15:40—16:00	有关现场教学和基地参观事项布置	310会议室
第二天		
8:30(发车)	全天参观和现场教学	培训中心一楼大厅
	高技能人才培训基地、技能大师工作室现场参观、现场教学及交流	现场
第三天		
9:00—10:00	岗位技术创新与专利申报	310会议室
10:10—11:10	团队建设与管理	310会议室
11:15—11:45	现场交流互动	310会议室
11:45—12:30	用餐、拍集体照	培训中心一楼大厅
13:00—15:00	工匠精神、优秀技能人才素质要求	310会议室
15:15—16:00	结业仪式	310会议室

高技能人才能力提升培训班（五天）

时间	内容	地点
第一天		
8:30—9:00	报到	310 会议室
9:00—9:30	中共中央办公厅、国务院办公厅《关于加强新时代高技能人才队伍建设的意见》学习	310 会议室
9:40—11:10	5G 技术与应用	310 会议室
11:15—11:45	现场交流互动	310 会议室
11:45—12:15	用餐	培训中心二楼餐厅
13:00—15:00	大数据与云计算技术应用	310 会议室
15:10—16:00	现场交流互动	310 会议室
第二天		
9:00—11:00	工业机器人技术应用	310 会议室
11:10—11:45	现场交流互动	310 会议室
11:45—12:15	用餐	培训中心二楼餐厅
13:00—15:00	我与企业共成长	310 会议室
15:10—15:40	现场交流互动	310 会议室
15:40—16:00	有关现场教学和基地参观事项布置	310 会议室
第三天		
8:30（发车）	全天参观和现场教学	培训中心一楼大厅
8:30（发车）	高技能人才培训基地、技能大师工作室现场参观、现场教学及交流	现场
第四天		
9:00—11:00	智能制造与智能工厂	310 会议室
11:10—11:45	现场交流互动	310 会议室
11:45—12:15	用餐	培训中心二楼餐厅
13:00—15:00	健康安全环境（HSE）	310 会议室
15:10—16:00	现场交流互动	310 会议室

续表

时间	内容	地点
第五天		
9:00—10:00	岗位技术创新与专利申报	310会议室
10:10—11:10	团队建设与管理	310会议室
11:15—11:45	现场交流互动	310会议室
11:45—12:30	用餐、拍集体照	培训中心一楼大厅
13:00—15:00	工匠精神、优秀技能人才素质要求	310会议室
15:15—16:00	结业仪式	310会议室

参考文献

[1] 保尔汉森，洪佩尔，福格尔-霍尔泽.实施工业 4.0：智能工厂的生产·自动化·物流及其关键技术、应用迁移和实战案例[M].工业和信息化部电子科学技术情报研究所，译.北京：电子工业出版社，2015.

[2] 蔡捷.多轴加工及仿真实践[M].北京：机械工业出版社，2022.

[3] 稻田修一.从零开始学习大数据：大数据知识入门手册[M].吴延科，译.北京：中国人民大学出版社，2019.

[4] 霍尔姆斯.大数据[M].李德俊，洪艳青，译.南京.译林出版社，2020.

[5] 柯裕根，戴森罗特.HYDRA 制造执行系统指南：完美的 MES 解决方案[M].沈斌，王家海，等译.北京：电子工业出版社，2016.

[6] 李杰.工业大数据：工业 4.0 时代的工业转型与价值创造[M].邱伯华，等译.北京：机械工业出版社，2015.

[7] 明兴祖.数控加工技术[M].3 版.北京：化学工业出版社，2015.

[8] 森德勒.工业 4.0[M].邓敏，李现民，译.北京：机械工业出版社，2014.

[9] 苏秉华，吴红辉，藤悦然.5G 应用从入门到精通[M].北京：化学工业出版社，2020.

[10] 孙宇熙.云计算与大数据[M].北京：人民邮电出版社，2016.

[11] 陶守成，周平.工业机器人技术基础[M].北京：人民交通出版社，2019.

[12] 陶守成，周平.工业机器人夹具设计与应用[M].北京：人民交通出版社，2019.

[13] 田春华，李闯，刘家扬，等.工业大数据分析实践[M].北京：电子工业出版社，2021.

[14] 王喜文.智能制造：中国制造 2025 的主攻方向[M].北京：机械工业出版社，2016.

［15］魏杰. 数控机床结构［M］. 2版. 北京：化学工业出版社，2014.

［16］吴祖育，秦鹏飞. 数控机床［M］. 3版. 上海：上海科学技术出版社，2000.

［17］项立刚. 5G时代：什么是5G，它将如何改变世界［M］. 北京：中国人民大学出版社，2019.

［18］张忠平，刘廉如. 工业互联网导论［M］. 北京：科学出版社，2021.

［19］郑堤. 数控机床与编程［M］. 3版. 北京：机械工业出版社，2019.

［20］周圣君. 鲜枣课堂：5G通识讲义［M］. 北京：人民邮电出版社，2021.

［21］Erl T，Mahmood Z，Puttini R. 云计算：概念、技术与架构［M］. 龚奕利，贺莲，胡创，译. 北京：机械工业出版社，2014.